# 산업환기기술

신은상 · 강병욱 · 김태식
서종원 · 손부순 · 이창용

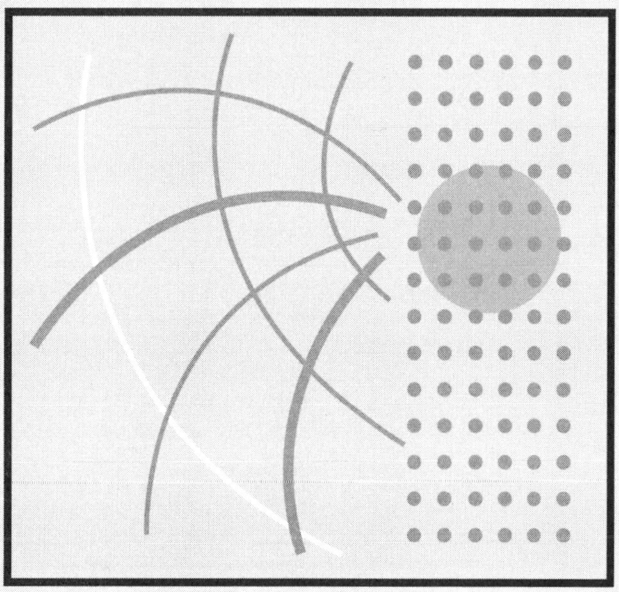



도서출판 동화기술

# 머리말

작업환경 내의 특정오염물질 발생원에서 속도를 갖고 발생하는 먼지, 흄, 미스트, 증기 및 가스 등의 유해물질로 오염된 공기가 작업장 내로 비산, 확산 및 분산되기 전에 가능한 한 고농도인 상태로 흡인한 후 적당한 처리지점까지 운반하여 제거하는 방법을 국소배기라고 한다. 이것은 이미 유해물질에 의해 오염된 공기가 실내 전체로 혼합, 분산되어 실내공기 전체를 오염시키고 있는 곳에 신선한 공기를 연속적으로 유출시켜 실내오염농도를 허용농도 이하로 희석하는 전체환기법과는 다르다. 유해물질의 배기 제어효과가 훨씬 뛰어난 방법으로 대부분의 작업장에서는 이러한 국소배기법이 널리 이용되고 있다.

국소배기장치는 후드, 송풍관(duct), 공기청정장치, 송풍기로 구성되어 있으며 이들 각 부분이 각각의 원리에 의해 만족된 상태로 설계·시공됨으로써 오염물질의 제거효과를 충분히 발휘할 수 있는 것이다. 그러나 이들 각 부분 중 어느 것 하나라도 부적절한 것이 있으면 국소배기장치는 그 기능을 제대로 발휘할 수 없는데, 애써서 설계·시공을 해도 무의미한 작업으로 끝나버리는 실수가 현장에서는 비일비재한 것이 현실이다. 따라서 이 책에서는 이러한 실수를 두 번 다시 하지 않도록 기초부터 실무에 이르기까지 누구라도 알기 쉽게 쓰려고 애썼으며 또한 공기청정장치는 대기오염방지기술 분야에서 상세하게 취급하고 있으므로 여기서는 국소배기장치 중 주로 후드, 송풍관, 송풍기에 주안점을 두어 저술하였다.

산업위생분야를 전공하는 학생과 산업환기실무에 종사하는 실질적인 국소배기장치 설계 및 운전담당자가 꼭 알아야 할 부분을 쉽게 쓴 것이 이 책의 특징이라 하겠다. 공학적인 측면에서 미흡한 부분, 첨가하여야 할 부분이 너무나 많다는 것도 잘 알고 있으므로 앞으로 모자라는 부분을 더 보완하여 명실공이 국소배기장치의 지침서로 본 책을 다듬어 나갈 것을 약속드리며 이 책을 출판하기 위해 애쓰신 여러 관계자분들께 감사하는 바이다.

# 차 례

## Chapter 1. 환기란



## Chapter 2. 후드에 관한 기초지식

## Chapter 3. 후드 성능의 표시방법



## Chapter 4. 후드의 필요송풍량 계산

## Chapter 5. 리시버식 후드와 푸쉬풀 환기장치의 필요송풍량



## Chapter 6. 후드의 형식과 에너지 대책

## Chapter 7. 송풍관의 설계



## Chapter 8. 국소배기장치의 설계

## Chapter 9. 압력손실계산의 기초지식



## Chapter 10. 압력손실의 계산

## Chapter 11. 압력손실의 실제적용



## Chapter 12. 송풍기(fan)



## Chapter 13. 국소배기장치의 성능확인

CHAPTER

# 1 환기란

## 1.1 환기의 역사

예부터 생활 주거지 내의 공기를 오염시키는 유해물질을 공기의 흐름에 의해 밖으로 내보내려고 하는 생각은 오래 전부터 있었던 것 같다. 현대 문명은 인류가 불을 사용하는 방법을 알고 나서 획기적인 진보를 하였다고 말하고 있으며 그리스 신화 시대로부터 신앙의 대상이 되었던 불이 어두운 밤을 비추는 조명과 음식물을 조리하는 열원이 되고 추운 겨울 주거 난방으로 이용됨으로써 불은 인류의 일상 생활과는 끊을 수 없는 꼭 필요한 존재가 되었다. 그러나 실내에서 불을 사용하면 연기로 인하여 생활하기 어려웠을 것으로 상상된다. 그리고 그 당시는 거의 규명·연구되지는 않았지만 일산화탄소 중독과 산소부족 현상이 있었는지도 모른다. 어떻게 해서든지 필요없는 연기를 밖으로 내보내려고 옛날 사람들은 많은 고생을 했었을 것이다.

이러한 역사적 근거로 기원전 27세기경 고대 이집트 왕의 피라밋 건설로 인해 앗시리아 지방의 나일강가로 이주했던 기술자들의 집합 주택에서는 이미 환기구가 설치되어 있었다는 기록이 있다. 그 당시의 환기는 실내와 실외의 기온 차이로 발생하는 공기의 부력을 이용한 중력환기였다. 이 중력환기는 지금도 주물공장 등의 고온, 발열을 동반하는 작업장에서 사용되고 있는데 그 원리가 4,700년 전과 조금도 변하지 않았다는 것은 놀랄만한 일이다.

일반적으로 중력환기처럼 자연에너지를 이용한 환기를 자연환기(natural ventilation)라고 말한다. 이 방법은 다른 동력원이 필요없으므로 대단히 경제적이지만 기후조건에 따라 환기가 좌우된다는 결점이 있다. 기후에 좌우되지 않는 동력을 사용한 환기를 기계환기(mechanical ventilation)라고 말하며, 1500년 경에 「모나리자의 미소」로 유명한 천재 레오나르도 다빈치가 자기 친구 집의 환기용으로 수차를 움직여서 환기팬을 고안했다는 기록도 있다.

그 당시 환기의 목적은 실내의 덥고 습한 공기를 밖의 신선한 공기와 바꾸는 온열 조건의 제어가 주기능이었으며 유해물질은 겨우 난로의 연기 정도였으므로 실내의 오염된 공기를 바깥의 깨끗한 공기와 교환시키는 일만으로도 시원하고 기분 좋게 느꼈을 것이다. 이와 같은 환기 방법은 건물과 방 전체의 공기를 혼합시키기 때문에 전체환기 또는 오염을 희석하는 효과가 있어서 희석환기(dilute ventilation)라 부르는데 이는 그다지 유해성이 크지 않은 화학물질을 제어하기 위해서 지금도 이용되고 있다.

이처럼 환기의 역사가 오래 전부터 알려져 있는데 반하여 국소배기는 언제쯤부터 실시하게 된 것인지 분명하지 않다. 본격적인 국소배기는 아주 최근 송풍기(fan)가 발명되고 나서 비로서 실용화된 것이라고 알려져 있다. 예를 들어 불을 피워 실내를 덥힐 때 바람이 불어오는 자리(풍하측)에 앉아 있으면 눈이 맵고, 바람이 부는 쪽(풍상측)에 앉으면 맵지 않다는 사실을 알게 되어 불을 피우는 장소를 방의 구석에 정하고 연기가 방으로 들어오지 않도록 돌을 쌓아서 굴뚝을 만들었음은 아주 자연스러운 일이었을 것이다(그림 1.1). 이렇게 발명된 난로는 훌륭한 국소배기장치의 응용이라 하겠다. 이 난로의 예에서 알다시피, 국소배기란 특정한 장소에서 발생한 유해물질을 기류를 이용해 주위로 퍼지지 않도록(사람있는 쪽으로 오지 않게) 모아서 밖으로 내보내는 방법이라고 말할 수 있다.

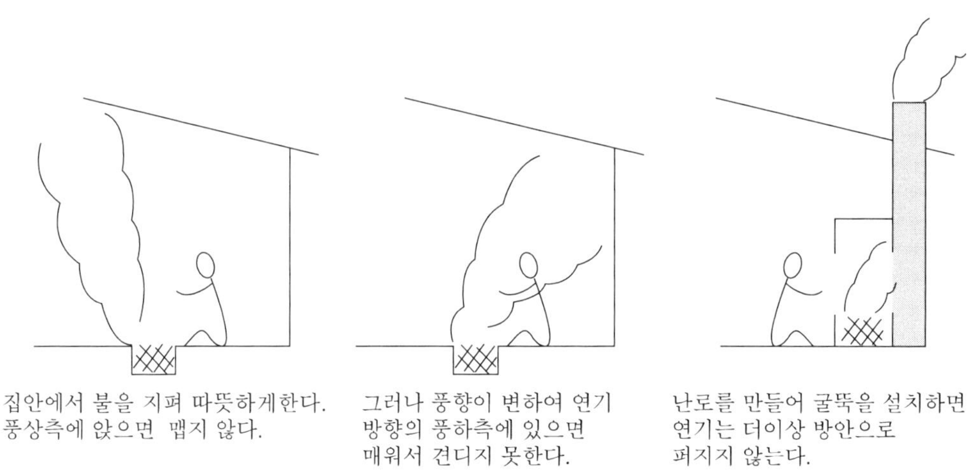


그림 1.1 환기의 원리

물론 국소배기와 전체환기의 분류 방법은 상당히 편의적인 것이며 학문적으로 엄밀히 구분되는 것은 아니다. 예를 들면 방의 한쪽에서 급기하면서 반대쪽으로 배기하는 깨끗한 방은 기류를 이용하여 발생원의 풍하측으로 유해물질을 흘려보내기 때문에 전체배기에 가까운 형태를 지니고 있으며 인간이 절대로 발생원의 풍하측에 가지 않으면 유해물질에 노출될 위험은 없으므로 그런 점에서 보면 국소배기의 기능을 갖게 된다. 이와 같은 환기방법은 마치 전체환기와 국소배기의 중간적인 기능을 갖고 있으므로 국소환기라고 불리기도 한다.

또 벽에 환기팬을 부착하여 후드나 송풍관을 사용하지 않고 실내공기를 외부로 빨아내는 것은 장치의 형태로 보아 전체환기이지만 작업대를 환기팬의 바로 앞벽 가까이까지 이동하면 유해물질은 실내에 전혀 확산되지 않고 배출되므로 기능상 국소배기라고 판단할 수도 있다(그림 1.2).

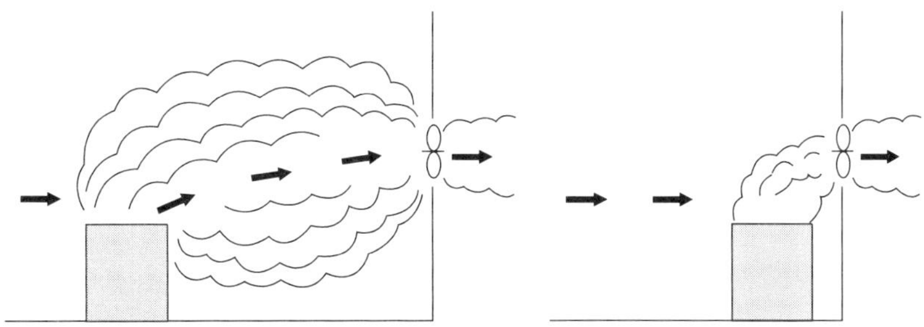

벽에 환기팬을 부착하여 연기를 외부로 보내는 것을 전체환기라고 한다.

발생원을 환기팬의 바로 앞으로 이동시키면 국소배기가 된다.

**그림 1.2** 전체환기와 국소배기의 개념

산업환기는 작업장 내에 존재하는 오염물질로부터 근로자의 건강과 쾌적한 작업환경을 유지하는 일반적인 방법이며 또한 인화, 폭발, 가스·증기 또는 입자상물질의 축적을 방지할 수 있는 최선의 방법 중 하나이다.

산업 현장에서 가장 널리 사용되고 있는 산업환기는 자연 또는 기계적 수단을 통해 각종 유해요인으로 오염된 공기를 실외로 제거하고 외부의 청정공기를 대신 흡인시켜 실내공기를 치환하여 줌으로써 작업환경을 관리하는 공학적인 노출방지대책을 말한다.

산업환기의 목적은 유해물질의 농도를 허용기준치(TLV) 이하로 낮추고 공기정화의 기준은 더욱 높여서 물리적, 화학적 및 위생적으로 작업환경을 고도로 개선시킴으로써 근로자의 건강을 도모하고 작업능률을 향상시키며 화재나 폭발 등의 산업재해를 방지하는 데 있다.

일반적으로 환기는 전체환기(general ventilation)와 국소환기(local ventilation)로 크게 나눌 수 있다. 전체환기는 작업장 내 유해물질의 농도를 외부의 청정공기와 혼합하여 희석시키는 것을 말하므로 희석환기(dilution ventilation)라고도 한다.

## 1.2 전체환기(General Ventilation)

전체환기는 주로 화재나 폭발을 예방하거나 실내의 온도 및 습도를 조절하기 위한 목적으로 사용된다. 이 방법은 건물, 학교, 공공장소 등에서 폭넓게 사용되고 있으며 잠재적인 악취나 자극성 화합물을 낮은 농도로 만들어 쾌적한 환경을 유지시키는데 있다. 작업환경개선을 위한 전체환기의 적용에는 다음과 같은 제한조건이 구비되어야만 적용할 수 있다.

① 오염발생원에서 유해물질 발생량이 적어서 국소배기로 필요환기량이 불가능할 경우
② 오염발생원이 작업자가 근무하는 장소로부터 멀리 떨어져 있거나 공기중 유해물질의 농도가 노출기준 이하일 때
③ 유해물질의 독성이 낮은 경우
④ 소량의 오염물질이 일정속도로 작업장으로 배출되는 경우
⑤ 동일작업장에 다수의 오염발생원이 분산되어 있는 경우
⑥ 오염발생원이 이동성일 경우
⑦ 작업공정상 국소배기가 불가능한 경우

이와 같은 조건이 구비되었다면 전체환기 시설의 설계를 위한 계획은 그 목적에 따라 환기장치법과 필요환기량법으로 나누어진다. 환기장치를 이미 확보하고 있는 경우에는 환기장치법을 사용하고 작업장의 종류에 따라 그 목적에 맞춘 환기량을 결정한 후 필요한 환기시설을 선정하는 경우에는 필요환기량법을 사용한다.

그림 1.3은 환기되는 공간에서 희석공기의 바람직한 혼합(good mixing)을 용이하게 하기 위해 채용하거나 피해야 할 설계기술들을 나타낸 것이다.

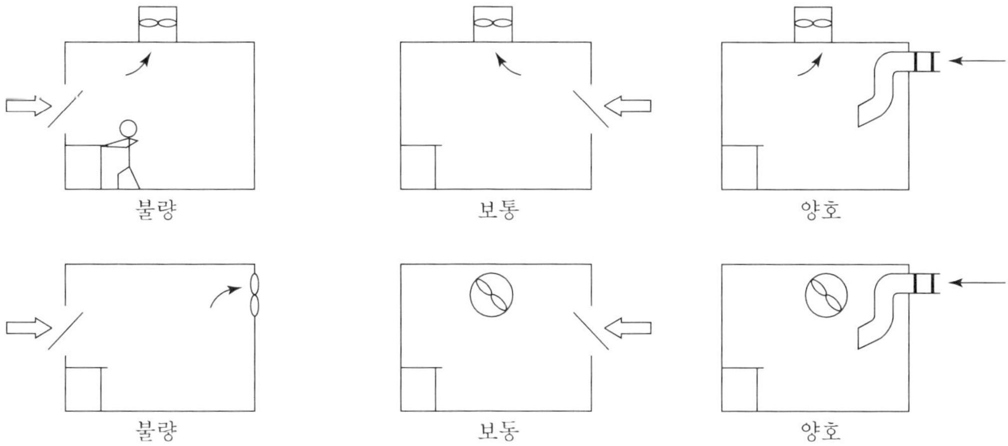


<부적절한 환기구의 위치>

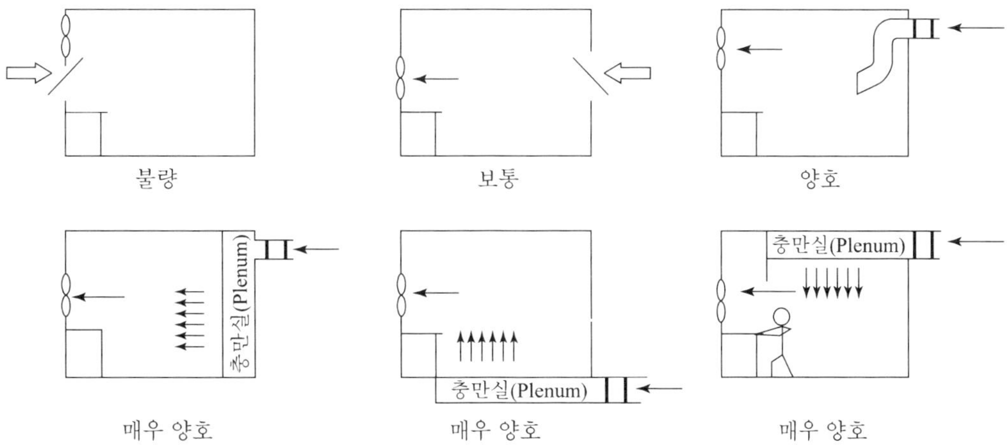


<적절한 환기구의 위치>

**그림 1.3 환기구의 적부위치**

작업장의 필요환기량은 기적(氣積), 재실자, 실내 유해물질 발생량의 정도, 온도, 습도와 같은 외기 조건에 따라 달라지는데 여기서는 우선 설계의 기초자료로서 유해인자에 따라 다음과 같은 방법으로 산출되는 경우를 나타낸다.

### (1) 재실자에 의한 오염시 기적 및 환기

① 옥내작업장의 바닥으로부터 4 m 이상 높이의 공간을 제외한 나머지 공간의 기

적은 10 $m^3$/인 이상으로 할 것

② 직접 외기를 향하여 개방할 수 있는 창을 설치하고 그 면적은 바닥면적의 1/20 이상으로 할 것

③ 기온이 10℃ 이하인 상태에서 환기를 할 때에는 근로자가 1 m/s 이상의 기류에 접촉되지 않도록 할 것

### (2) 발열 작업시 필요환기량

다음 장소에서 발열작업시 필요환기량을 구하는 공식을 나타낸다.

① 용광로, 평로, 전로 또는 전기로에 의하여 광물 또는 금속을 제련하거나 정련하는 장소

② 용선로 또는 도가니 등으로 광물, 금속, 유리를 용해하는 장소

③ 소둔로, 균열로, 소입로 또는 가열로 등으로 광물, 금속, 유리를 가열하는 장소

④ 도자기 또는 기와 등을 소성하는 장소

⑤ 가열된 금속을 운반, 압연, 단조, 소입, 신선 또는 가공하는 장소

⑥ 용융된 유리로 유리제품을 성형하는 장소

⑦ 열원을 사용하여 물건 등을 건조시키는 장소 등

이와 같은 작업장 내의 열부하 $H_s$(kcal/hr), 급배기 또는 실내외의 온도차를 $\Delta t$ (℃)로 할 때 필요환기량 $Q$($m^3$/hr)는 다음 식과 같다.

$$Q = \frac{H_s}{0.3\Delta t} \tag{1.1}$$

### (3) 수증기제거 목적의 필요환기량

다량의 증기를 사용하여 작업을 행하는 염색공장, 도금공장 또는 방적, 직포공장에서 가습을 행하는 작업장에서 발생하는 수증기의 발생량 $W$(kg/hr), 급배기 또는 실내외의 중량 절대습도차를 $\Delta G$(kg/kg건기)라 할 때 필요환기량 $Q$($m^3$/hr)는 다음 식과 같다.

$$Q = \frac{W}{1.2\Delta G} \tag{1.2}$$

### (4) 이산화탄소($CO_2$) 제거가 목적일 경우

일정 체적을 갖는 작업장 내에서 매시간 $M(m^3)$의 $CO_2$가 발생할 때 필요환기량 $Q$ $(m^3/hr)$을 구하는 식은 다음과 같다.

$$Q = \frac{M}{K-k} \times 100 \tag{1.3}$$

여기서 $K$ : $CO_2$ 허용농도(%)

$k$ : 외기의 $CO_2$ 농도(%)

일반적으로 실내에서 $CO_2$의 허용농도는 0.1%이고 외기의 $CO_2$ 농도는 0.030~0.035%의 범위를 나타낸다.

### (5) 유기용제 제거가 목적일 경우

① 전체환기장치의 성능에 의한 환기량 계산

사업주가 전체환기장치를 설치할 때에는 다음 표의 구분에 따른 환기능력(1분당 환기량을 말하며 구분이 다른 유기용제를 동시에 소비할 경우 각 구분별로 계산한 1분당 환기량을 합한다)을 갖춘 것으로 하여야 한다.

② 유기용제 이외의 건강을 위한 유해가스의 필요환기량

유해가스의 폭로허용농도(TLV, ppm), 사용량(증발 또는 기화된 양) $W$(L/hr), 그리고 그 물질의 분자량(Mw)으로 산출할 수 있다.

$$Q\,(m^3/hr) = \frac{F \times S \times W \times K \times 1{,}000{,}000}{Mw \times TLV} \tag{1.4}$$

여기서 $K$는 필요환기량 설정을 여유있게 하기 위한 여유계수이며 일반적으로 3~10의 값을 갖는다. $S$는 용액의 비중이며 $F$는 $W$의 변환계수이다.

표 1.1 • 유기용제 사용시 전체환기장치의 성능(필요환기량)

| 소비하는 유기용제의 구분 | 환기량($m^3$/min) |
|---|---|
| 제1종 유기용제 또는 제1종 유기용제 함유물 | $Q=0.3W$ |
| 제2종 유기용제 또는 제2종 유기용제 함유물 | $Q=0.04W$ |
| 제3종 유기용제 또는 제3종 유기용제 함유물 | $Q=0.01W$ |

비고 $Q$ : 1분당 환기량($m^3$)

$W$ : 작업시간 1시간당 소비하는 유기용제 또는 유기용제 함유물의 양(g)

### (6) 화재 및 폭발물질 사용시 필요환기량

화재·폭발물질 사용시에는 작업장 내 농도를 폭발하한농도(lower explosive limit ; LEL) 이하로 유지시켜가면서 작업을 해야 한다. 이는 근로자의 건강보호 목적 이외에 산업재해 예방의 목적이 있다. 화재·폭발물질의 농도기준은 % 단위농도이므로 건강을 위한 환기시설을 설치하면 자동적으로 산업재해 문제는 해결이 된다. 따라서 다음 식은 인화성 또는 폭발성 물질을 보관하는 창고 등의 전체환기를 위한 필요환기량 공식이다.

$$Q\,(\mathrm{m^3/hr}) = \frac{F \times S \times W \times C \times 100}{\mathrm{Mw} \times \mathrm{LEL} \times B} \tag{1.5}$$

여기서 $F$ : $W$의 단위에 따른 변환계수(24.1)
$S$ : 용액의 비중량
$W$ : 주어진 시간 내에 사용된 인화물질의 양
$C$ : 안전조건을 고려한 안전계수
Mw : 인화·폭발물질의 분자량
LEL : 폭발하한농도(%)
$B$ : 상승온도에서 LEL의 감소를 나타내는 상수
(120℃까지 $B=1$, 120℃이상 $B=0.7$)

## 1.3 전체환기시스템 설계의 기본원칙

전체 환기 시스템을 설계할 때 환기효율을 높일 수 있는 기본원칙은 다음과 같다.

① 희석환기에 있어서의 필요환기량은 오염물질이 충분히 희석될 수 있도록 문헌조사나 경험에 바탕을 둔 자료로부터 산정해야 한다.

② 배기구는 가능한 한 오염원 가까이에 설치하여 국소배기와 유사한 국부환기(spot ventilation) 효과를 얻도록 해야 한다.

③ 급기구와 배기구는 급기된 공기가 작업자를 먼저 통과하고 다음으로 오염영역을 통과하여 배기되도록 그 위치 선정에 주의를 기울여야 한다.

④ 전체환기 시스템은 보통 저압용 축류 송풍기로 다량의 공기를 배기시키는 경우

가 많기 때문에 환기장치의 효율을 유지하기 위하여 보충공기시스템(make-up air system)을 사용하여 충분한 공기를 급기시켜야 한다.

⑤ 오염원 주위에 다른 작업공정이 존재하면 배기량을 급기량보다 약간 많게 하여 음압을 유지시켜 주위 근로자에게 오염물질이 확산되지 않도록 하고 반대로 주위에 다른 작업공정이 없으면 급기량을 배기량보다 약간 많게 하는 것이 좋다.

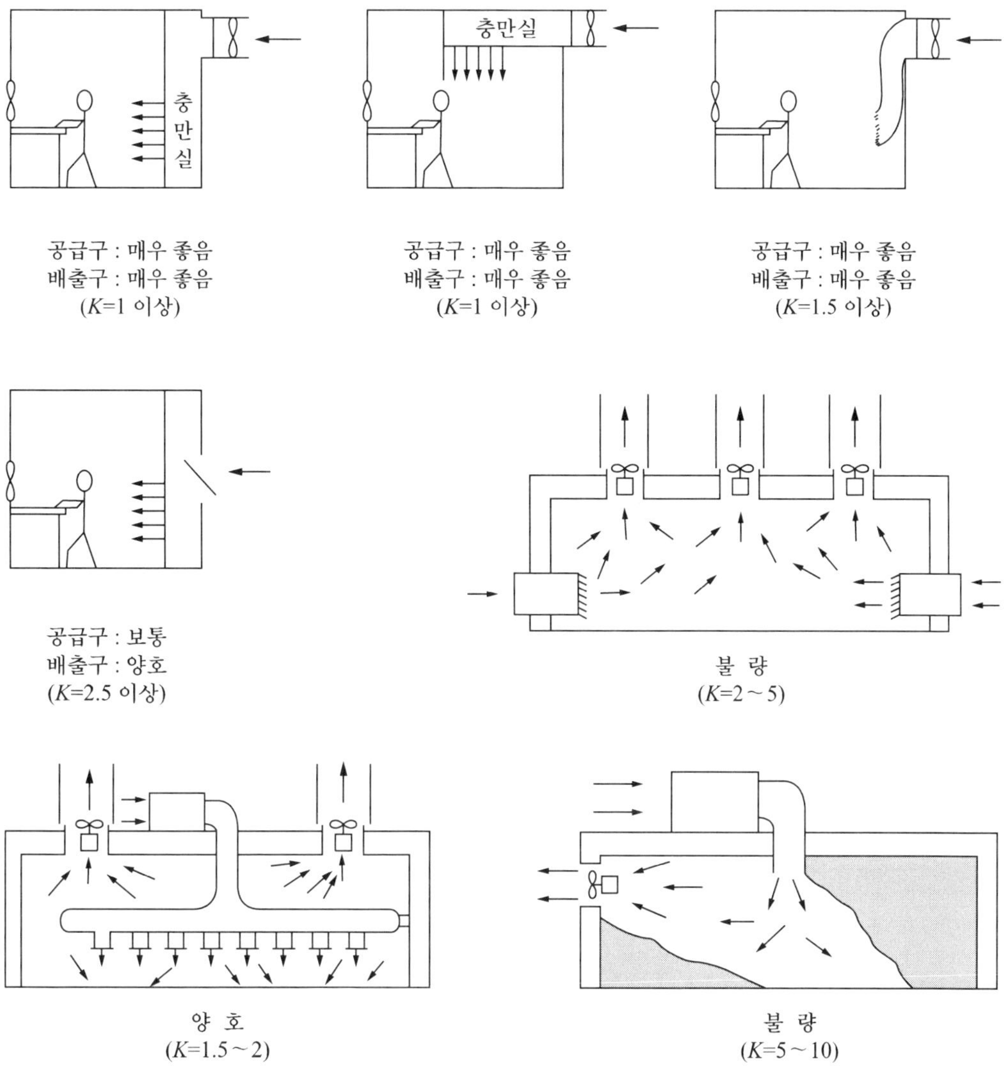


그림 1.4 전체환기시설의 형태별 안전계수($K$) 값

⑥ 배기구를 지붕 위의 적절한 높이까지 높이거나 창문과 같은 개구부로부터 멀리 하여 배출된 오염물질이 재유입(re-entry)되지 않도록 한다.

위의 설계 기본원칙을 바탕으로 유해오염물질이 발생원으로부터 작업장 내에서 확산되어 이동하는 경우 유해오염물질의 농도가 노출기준(TLV) 미만으로 유지되도록 적정한 필요환기량을 계산하여야 한다. 표 1.2에 유해오염물질의 발생환경 구분에 따른 필요환기량 계산식과 그림 1.4에 전체환기시설의 기본형태별 안전계수($K$) 값을 나타내었다.

표 1.2 • 유해오염물질의 발생환경에 따른 필요환기량($Q$) 계산식

| 발생환경 구분 | 필요환기량 계산식 |
|---|---|
| 희석 | $Q_r = \dfrac{24.1 \times S \times G \times K \times 10^6}{M \times \mathrm{TLV}}$ |
| 화재·폭발방지 | $Q_r = \dfrac{24.1 \times S \times G \times S_f \times 100}{M \times \mathrm{LEL} \times B}$ |
| 수증기 제거 | $Q_r = \dfrac{W}{1.2 \times \Delta G}$ |
| 열 배출 | $H_s = Q_r \times \gamma \times C_P \times \Delta t$<br>$Q_r = \dfrac{H_s}{\gamma \times C_P \times \Delta t} = \dfrac{H_s}{1.3 \times 0.24 \times \Delta t} \fallingdotseq \dfrac{H_s}{0.3 \times \Delta t}$ |

비고 $Q_r$ : 필요환기량($m^3$/hr)
$S$ : 유해오염물질의 비중
$G$ : 유해오염물질의 증발량(L/hr)
$K$ : 안전계수
$M$ : 유해오염물질의 분자량(g)
TLV : 유해오염물질의 노출기준(ppm)
LEL : 폭발하한값(%)
$B$ : 온도에 따른 상수(121℃ 이하 : 1, 121℃ 초과 : 0.7)
$W$ : 수증기 부하량(kg/hr)
$\Delta G$ : 작업장 내 공기와 급기의 절대습도차(kg/kg)
$H_s$ : 발열량(kcal/hr)
$\gamma$ : 공기의 비중량(kg/$m^3$)
$C_P$ : 공기의 비열(kcal/kg·℃) (0.24임)
$\Delta t$ : 외부공기와 작업장 내 온도차(℃)
$S_f$ : 안전계수(연속공정 : 4, 회분식공정 : 10~12)

## 1.4 국소배기(Local Ventilation)

국소배기는 발생된 공기오염이 실내에서 확산되기 전에 포착하여 국소적으로 작업환경을 개선하도록 하는 것으로 경제적이고 합리적이어서 현재 가장 많이 이용되고 있다. 국소배기법의 장점은 배기조절장치의 적합한 배치와 공급격자가 공간을 통해 마개 흐름(plug flow)을 이룰 수 있다는 것이다. 이러한 형태의 공기유동은 주어진 공기흐름으로 공기중 오염물질을 최대한 제거할 수 있고 에너지보존에 효과적이며 여러 장소의 요구에 부응할 수 있다. 국소배기설계의 목적은 수집효율을 최대화하고 필요한 공기량을 최소화하는 것이다.

다시 한 번 환기에 대하여 정의를 내리면 「배기 혹은 급기에 의하여 실외의 깨끗한 공기를 실내에 유입시키고 실내의 오염된 공기와 혼합하여 유해물질의 농도를 저하시키면서 조금씩 밖으로 내보낸다」는 것을 전체환기라 하고, 「유해물질의 발생원 곁에 공기 흡인구를 설치에서 국소적 또한 정상적인 흡인 기류를 만들고 그 기류에 편승해서 유해물질이 주위로 확산되기 전에 가능한 발생된 그대로의 고농도 상태로 흡인하여 작업자가 오염기류에 폭로되지 않도록 한다」는 것을 국소배기라고 한다. 그림 1.5는 전형적인 국소배기장치의 개념을 그림으로 나타낸 것이다.

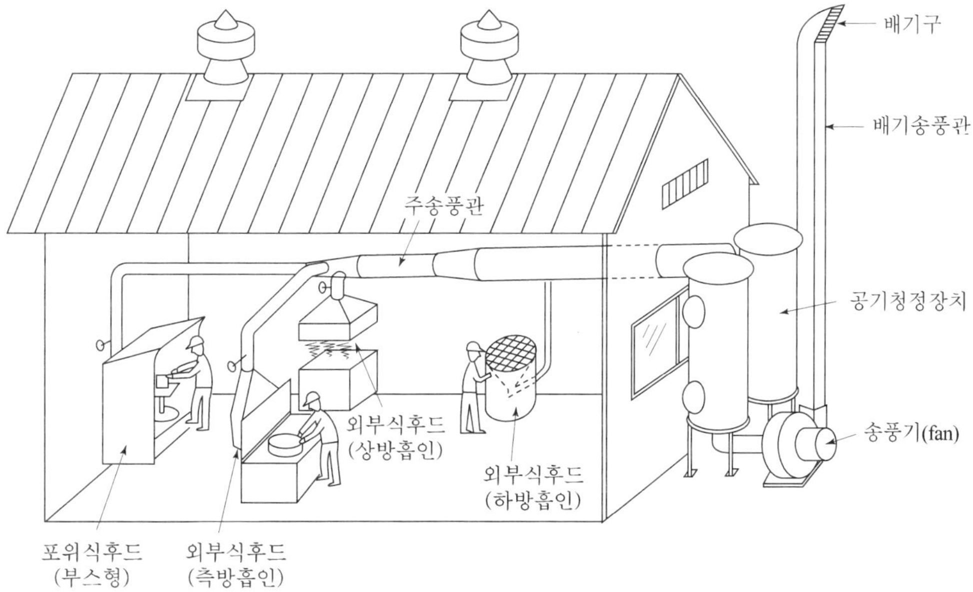


그림 1.5 국소배기장치의 개략도

그림 1.5중에는 여러 가지 이름이 있으나 후드(hood), 흡인송풍관(main duct와 branch duct), 배기송풍관, 공기청정장치(집진장치 또는 유해가스 처리장치), 송풍기 등이 주요한 부분이고 그 외에 가지송풍관의 통기저항(압력손실)의 균형을 유지시키기 위해서 댐퍼(damper, blast gate)를 설치하거나 배기송풍관으로 빗물이 들어오는 것을 막기 위해 비마개(weather cap)를 부착시키기도 한다.

표 1.3 • 국소배기장치 각부의 명칭

| 명칭 | 설명 |
|---|---|
| 후드(hood) | 유해물질을 송풍관으로 흡인하기 때문에 기류 흡인구의 유형에 의하여 다음과 같은 여러 가지 이름이 붙었다. |
| 포위식 후드(enclosure hood)<br><br>부스식 후드(booth hood)<br><br>외부식 후드(exterior hood) | 유해물질 발생원을 에워싸는 것과 같은 형태의 후드<br>외부 난기류의 영향을 받는 일이 적고 흡인효과가 좋다.<br>유해물질 발생원을 둘러싸고 있으나 작업의 필요상 둘러싼 한 면이 개방되어 있는 후드로 기능상 포위식 후드의 일종이라고 생각해도 좋다.<br>유해물질 발생원의 옆에 설치된 후드<br>발생원은 후드 개구의 바깥쪽에 있으며 외부 난기류의 영향을 받으면 흡인효과가 손실되기 쉽다. |
| 송풍관(duct) | 후드에서 흡인된 기류를 운반하는 관 |
| 흡인송풍관(suction duct)<br>배기송풍관(exhaust duct)<br>가지송풍관(branch duct)<br>주송풍관(main duct) | 후드에서 송풍기(fan)까지의 송풍관 : 내부는 부압 상태<br>송풍기에서 배기구까지의 송풍관 : 내부는 정압 상태<br>후드와 주 송풍관을 연결하는 송풍관<br>2개 이상의 가지 송풍관이 합류된 송풍관 |
| 테이크 오프(take off) | 후드와 송풍관의 연결부분<br>후드에서 송풍관으로 기류가 흐르는 복잡한 부분 |
| 공기청정장치<br>(air cleaning device) | 후드에서 흡인된 오염 기류에 포함된 오염물질을 제거하며 배기를 정화하는 장치 |
| 집진장치(dust collector)<br>유해가스 처리장치<br>(gas absorber 또는 gas scrubber) | 입자상 오염물질을 포집하는 공기청정장치<br>가스상 오염물질을 제거하는 공기청정장치 |
| 송풍기<br>(fan 또는 exhauster) | 공기에 에너지를 주기 위한 장치<br>일반적으로 원심식 또는 축류식이 사용된다. |
| 댐퍼(damper, blast gate) | 통기저항의 균형을 유지시키기 위해 송풍관 내에 설치하는 밸브 또는 방해판 |
| 비마개(weather cap) | 빗물의 침입을 방지할 목적으로 배기송풍관 내의 맨끝 부분에 설치한 커버, 별명은 삿갓 |

## 1.5 국소배기를 계획하기 전 유의사항

국소배기장치의 계획을 세우기 전에 약간 모순된 것처럼 생각할 지도 모르나 정말로 국소배기를 설치하는 것이 제일 좋은 해결 방법인지 아닌지를 한 번 더 잘 검토해 보기 바란다. 어쩌면 국소배기보다 더 근본적인 해결방법이 있을지도 모른다.

예를 들면 1955년경까지는 접착제용 용제와 도료의 희석제(락카, 신나)에는 벤젠($C_6H_6$)이 대량으로 함유되어 있었다. 1957~1958년경 벤젠이 함유된 고무풀을 사용해서 비닐샌달(신발) 접착작업을 하고 있는 사람들 사이에 몹시 심한 빈혈과 백혈병이 많이 발생한 직후부터 벤젠 고무풀과 벤젠의 사용을 금지하고 대신 톨루엔($C_6H_5CH_3$)이 사용되었다. 그후 유기용제 중독의 연구가 진행됨에 따라 톨루엔도 유해하다는 것이 알려져 지금은 지방족(휘발유계) 용제만의 접착제나 도료, 또는 유기용제가 전혀 함유되지 않은 유화(emulsion)계 수정 접착제와 수성도료가 사용되게 되었다.

이처럼 유해한 물질을 사용하지 않고 똑같은 목적을 이루는 물질이 있다면 그 방법이 훨씬 근본적인 해결책임에 틀림없다. 이를 청정기술(clean technology) 이라고 말한다. 또 습식화를 이용하여 먼지 발생을 방지하거나 설비를 완전하게 밀폐화 또는 자동화함으로써 작업자가 유해물질에 직접 닿지 않고 작업할 수 있으면 그 방법이 국소배기보다 우수한 대책이라 할 수 있다.

그러므로 국소배기를 계획하기 전에 한 번 더 잘 검토하여야만 한다. 물론 재료를 변경하는 일에 대해서는 현장에서 반대가 있기 마련이다. 이것에 대해서는 건강의 가치를 잘 이해시켜 먼저 협조를 받을 수 있도록 사전 설득이 필요하다.

초창기에는 접착 테이프의 공장에서 고무풀의 용제를 벤젠에서 톨루엔으로 전환할 때 대단한 반대가 있었다. 이유는 톨루엔은 벤젠에 비해서 건조속도가 늦기 때문에 건조에 시간이 걸리고 완성된 제품이 더러워져서 그 문제를 해결하는데 엄청난 고생을 했기 때문이다.

그러나 결과적으로 벤젠은 사용하지 않게 되었다. 벤젠을 사용하지 않고 같은 정도의 효능에다가 품질도 떨어지지 않는 제품을 만드는 생산 기술이 개발되었기 때문이다. 이처럼 기술담당부서의 적극적인 협력으로 인하여 국소배기보다도 본질적인 개선을 성공시킨 예는 많다.

그리고 또 하나 국소배기라는 것은 아주 기능이 까다롭다고 하는 것이다. 국소배기를 설치한 곳의 환경을 좋게 해주지 않으면 자주 고장이 생겨서 설계자가 얻고자 하는 성능을 발휘하지 못하고 쓸모없게 되는 경우도 있다.

한 예로 어떤 특정화학물질을 취급하고 있는 공장에서 6기의 열원 탱크가 창옆에 설치되어 있었다. 이 때문에 열원에서 발생된 흄이 열 때문에 실내에 부유하여 채광이 좋지 않고 청소도 잘 안되어 국소배기장치의 스위치를 넣으면 흡인기류로 인하여 퇴적 먼지가 작업장 내로 소용돌이치고 있는 상태였다. 이러한 상태는 매우 좋지 않아서 재건축시 남동향으로 건물을 짓고 천장을 2층 높이로 하고 창면적도 넓혀서 충분히 채광을 할 수 있게 조치를 취하였다. 다시 열원 탱크를 건물 중앙에 배치하고 2층 바닥을 금망철판으로 하고 바닥과 벽을 밝은 색으로 포장하여 청소하기 쉽도록 하여 먼지가 퇴적되지 않게 한 결과 국소배기를 소용량으로 하였는데도 충분히 설치의 목적을 달성했다는 예가 있다. 말하자면 온실 안의 가련한 꽃을 돌봄같이 그 환경을 주의 깊게 관찰해 주고 충분한 손질을 해주게 되면 비로소 훌륭한 성과를 올릴 수가 있는 것과 같은 이치이다.

## 1.6 국소배기의 계획과 설계의 순서

확실히 국소배기를 설치하는 것이 정해졌으면 반드시 한 번 더 현장을 둘러보면서 확인해야 한다. 후드와 송풍관을 설치할 장소가 있는가 확인하고 그로 인해 기계설비를 이동해야 하는 경우도 생긴다. 또한 공기청정장치나 송풍기를 설치할 장소가 있는지를 확인한다. 이 장치들은 보수점검의 편리와 소음 등의 문제를 생각해서 되도록 후드를 설치할 건물 가까운 지면에 설치하고 싶지만 때로는 부지 관계로 옥상 등에 설치해야 할 때도 있다. 송풍기를 옥상에 설치할 경우에는 소음 문제도 고려해야 된다. 다음으로 전원 문제도 잊어서는 안된다. 국소배기장치도 약간 커지면 꽤 많은 전력을 필요로 한다. 그 때문에 배전설비를 신설해야 할 때도 있다. 또 국소배기로 배기한 만큼의 공기를 밖에서 보급하는 것이 필요하다. 최근의 작업장은 알루미늄샷시 등을 설치하여 밀폐도가 좋아지고 있기 때문에 창과 문의 틈 사이에서의 급기만을 가지고는 실내가 부압상태가 되어서 국소배기가 제기능을 발휘하지 못할 경우가 있다. 그러므로 별도로 급기구를 설치하는 경우에 먼지가 있어서는 안될 작업에서는 에어 필터(air filter)를 부착시키는 것도 필요하다. 공기조절장치를 사용하는 작업장에서는 급배기 때문에 열에너지의 손실도 고려해야 한다. 이 때문에 에어컨의 증설이 필요한 경우도 있다.

다음으로 국소배기를 설치한 작업장의 작업자를 비롯한 관계자에 대해서 국소배기의 필요성을 충분히 이해시켜야 한다. 때로는 건강교육부터 시작해야 할 때도 있다. 산업위생부서가 있는 직장에서는 부서장을 통해서 설득하는 것도 좋을 것이다. 때로는 국소배기장치를 충분히 활용하기 위해 작업방법을 조금 변경해야 할 때도 있다. 이 단계에서의 설득이 충분하지 않으면 나중에 가서 장치를 설치할 때에 반대를 하거나 설치해도 만족한 성능이 나오지 않는 결과도 생긴다.

이와 같은 준비를 마치고 비로소 국소배기의 기본설계에 착수할 수가 있다. 국소배기의 기본설계는 대체로 다음과 같은 순서를 따라야 한다.

① 후드를 설치하는 장소와 후드의 형태(type)를 생각한다.
② 제어속도를 정한다.
③ 필요송풍량을 계산한다.
④ 필요송풍량의 합계가 지나치게 커서 공조(空調)에 지장이 있는 경우나 클린룸(cleanroom)의 청정도에 영향이 있는 경우에는 다시 한 번 후드의 위치와 형태를 검토하여 송풍량을 감소시키는 노력을 한다.
⑤ 송풍관의 배치, 설치하는 장소를 결정한다.
⑥ 송풍관의 크기(직경, 재질의 두께, 형태)를 임시로 정한다.
⑦ 송풍관의 크기가 지나치게 커서 배치에 지장이 있을 경우에는 배치할 장소에 따라 크기를 줄이는 방법도 모색해야 한다. 반송속도, 압력손실이 지나치게 커질 경우 설치장소의 모양에 따라 사각형, 타원형 등의 송풍관을 사용하여 반송속도가 5~6 m/s 정도가 되게 한다.
⑧ 반송속도를 계산한다.
⑨ 공기청정장치를 선정한다.
⑩ 송풍관 계의 압력손실을 계산하여 송풍기의 필요정압을 구한다.
⑪ 필요송풍량의 합계와 필요정압으로부터 송풍기를 선정하고 동작점을 구한다.

이상의 기본설계가 끝났으면 다시 한 번 전체 계통의 균형(balance)을 검토한 다음에 세부설계로 들어간다.

## 연습문제

**1-1** 실내에서 발생되는 이산화탄소의 양이 0.17 $m^3$/hr일 때 제거에 필요한 필요환기량($m^3$/hr)은 얼마인가? (단, 실내에서의 이산화탄소 허용농도는 0.1%, 외기의 $CO_2$ 농도는 300 ppm이다)

**1-2** 톨루엔 500 g/hr이 폭로되는 작업장을 전체환기장치를 사용하여 환기시킬 경우 필요환기량($m^3$/min)은?

**1-3** 전체환기법을 적용하고자 할 때 적용조건을 적으시오.

**1-4** 이황화탄소($CS_2$)를 시간당 250 g씩 사용하는 작업장이 있다. 이때 작업장 내에 필요한 전체환기량($m^3$/min)을 계산하시오.

**1-5** 용적이 180 $m^3$, 16인 작업시 시간당 공기 용적량이 30 $m^3$/hr일 때 환기횟수를 구하시오.

**1-6** 전체환기란 건물의 창이나 환기공 등의 개구부를 통해서 ( ① ) 및 ( ② )의 차이로 인한 ( ③ )로 행하여지는 환기이다. 적절한 말을 채우시오.

**1-7** 작업장 내 열부하량이 300 kcal/min이며 외기온도가 25℃일 때 작업장 내의 온도는 35℃이었다. 이 때 전체환기를 위한 필요환기량($m^3$/min)은 얼마인가?

**1-8** Methyl Chloroform 증기가 발생되는 작업장이 있다. 이 작업장의 유해물질 발생률($G$)=0.03 $m^3$/min, 유효환기량($Q'$)=56.6 $m^3$/min, 작업장의 기적($V$)= 2831 $m^3$, $K$=3, $C_1$=0 일 때 1시간 경과후 작업장 내 Methyl Chloroform의 농도는 몇 ppm인가?

(단, $C = C_1 + \dfrac{G\left[1-\exp\left(\dfrac{-Q'}{V}\cdot t\right)\right]}{Q}$ 이다)

**1-9** 기적이 0.82 $m^3$인 작업장에서 작업장가동을 중지하여 유해물질의 발생도 중지된 상황 하에서 유효환기량 56.6 $m^3$/min로 희석되었을 때 공기중 유해물질의 농도가 500 ppm에서 50 ppm으

로 감소되는데 걸리는 시간은? (단, $t_2 - t_1 = -\frac{V}{Q}\ln\frac{C_2}{C_1}$)

**1-10** 어느 작업장에서 Methyl Chloroform 증기가 다음과 같은 조건으로 발생되고 있을 때 최종농도 $C$가 250 ppm까지 도달하는데 필요한 시간을 계산하시오. 단, 유해물질발생률 $G=0.04$ $m^3$/min, 유효환기량 $Q'=28$ $m^3$/min, $t$시간에 공기중 유해물질농도 $C_0=0$ ppm, $K=3$, 작업장 기적 $V=1580$ $m^3$, 시간 $t$(min) 이다. 단, $t = -\frac{V}{Q'}\left[\ln\frac{G-Q'(C-C_0)}{G}\right]$이다.

**1-11** 크기가 45 ft×22 ft×12 ft인 저장창고에 아세톤의 농도가 400 ppm이다. 이 창고 내로 600 cfm의 공기가 들어오고 있다면 이 창고 내의 아세톤 허용농도(TLV)를 100 ppm까지 낮추는데 걸리는 시간은 몇 분인가? (단, $t = \frac{V}{A}\ln\left(\frac{C_1}{C}\right)$이다)

**1-12** 어떤 작업장에서 암모니아가 발생되고 있는데 그 발생량은 1시간에 200 g이다. 이 작업장의 암모니아 허용농도 25 ppm을 유지하기 위한 환기량($m^3$/min)은 얼마인가? (단, 암모니아의 분자량은 28이고 $Q = \frac{50\times W}{3k}$이다)

**1-13** 비중이 0.87, 분자량이 92인 톨루엔을 1시간에 6 L씩 사용하는 작업장이 있다. 톨루엔 허용기준이 100 ppm일 때 이 작업장의 필요환기량($m^3$/min)은? (단, 톨루엔 함량은 60%, 변환계수 $F=0.4$, $K=7$이다)

**1-14** 다음은 국소배기장치설계 순서를 나열한 것이다. 차례대로 나열하시오.

① 제어속도의 결정 ② 후드의 크기결정 ③ 송풍기의 선정
④ 공기청정장치 선정 ⑤ 총압력손실량 계산 ⑥ 후드의 형식 선정
⑦ 각부분 필요송풍량 계산 ⑧ 반송속도 결정 ⑨ 송풍관 내경 산출
⑩ 송풍관의 배치와 설치현장 선정 ⑪ 국소배기장치 계통도와 배치도 작성

**1-15** 국소배기장치의 구성은 어떻게 이루어지는가?

**1-16** 환기의 목적은 ( ① )을 보호하고 ( ② ) 향상을 도모하기 위한 물리적, 화학적, 위생적으로 안정된 ( ③ )을 유지하기 위함이다. ( ) 속에 들어갈 말은?

**1-17** 국소배기장치의 일반적 배열은 ( ① ) → 송풍관(duct) → 공기정화장치 → ( ② ) → 배출구의 순이다. (　　) 속에 들어갈 말은?

**1-18** 국소배기장치 계통 중 후드의 불량원인에 대하여 기술하시오.

**1-19** 국소배기시설의 투자비용과 운전비를 가장 경제적으로 유지하려면 어떤 조건에 유념해야 하는가를 쓰시오.

**1-20** 국소배기장치의 설계시 압력손실을 계산하는 목적은 세가지로 요약된다. 그 목적을 서술하시오.

**1-21** 전체환기와 국소배기의 차이점을 설명하시오.

**1-22** 청정기술(clean technology) 이란?

**1-23** 크린룸 시스템이 필요한 사업장을 쓰시오.

CHAPTER

# 2 후드에 관한 기초지식

## 2.1 포위식과 외부식

기본설계 단계에서 제일 먼저 생각해야 하는 절차는 후드설치 계획이다. 후드설치 계획을 세울 경우에 「포위식이 가장 효과가 좋으므로 가능한 포위식으로 설치해야 한다」 라는 말은 대부분의 국소배기장치를 취급한 책에 쓰여 있다. 하지만 왜 그렇게 하여야 하는지를 밝히지 않고 있는데 여기서 구체적으로 알아보기로 한다.

국소배기장치의 후드로 외부식, 리시버식, 부스식, 포위식 등으로 불리는 여러 가지 형식이 있다. 후드라고 하는 단어를 유명한 웹스터(Webster's) 영어 대사전에서 찾아보니 「사람의 머리와 목덜미를 보호하는 피복, 경마와 수렵용 매의 마음이 흐트러지지 않도록 머리에 덮어씌우는 눈가리개로 쓰는 피복에서 그 어원을 찾을 수 있으며 자동차의 엔진, 기타 기계의 커버에도 사용한다」 라고 쓰여 있다. 따라서 후드란 원래 비옷이나 오버코트의 머리에 덮는 모자와 같이 문제가 되는 발생원을 완전히 둘러싸는 커버를 말한다. 발생원을 완전히 덮으면 유해물질은 확실히 밖으로 나오지 않게 되지만 그렇게 하면 작업을 할 수 없는 경우가 생긴다. 그러나 작업을 하기 쉽게 커버에 틈새를 만들면 그 틈 사이로 유해물질이 새어 나오게 된다. 틈새에서 유해물질이 새지 않게 하려면 커버에 입구를 만들어 파이프를 연결하여 내부의 공기를 흡인하면 된다. 이른바 커버형 포위식 후드의 형태라고 할 수 있다. 때로는 수작업시 취급하는 물품의 형태나 크기가 일정하지 않기 때문에 에워쌀 수가 없는 경우도 적지 않다. 오버코트의 모자를 덮어 쓰면 따뜻하다는 것을 알고 있으면서도 주위를 보기 어려우므로 부득이하게 벗을 때도 있는 것과 마찬가지로 국소배기장치의 후드인 경우에도 발생원을 에워쌀 수 없어서 불가피한 경우 약간 거리를 두고 설치해야 할 때도 있다. 이와 같은 형식의 후드를 외부식 후드라고 말한다.

## 2.2 후드는 왜 포위식이 좋은가?

국소배기장치는 기류에 의하여 유해물질의 비산을 제어하는 장치이므로 주위에 제어를 어렵게 하는 기류가 있으면 흡인효과는 방해를 받는다.

유해물질 발생원의 바깥 쪽에 있는 외부식 후드인 경우에 후드를 향해서 흡인되는 기류와 방향이 다른 기류(난기류)가 있으면 유해물질은 난기류에 밀려 후드로 들어갈 수 없게 된다. 포위식 후드인 경우에는 비록 옆에서 불어오는 난기류를 만나도 후드의 측면이 막아주기 때문에 발생원에는 영향이 없다(그림 2.1).

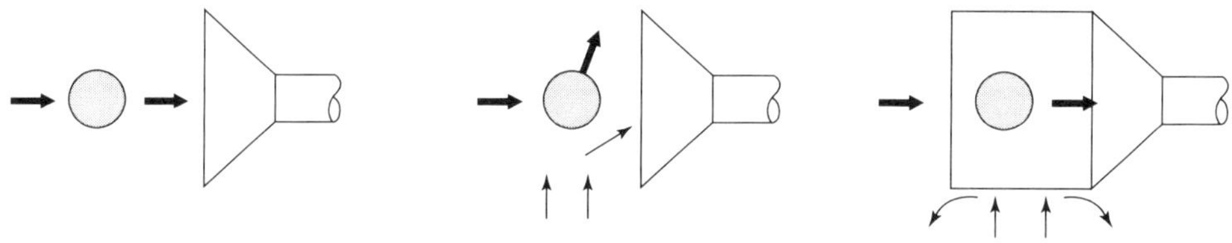

(a) 난기류가 없으면 발생원에서 나온 유해물질은 전부 후드로 들어가지만,

(b) 난기류가 있으면 방해기류가 형성되어 후드로 들어가지 못한다.

(c) 포위식후드로 하면 난기류의 영향이 없다.

그림 2.1 발생원에 대한 후드의 영향

외부식 후드인 경우에는 주위에서 발생원을 통하지 않은 기류가 유입되기 때문에 발생원을 통한(유해물질의 흡인에 직접적으로 쓰이는) 기류는 후드에 유입된 기류의 일부분에 지나지 않는다. 그에 반하여 포위식 후드인 경우에는 후드로 유입되는 기류의 대부분이 유해물질의 제어에 이용된다. 그러므로 같은 발생원에 대해서 유해물질의 제어에 필요한 기류의 양(송풍량)은 포위식이 훨씬 적다(그림 2.2).

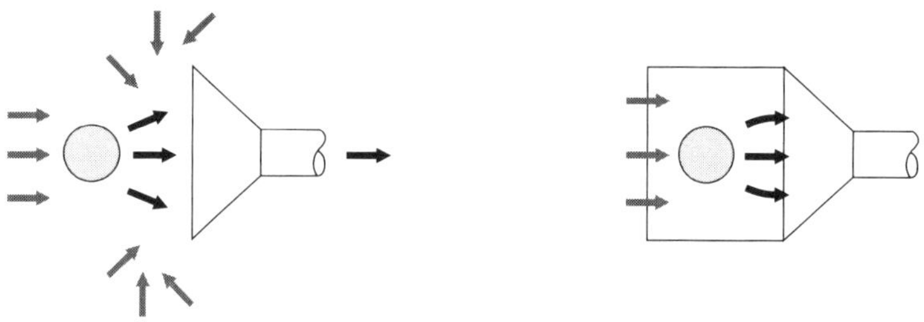

외부식인 경우 오염제어에 유용하지 않은 난기류가 많다.

포위식인 경우 방해하는 기류는 적다.

그림 2.2 외부식과 포위식의 비교

이와 같은 이유에 대해서는 제어풍속과 송풍량의 계산항목에서 더 상세히 설명하기로 한다. 이상과 같은 이유로 국소배기장치의 후드를 계획할 때에는 가능한 한 포위식으로 하는 것이 유리하다.

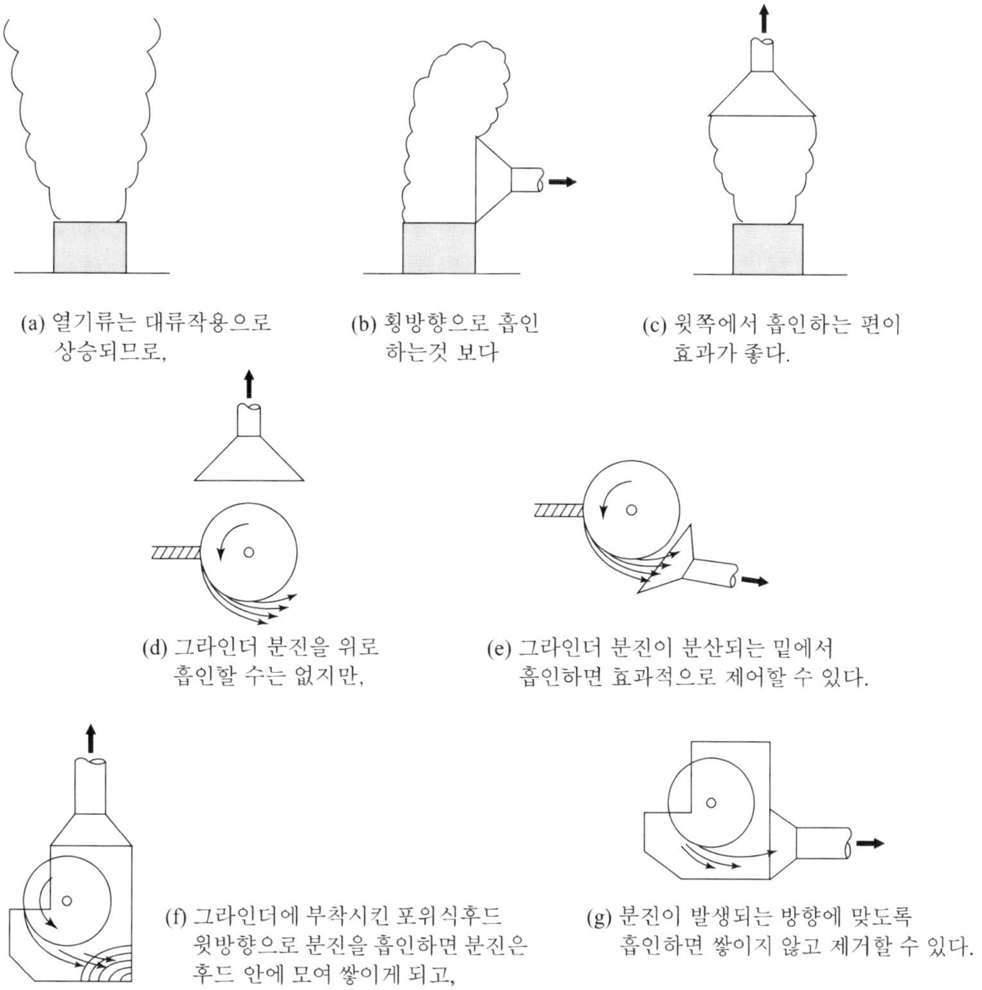


그림 2.3 유해물질의 흡인방향

## 2.3 포착식 후드와 리시버(receiver)식 후드

일반적으로 국소배기후드는 기류의 힘으로 유해물질을 후드 안으로 흡인하는 것이지만 간혹 유해물질 발생원에서 직접 후드 내로 날아 들어가는 경우도 있다. 즉 열부력으로 상승하는 연기와 그라인더 먼지가 그 예이다. 이와 같은 유해물질에 대해서 후드의 겉모양은 포위식 또는 외부식 일지라도 유해물질이 비산하는 방향을 개구면에서 완전히 에워싸게 설치하는 것이 당연히 효과가 좋아진다(그림 2.3).

이러한 후드를 리시버식 후드(receiving hood)라고 부르고 일반적인 기류의 힘으로 유해물질을 흡인하는 후드는 포착식 후드(capture hood)라고 부른다.

포착식 후드와 리시버식 후드는 이와 같이 유해물질을 포획하는 기능의 차가 있기 때문에 설계시 송풍량의 계산방식도 다소 차이가 있다.

다음에 후드를 겉모양에 따라 분류하면 일반적으로 포위식, 부스식, 외부식의 세가지로 분류되고 있으나 이 분류는 이론적인 것이 아니고 다분히 편의적인 것이다. 오히려 유해물질의 발생원을 후드의 구조 안에 전부 완전히 에워 싼(발생원이 후드 개구면의 안쪽에 있는) 형태인 것을 포위식 후드, 발생원인 일부분일지라도 후드의 바깥쪽에 있는 것을 외부식 후드라 부르며, 부스식은 포위식의 어느 한 쪽 개구면이 크게 열려진 경우라고 생각하는 것이 합리적이다.

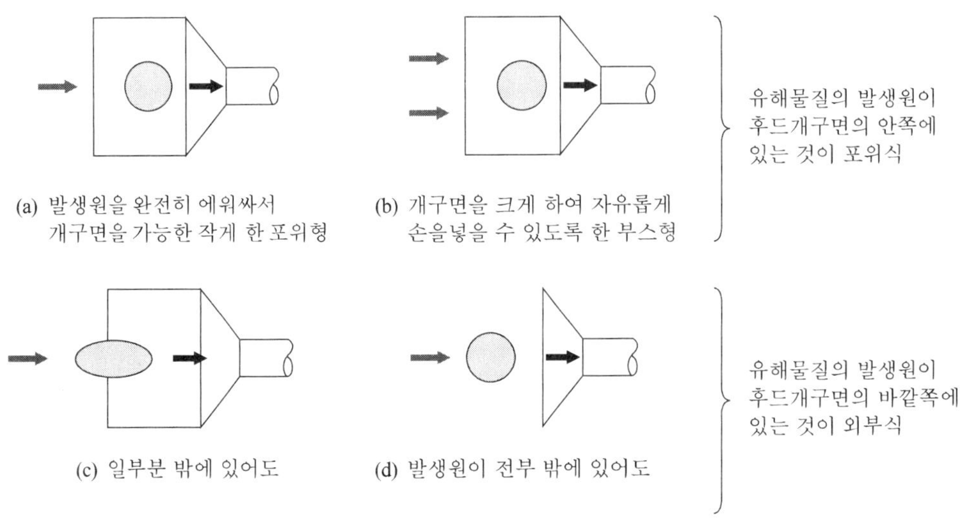


그림 2.4 포위식과 외부식의 차이점

## 2.4 후드의 형식분류

후드의 설치계획을 세울 때는 공통의 기호를 정해두는 편이 서로가 알아보기 쉬우므로 표 2.1에 나타낸 것과 같은 형식분류를 행한다.

다만 이것은 어디까지나 편의적인 것이므로 실제에 있어서 후드는 이것으로 분류할 수 없는 경우가 있다. 또 형식분류에 사용한 기호는 나중에 계통선도(diagram)를 그릴 때 첨가하여 적어 두면 편리할 때가 있지만 편의적인 약속일 뿐이지 이 기호가 절대적인 것은 아니다. 또 계통선도 상에 흡인방향을 기록해 두는 것이 편리한 경우에는 흡인방향을 나타내는 상방(U : upwards), 측방(L : lateral), 하방(D : down-wards), 사방(O : oblique, 斜方), 유해물질의 발생방향(R : receiving) 등의 기호를 표 2.1의 형식 기호 앞에 붙인다.

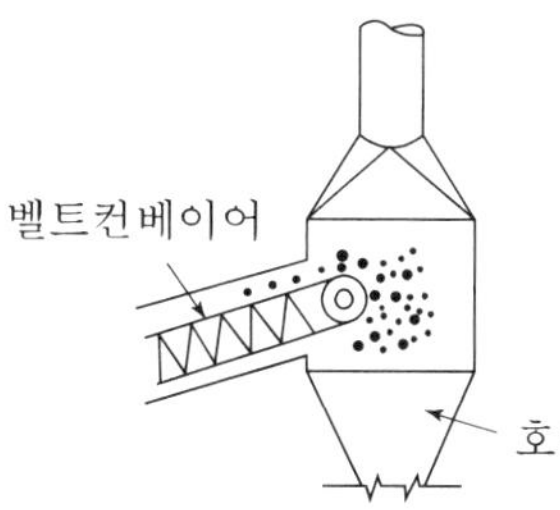


(a) 포위형(LEE)
호퍼 투입작업

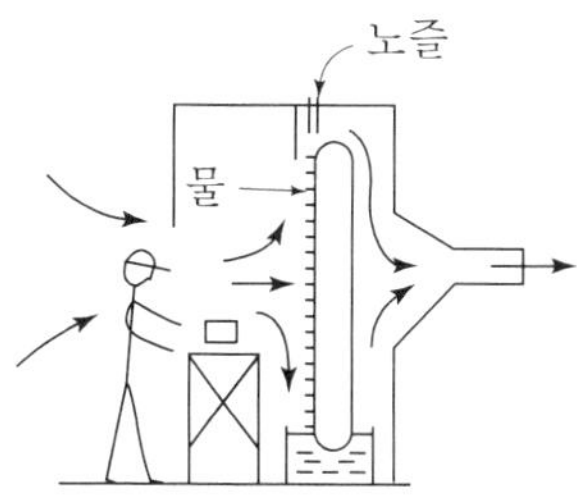


(b) 건축부스형(LEB)
스프레이 도장작업

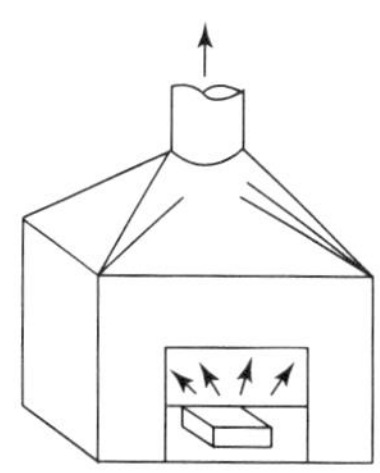

(c) 드래프트 챔버형(LED)
화학분석작업

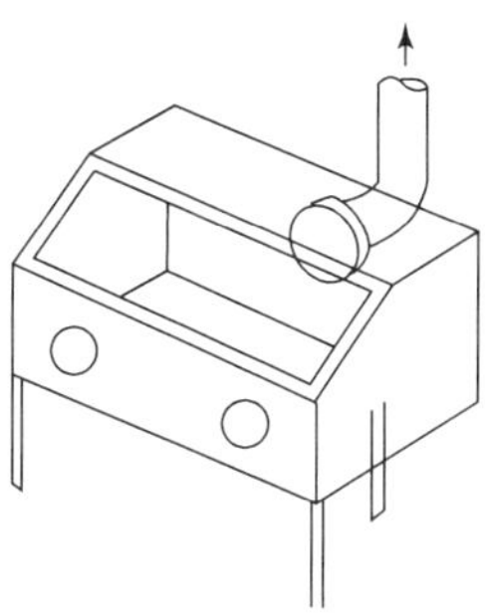

(d) 장갑부착상자형(EX)
동위원소(isotope)취급작업

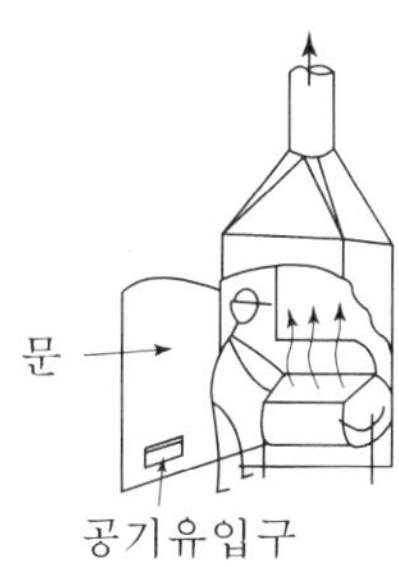


(e) 건축부스형(LED)
산세척작업

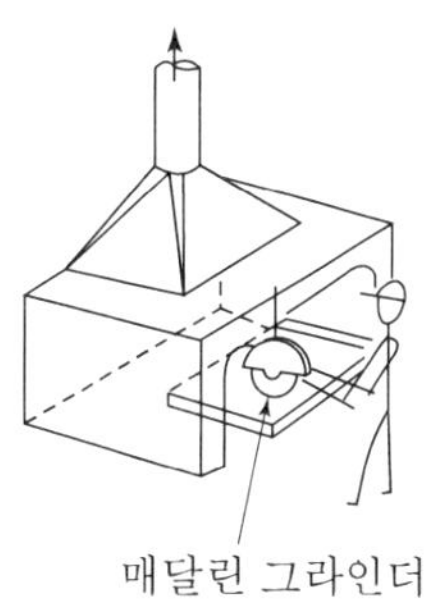


(f) 드래프트 챔버형(LED)
연마작업

그림 2.5 여러 가지 포위식 후드

표 2.1 • 국소배기후드의 형식분류

| 형식 | | 형식 기호 | 특징 |
|---|---|---|---|
| 포위식(E) Enclosure Hoods | 포위형(E) Cover | EE | 발생원의 주변을 포위하고 틈새, 작은 창, 손이 들어갈 수 있는 작은 구멍 정도의 개구부만 있는 것 |
| | 장갑부착상자형(X) Globe box | EX | 안에 양손을 밀어 넣어서 작업하기 위한 상자로 보통 전면 상부에 유리가 덮여 안이 보이고 전면 하부에 손을 찔러 넣는 구멍이 뚫려 있다. 구멍의 안쪽에 불침투성의 합성고무 등으로 만든 장갑을 부착하여 기밀상태로 한 것 |
| | 건축부스형(B) Booth | EB | 발생원의 주변을 크게 에워싸고 작업을 하기 위해 전면이 개방되어 있다. 작업자는 개구면에 서서 등뒤에서 불어오는 깨끗한 공기를 마시면서 안을 향하여 작업한다. 부스란 우리말로 공중전화박스, 작은 칸막이 방을 의미하며 형태가 공중전화박스, 작은 칸막이 방과 비슷하다. |
| | 드래프트 챔버형(D) Draft chamber | ED | 부스형의 개구면으로 미닫이나 문을 만들어 개구면적을 약간 작게 한 것. 개구면의 크기는 보통 손이나 공구를 찔러 넣어 작업하는 정도이며, 화학실험실에서 사용하는 드래프트 챔버가 대표적인 것이다. |
| 외부식(O) Exterior Hoods | 슬로트형(S) Slot | OS | 도금조나 작업대의 끝에 설치한 가늘고 긴 개구가 있는 것 |
| | 루버형(L) Louver | OL | 발생원의 옆에 설치된 발이나 셔터 모양의 개구가 있는 것 |
| | 그리드형(G) Grid | OG | 바닥면 작업대의 바닥을 격자상 개구로 하여 그 위에서 작업하는 것. 작업대의 작업면을 격자상으로 한 것을 특히 환기작업대(Down draft bench)라 부른다. |
| | 자립형(F) Free standing hood | OF | 보통의 외부식 후드라고 부르는 것으로 개구면의 형상에 따라 원형(OO), 사각형(OR) 등으로 불리고 있다. |
| 리시버식(R) Receiving Hoods | 캐노피형(C) Canopy | RC | 발생원의 상방에 덮개와 같이 덮은 자립형 후드, 열부력에 의한 상승기류를 동반한 발생원에 쓰이나 작업자가 개구의 아래에 얼굴을 넣으면 오염된 공기를 호흡하기 쉬우므로 유해물질에 응용할 때에는 특히 주의가 필요하다. |
| | 포위형(G) Grinder cover | RG | 탁상연마 받침 등의 그라인더 커버(grinder cover)를 후드로 이용하는 것 |
| | 자립형(F) Free standing receiving hood | RF | 외관, 구조는 보통의 외부식 후드와 같지만 유해물질의 비산방향을 개구면으로 덮도록 설치한 것. 개구면의 형상에 따라 원형(RO), 사각형(RR) 등으로 부른다. |

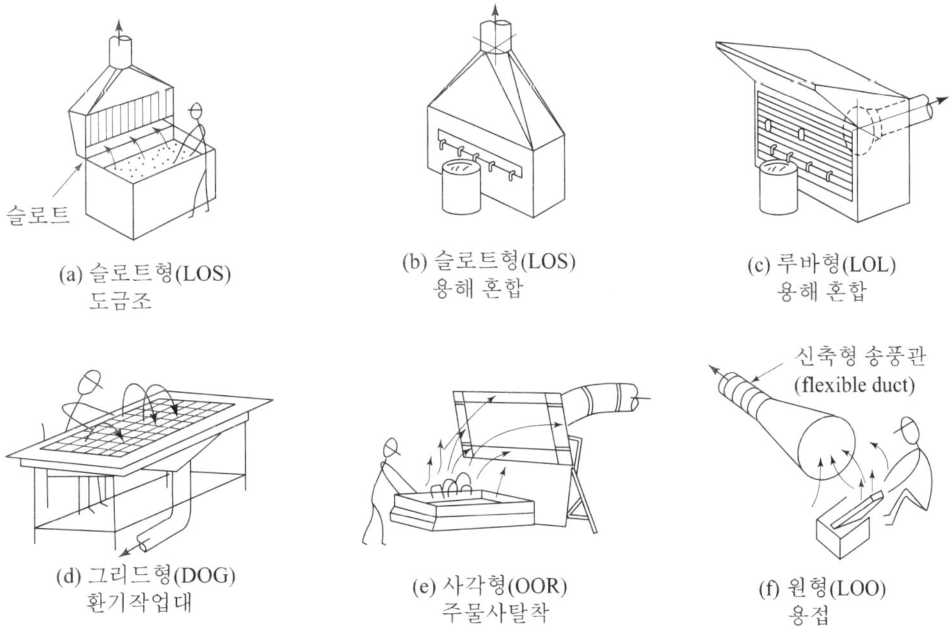


그림 2.6 여러 가지 외부식 후드

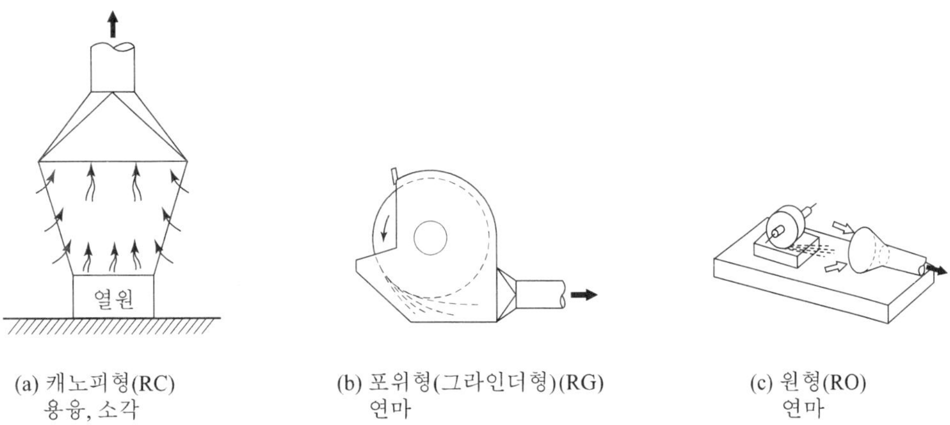


그림 2.7 여러 가지 리시버식 후드

단, 여기서 후드의 흡인방향이라고 하는 것은 유해물질을 제어하기 위한 기류가 후드로 흡인되는 방향을 말하며 후드에 연결된 송풍관의 방향은 아니다. 후드에서 송풍관으로 유입하는 기류는 테이크오프(take off) 기류라 하고 그 방향은 테이크오프의 방향이라 하여 흡인기류의 방향과 구별되고 있다.

## 2.5 후드로 유입되는 기류의 성질

후드로 유입되는 기류의 성질에 관하여 생각해 보면 실제와는 조금 다르지만 그림 2.8과 같이 원형 개구가 주위에 아무런 방해물이 없는 공간에 있는 경우에 기류속도가 $v$로 되는 점을 연결시킨 구면의 면적이 $A$라고 할 때, 그 구면을 통해 개구로 유입되는 기류의 총 이송량 $v \times A$는 개구로 흡인되는 기류량($Q$)과 같다. 즉 기류량과 등속도면의 면적과 풍속 사이에는 다음 관계가 성립된다.

$$\text{기류량}(Q) = \text{등속도면의 면적}(A) \times \text{풍속}(v) \tag{2.1}$$

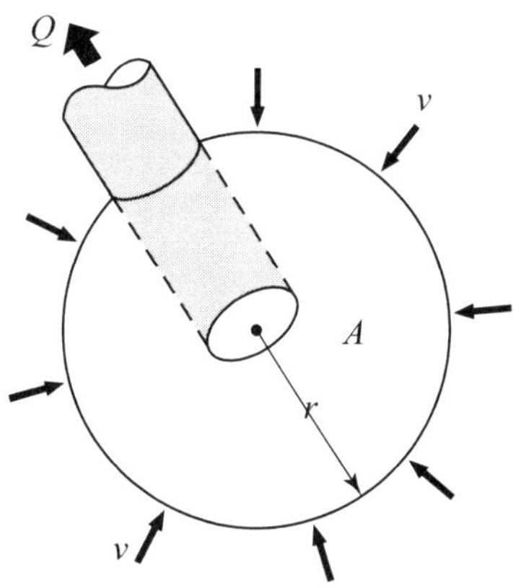


그림 2.8 후드로 유입되는 기류

반경이 $r$일 때 구면의 면적 $A$는 $4\pi r^2$이므로 이것을 위의 식에 대입하면

$$\text{기류량}(Q) = 4 \times \pi \times \text{반경}(r)^2 \times \text{풍속}(v) \tag{2.2}$$

식의 형태를 약간 변형하면

$$\frac{\text{기류량}(Q)}{4 \times \pi \times \text{반경}(r)^2} = \text{풍속}(v) \tag{2.3}$$

즉, 기류량이 변하지 않으면 개구로부터 거리가 멀어짐에 따라서 풍속은 거리의 제곱에 반비례하여 느려지게 된다. 정확히 말하면 태풍의 근처에서는 바람이 강해도 점점 멀어지면서 바람이 약해지는 것과 같은 이치이다.

이와 같이 흡인기류는 개구에서 멀어짐에 따라 거리의 제곱에 반비례하여 풍속이 느려진다. 따라서 후드를 설치할 경우에 발생원에서 약간 떨어지면 흡인이 잘 안되는 것은 이 때문이다.

후드의 흡인기류 성질에 대해서는 지금부터 40년 전에 미국의 조지아 대학의 화학공학과 교수였던 델라벨리(J.M. Dalla Valle)가 행한 유명한 연구가 있는데 지금도 그 연구결과가 국소배기장치의 후드계획과 필요송풍량의 계산에 이용되고 있다. 그 연구보고서에 의하면 후드의 흡인기류 속도는 개구면의 직경(사각형인 경우는 짧은 변의 길이)만큼 떨어지면 약 1/10 정도로 줄어든다고 하였다. 즉 후드개구면의 직경이 0.5 m이고 흡인기류속도가 10 m/s일 때 개구에서 0.5 m 떨어진 곳에서는 1 m/s의 풍속 밖에 얻을 수 없다는 것이다(그림 2.9).

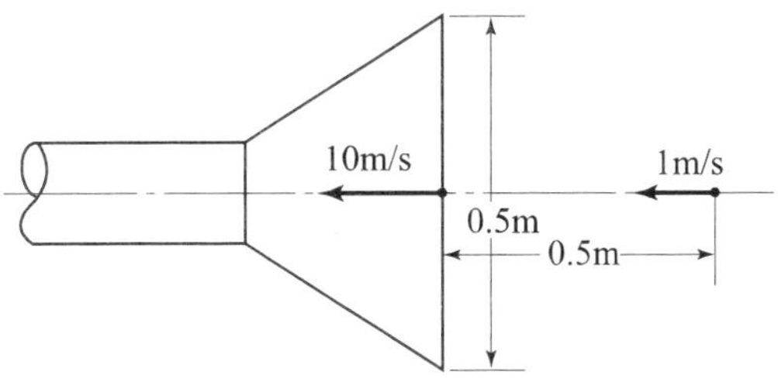


그림 2.9 후드 개구면에서의 흡인풍속

외부식 후드는 발생원에 되도록 가깝게 설치해야만 효과를 얻을 수 있는 것도 이 때문이다. 그런데 같은 흡인기류일지라도 일기도의 등압선처럼 완전한 원이 아니고 꽤 비뚤어진 형태의 원을 나타낼 때가 흔히 있다.

그것은 기온 차이나 지형 변화 등 복잡한 영향을 받아서 바람의 방향이 휘어지기 때문인데, 국소배기장치의 후드도 마찬가지로 실제로는 주위의 온도차나 난기류가 있거나 기계설비, 공구, 작업자의 신체, 피가공품 등의 방해물이 있기 때문에 기류의 방향이 흩어져 등속도면은 완전한 구면으로 되지는 않는다.

후드를 계획할 경우에 이 성질을 역으로 이용하여 근처에 칸막이를 세우거나 커튼을 치거나 후드의 개구 주위에 플랜지(flange)를 붙이거나 푸쉬(push) 기류를 가하거나 해서 등속도면을 변형시켜(앞쪽으로 늘려) 흡인기류를 유효하게 이용할 수 있다.

## 2.6 후드의 기본계획

후드의 개요와 흡인기류의 성질을 알았으면 곧 바로 후드의 기본계획을 수행해야 한다. 난기류의 방해를 막고 흡인기류를 최대한 유효하게 이용하기 위해서 후드는 가능한 한 포위식으로 해야 한다. 그러나 실제로 포위식으로 할 경우 작업을 하기가 어렵기 때문에 어쩔 수 없이 현장에서는 외부식으로 하는 경우가 대부분이다. 그러나 처음부터 외부식만 생각하는 것은 좋지 않다. 포위식인 경우라도 가능한 개구를 작게 하는 것이 적은 흡인풍량으로 충분한 제어를 할 수 있어서 경제적이기 때문이다.

어떤 방법을 사용하여도 에워쌀 수가 없어서 외부식을 계획하는 경우에는 후드개구면을 발생원에 되도록 가깝게 설치하도록 계획해야 한다. 가능하다면 발생원의 일부분일지라도 후드개구면의 안쪽으로 들어가도록 설치하는 것이 좋다. 앞에 있는 그림 2.4의 (a)~(d)는 후드의 형식을 선택할 때 우선 순위가 된다.

그러나 다시 한 번 되풀이하지만 포위식이나 외부식이라는 분류방법은 어디까지나 설계상 편의적인 것으로 어느 쪽이든지 한 가지로 결정해야만 하는 것은 아니다. 중요한 것은 기류를 낭비하지 않기 위해 가능한 한 발생원을 에워싸라는 것이다. 이제부터 실제로 작업의 편리를 함께 생각하면 그림 2.4의 (c)와 같이 발생원을 절반 정도 에워싸서 반정도는 밖으로 나온 대로, 마치 포위식과 외부식 중간형태의 후드가 제일 많을 것으로 추측된다.

다음에 작업의 불편이 생기지 않도록 어디까지 에워싸고, 얼마 정도까지 발생원에 가까이 후드를 설치할 수 있는가 하는 것이 문제가 된다.

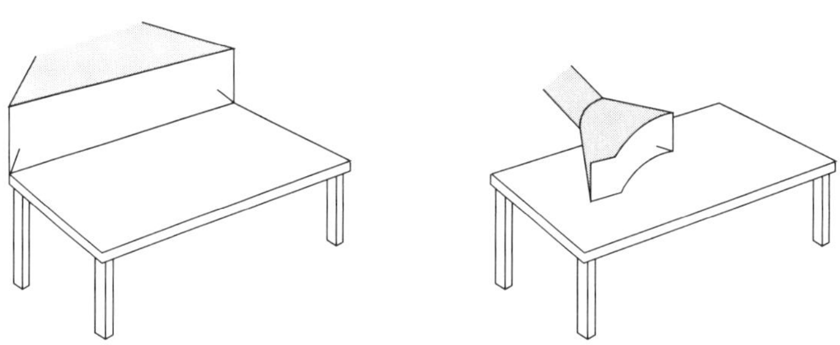

(a) (b)

그림 2.10 작업면 위의 후드위치

후드를 부착시킬 경우는 가장 최적의 설계, 예를 들면 작업대인 경우 작업대의 한 변에 작업대의 폭만큼 사각형 후드(그림 2.10(a))를 생각해 볼 수 있으나 반드시 이와 같은 형식이 좋다고는 말할 수 없다. 작업대 위에서 행하는 작업이 일정한 형태가 없는 경우에 다른 형식을 생각하기 어려울지 모르나 일정한 작업일 경우에는 그것에 맞는 형식을 생각해야 한다.

예를 들면 작업대 위의 오른쪽에서 컨베이어(conveyer)로 피가공물이 이송되어 그것을 손공구로 가공해서 왼쪽의 컨베이어로 올려서 내보내는 작업인 그림 2.11을 보면 피가공물(재료)의 운반을 방해하지 않기 위해서는 재료의 궤적(작업범위)보다 앞쪽에 후드를 설치할 수는 없다. 또 오른손에 가진 공구 궤적보다 앞쪽으로 후드가 튀어나오면 작업진행이 어렵게 된다.

재료를 누르는 왼손의 궤적은 재료 궤적보다 앞에 있으므로 그것은 그다지 문제가 안될 것이다. 그렇게 되면 후드 개구면을 피가공물에 가깝게 할 수 있는 한계는 공구 궤적과 재료 궤적을 연결시킨 선이 되어 후드의 형식은 그림 2.10(b)와 같이 된다.

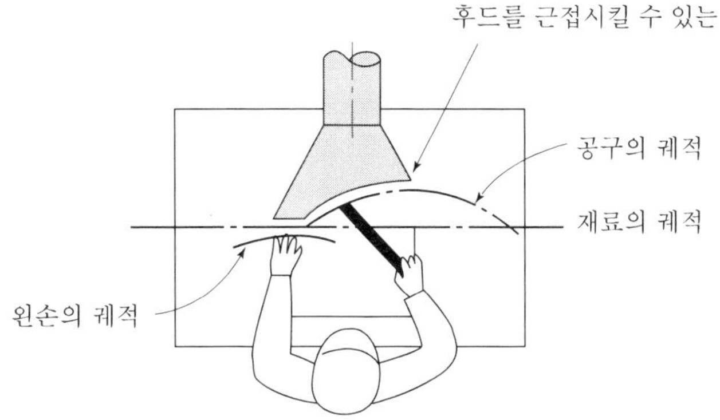


**그림** 2.11 **작업시의 궤적**

이상은 알기 쉽게 아주 단순한 예를 들었으나 실제로는 더 복잡하여 후드 형식과 근접시킬 수 있는 한계를 결정하기 위해서는 작업하고 있는 곳을 전후좌우 모든 방향에서 관찰하고 필요한 경우에는 동영상을 찍어서 조사하면 좋다. 이상적인 형태의 후드를 부착시킬지라도 편리한 재료운반에 방해가 될 경우에는 후드의 일부를 잘라내거나 벗겨내어 운반을 마치고 작업에 들어가기 전에 다시 붙여 사용하면 좋다. 또 후드 개구면과 그 앞의 발생원에 틈새바람이나 선풍기 바람, 공조 기류 등 이른바 난기류가 있게 되면 국소배기효과는 현저하게 떨어진다. 외부식 후드는 가능한 한 플랜지(flange)를 달고 발생원 주위에는 가능한 한 방해판(baffle)을 장착하여 난기류에 의한 방해를 제거해야 한다. 플랜지나 방해판은 난기류를 방지함과 동시에 송풍량의 절약에도 매우 유효하다. 결론적으로 좋은 후드라는 것은 가능한 한 적은 송풍량으로 유해물질을 전부 흡인할 수 있는 후드를 말하여 그것을 위해서는 가능한 한 발생원을 에워싸는 것이 제일 좋고 완전히 에워쌀 수 없는 경우에는 일부라도 에워싸며, 전혀 에워쌀 수 없는 경우에는 가능한 한 작은 모양의 개구면을 가진 후드를 가능한 한 발생원에 가깝게 설치하여야 한다. 후드의 형태는 원형이거나 사각형이든 정확한 형태에 구애받을 필요는 없다. 후드의 크기는 유해물질이 밖으로 빠져 나오지 않을 정도의 크기라면 작은 쪽이 좋고 후드가 너무 크면 쓸데없이 송풍량을 증가시켜야 하기 때문에 겨울철에 난방에 영향을 주거나 심할 경우에는 작업에 지장을 주는 경우도 발생한다.

CHAPTER 3

# 후드 성능의 표시방법

이 장에서는 후드형식, 크기, 설치위치 등이 결정된 후 다음 단계가 되는 제어속도에 관하여 설명한다.

## 3.1 기류에 의한 오염의 제어

처음에 정의한 것처럼 국소배기란 「후드에 의해 만들어진 국소적 또는 정상적인 흡인 기류에 의하여 유해물질이 주위로 확산되기 전에 흡인 제거하여, 작업자가 오염공기에 폭로되지 않도록 하는 것」으로 정의되는데 이것을 좀 더 자세하게 설명한다.

예를 들면 작업대의 위에서 무엇인가 먼지가 발생되는 작업을 했다고 생각해 보자. 이 경우 먼지가 비산하는데 원인이 되는 에너지는 먼지를 일으키는 작업에 의한 운동에너지와 주위의 기류에서 주어지는 에너지가 있다. 주위의 기류가 없는 경우에 먼지는 그림 3.1(a)와 같이 사방팔방으로 날아갈 것이다.

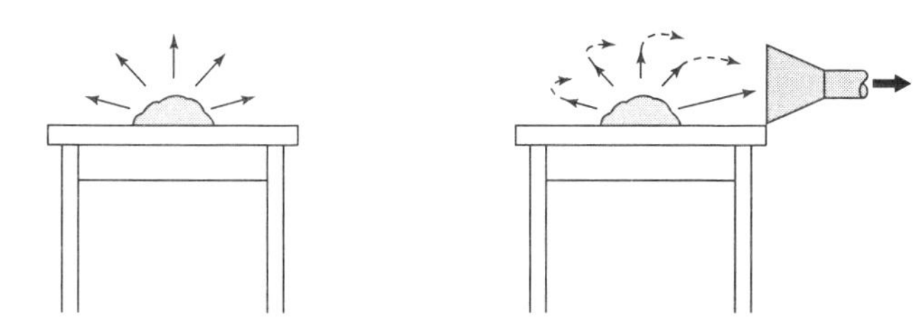

(a) 기류가 없다면 사방팔방으로 퍼진다.　(b) 후드기류에 빨려서 왼쪽으로는 비산이 어렵게 된다.　(c) 기류가 더욱 강해지면 왼쪽으로는 전혀 흐르지 않는다.

그림 3.1 후드에 의한 오염제어의 원리

그러나 작업대의 한쪽에 그림 3.1(b)와 같이 후드를 부착하여 공기를 흡인하면 후드 앞에서는 왼쪽에서 오른쪽으로 흐르는 기류가 생기기 때문에 왼쪽으로 비산되어 나온 먼지는 이 기류의 에너지에 의하여 다시 되돌아가 왼쪽방향으로는 비산되기 어렵게 된다.

또한 그림 3.1(c)와 같이 후드로 흡인하는 기류를 증가시켜 후드 앞의 기류를 강하게 해주면 결국에 먼지는 왼쪽으로 비산되지 않고 전부 오른쪽으로 흡인된다. 이것이 후드에 의한 오염제어의 원리이며 오염물질의 확산에 필요한 에너지를 기류로서 제어하려고 하는 것이다. 물론 아무리 기류가 있어도 실내의 난기류와 같이 흐르는 방향이 일정하지 않는 기류가 있을 때는 오염을 제어할 수 없을 뿐아니라 오히려 오염을 더욱 확산시키게 된다. 또 기류의 강도가 약할 때는 역시 오염을 제어할 수 없다. 국소배기를 효과적으로 하기 위해서는 방향, 강도 모두 정상적인 기류를 만드는 것이 가장 중요하다.

## 3.2 제어속도

오염을 제어하기 위해서 어느 정도의 강한 기류가 필요한 것인가? 기류의 강도를 표현하기 위해서는 여러 가지 방법이 있지만 여기서는 기류속도(풍속)로서 기류의 강도를 나타내기로 한다. 마치 태풍의 세력을 나타내는 것과 같다.

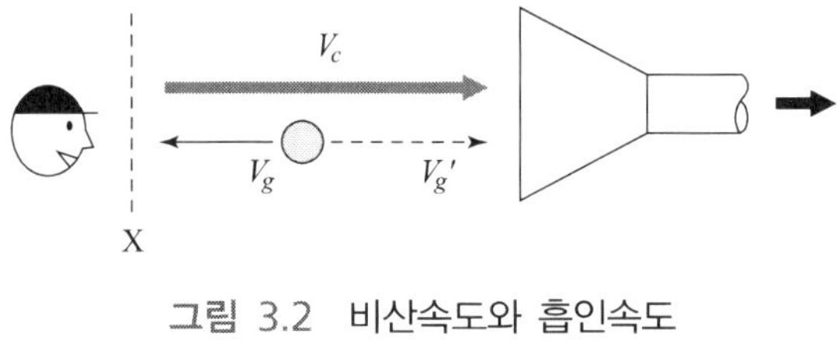


그림 3.2 비산속도와 흡인속도

그림 3.2에서 발생원으로부터 날아오른 먼지입자가 작업자의 앞 X의 위치까지 날아가는데 그 때의 속도를 $V_g$라고 하자. 이 먼지입자를 더 이상 작업자 쪽으로 가까이 가지 않도록 기류로 되돌리기 위해서는 기류속도 $V_c$가 적어도 $V_g$보다 커야만 한다. $V_c$가 $V_g$보다 크면 먼지입자는 그 차이 $V_g'$의 속도로 후드에 흡인된다. 이 관

계를 식으로 나타내면 다음과 같다.

① 오염물질이 후드로 흡인되는 조건은

$$\text{기류속도}(V_c) > \text{오염물질의 비산속도}(V_g) \tag{3.1}$$

② 오염물질이 후드로 흡인되는 속도는

$$\text{흡인속도}(V_g') = \text{기류속도}(V_c) - \text{비산속도}(V_g) \tag{3.2}$$

이 관계는 마치 열차 안에서 뛰는 것과 같다.

부산으로 가는 KTX를 기류라고 하고 그 안에서 1호차부터 점점 뒤로 향해서 달리고 있는 사람이 먼지입자라고 가정한다. KTX 안에서 아무리 빨리 서울쪽으로 달려도 열차속도가 더 빠르므로 사람은 서울에 더 가까워질 수 없다. 점점 부산쪽으로 내려갈 뿐이다. 그러나 부산역에 거의 도착할 때는 일시적으로 사람이 달리는 속도가 기차보다 빠르므로 아주 조금이지만 서울에 가까워질 수도 있다.

그림 3.2의 예와 같이 발생원에서 작업자로 향해 오는 오염물질을 작업자 앞에서 잡아 후드쪽으로 되돌려 보내는데 필요한 기류속도 $V_c$를 제어속도라고 말하며, m/s의 단위로 나타낸다. 제어속도라고 하는 단어는 20년전부터 당시 미국에서 사용하고 있던 컨트롤 벨로서티(control velocity)라고 하는 단어를 직역한 것으로서, 그 후부터 널리 인용되고 있었으나 그 후 더 정확한 용어가 좋다고 여겨 최근에는 캡쳐 벨로서티(capture velocity)라는 말이 사용되고 있다. 캡쳐 벨로서티를 직역하면 포착속도라고도 할 수 있으나 의미는 컨트롤 벨로서티(control velocity) 즉, '제어속도'와 동등한 것이다. 그러나 이 책에서는 우리나라 '산업안전보건법'에 명시되어 있는 제어속도를 사용하도록 한다.

## 3.3 포착점과 비산한계점

오염물질의 비산이 작업자에 근접하지 않도록 하는 지점(그림 3.3의 X점)을 포착점이라고 부른다. 포착점은 설계의 편의상 정하는 가상적인 지점으로 포위식 후드인 경우에는 대부분 개구면상의 점을, 외부식 후드인 경우는 후드의 개구면에서 가장 멀리 떨어진 작업점(오염 발생원과 작업자의 중간지점으로 작업자에 가장 가까운 작

(a) 포위식인 경우에는 후드개구면을 포착점으로 하여 이곳에서 제어속도 $V_c$를 갖게 된다.

(a) 외부식인 경우에는 발생원과 작업자 중간의 X 지점을 포착점으로 하여 여기에 제어속도 $V_c$를 갖게 된다.

그림 3.3 제어속도와 포착점

업점)이다. 오염을 제어하는 데는 포착점에서 제어속도 이상의 속도를 가진 기류가 일어나도록 후드로 공기를 흡인할 필요가 있다.

포착점과 비슷한 말로 비산한계점이라는 말이 사용되기도 하나 이 두 가지 말은 서로 의미가 조금 다른 것이다. 비산한계점이라는 것은 발생원에서 날아오른 오염물질이 운동에너지를 서서히 잃게 되어 비산속도 $V_g$가 0이 되는 지점으로 그곳까지 밖에 날아오르지 못한다는 한계를 나타내는 위치를 의미하는 것으로, 여기서 말하는 포착점보다는 작업자쪽에 더 가까운 지점이다. 비산한계점의 기류속도를 제어속도라고 정의하는 책도 있지만 그럴 경우 속도의 균형을 생각해보면 비산속도 $V_g$가 0이므로 제어속도 $V_c$는 아주 작은 값이 된다.

더욱이 비산한계점과 후드 개구의 거리는 여기서 말하는 포착점과 후드 개구의 거리에 비하여 훨씬 먼 거리이므로 비산한계점에서 약간의 제어속도를 제공하는 데에 필요한 송풍량은 결코 작은 것이 아니다.

## 3.4 제어속도의 크기

포착점 X에서 오염물질의 비산을 막기 위해서는 후드흡인으로 인하여 일어나는 그 지점의 기류속도 $V_c$가 오염물질의 비산속도 $V_g$보다 커야 한다. 비산속도 $V_g$는 오염물질이 발생할 때에 그 발생의 원인이 되는 작업에 의하여 주어진 운동에너지에 상당하는 발생 초기속도와 공기중으로 부유하고 난 후 주위 공기의 움직임에 의하여 생기는 부유속도(주위 난기류 속도)에 의해 결정된다. 따라서 제어속도를 정할 경우

오염물질의 발산 초기속도와 주위 난기류속도를 고려할 필요가 있다.

이제까지의 설명으로부터 제어속도의 크기는 이론적인 계산으로 구해지는 것이 아니고 다분히 경험적인 것이다. 따라서 설계자가 후드를 설계하여 제어속도를 정하는 경우에는 지금까지 많은 연구자에 의해 경험적으로 수집된 자료를 참고해야 한다. 또 우리나라에서는 유기용제 업무, 특정화학물질 중 노출기준이 정해지지 않은 업무, 먼지제거 업무 등에 사용하는 국소배기장치에 대해서는 그 성능 요건으로서 '산업보건기준에 관한 규칙'에 제어속도가 정해져 있으므로 참고하여야 한다.

## 3.5 일반적으로 적용되는 제어속도

미국의 산업위생공학자 A.D.Brandt는 오염물질의 발생 초기속도와 주위 난기류의 상태에 따라 표 3.1과 같은 제어속도를 제안하여 ACGIH에서 권고하고 있는데, 우리나라의 노동부도 이 값을 참고로 하고 있다.

표 3.1 • 오염물질 발생상황에 따른 제어속도(ACGIH 권고안)

| 오염물질의 발생상황 | 예 | 제어속도(m/s) |
|---|---|---|
| 조용한 대기중에 실제로 거의 속도가 없는 상태에서 발생하는 경우 | 액면에서 발생하는 가스, 증기, 흄 등 | 0.25~0.5 |
| 비교적 조용한 대기중에 낮은 속도로 비산하는 경우 | 부스식 후드에서 스프레이 도장작업, 단속적 용기 채움 작업, 저속 컨베이어, 용접작업, 도금작업, 산세척작업 | 0.5~1.0 |
| 빠른 기동이 있는 작업장소에서 활발하게 비산하는 경우 | 깊고 작은 부스식 후드의 스프레이 도장작업, 자루채우기 작업, 컨베이어에서 이동물질이 낙하되는 구멍, 파쇄기 | 1.0~2.5 |
| 대단히 빠르게 기동하는 작업장소에 높은 초기속도로 비산하는 경우 | 연마작업, 블라스트(blast) 작업, 텀블링(tumbling) 작업 | 2.5~10.0 |

## 3.6 유기용제에 대한 제어속도

유기용제 업무에 관련된 국소배기장치의 성능요인으로서 '산업보건기준에 관한 규칙'의 규정에 의하여 설치된 국소배기장치의 후드 형식에 따라 표 3.2와 같이 제어속도를 정하고 있다.

표 3.2 • 후드(유기용제 용)의 형식에 따른 제어속도

| 형식 | | 제어속도(m/s) |
|---|---|---|
| 포위식 후드 | | 0.4 |
| 외부식 후드 | 측방 흡인형 | 0.5 |
| | 하방 흡인형 | 0.5 |
| | 상방 흡인형 | 1.0 |

비고 1. 이 표에서 제어속도는 국소배기장치의 모든 후드를 개방한 경우의 제어속도를 말함
2. 이 표에서 제어속도는 후드의 형식에 따라 각각 다음에 정한 위치에서의 속도를 말함
① 포위식 후드에 있어서는 후드의 개구면에서의 최소 풍속
② 외부식 후드에 있어서는 해당 후드에 의하여 유기용제의 증기를 흡인하고자 하는 범위 내에서 해당 후드의 개구면에서 가장 멀리 떨어진 작업 위치에서의 풍속

유기용제의 경우 포위식 후드의 제어속도가 외부식 후드의 제어속도보다 적게 정해진 이유는 포위식 후드가 주위 난기류의 영향을 받지 않으므로 오염을 제어하기 쉽기 때문이다. 반대로 외부식 후드 중에서 상방흡인형만 제어속도를 특히 크게 설정한 것은 다음과 같은 이유이다.

① 유기용제가 일반적으로 빨리 휘발되기 쉽고 발생된 고농도 증기는 비중이 공기보다 높아 윗방향으로 흡인하기 어렵다.

② 유기용제 업무에는 도장, 접착, 세정, 인쇄 등의 수작업이 많아 작업자가 위에서 내려다보는 자세로 일하는 작업이 많기 때문에 비록 위쪽으로 흡인할 수 있어도 작업자의 호흡영역이 오염될 수 있다.

③ 캐노피형 후드의 개구와 오염원의 공간은 사방이 열려 있어서 수평방향의 난기류에 대하여 특히 약하다는 것을 고려하였기 때문으로 외부식 상방흡인형 캐노피형 후드를 유기용제 업무에 사용하는 것은 바람직하지 않다.

## 3.7 난기류의 영향을 어떻게 고려하는가

표 3.2의 제어속도로 오염물질인 유기용제 증기의 비산속도가 고려되고 있지 않은데 실제로 유기용제 증기의 발생은 증발확산에 의한 것이므로 특수한 경우를 제외하면 거의 0으로 보아도 무방하다. 또 유기용제는 실내 작업장, 탱크, 선창, 갱의 내부 기타 비교적 통풍이 적은 장소에 적용되므로 그와 같은 장소에서는 난기류속도를 보통 0.3 m/s 정도로 정하면 충분하다. 따라서 유기용제 업무라도 예를 들면 부스 내에서 스프레이 도장을 하는 경우 물건에 부딪힌 기류가 0.3 m/s보다 큰 속도로 부스 개구면까지 되돌아오는 경우, 또는 발생원 주위에 0.3 m/s보다 큰 속도의 난기류가 있는 경우 제어속도를 계획할 때 0.3 m/s를 초과하는 만큼 표 3.2의 값에 더할 필요가 있다. 그렇지 않으면 완성된 후드를 실제로 운전할 경우에 포착점의 속도가 표 3.2의 제어속도보다 적어져 국소배기장치의 성능 요건을 충족시키지 못하게 된다.

다시 말하면 '산업보건기준에 관한 규칙'으로 정해져 있는 제어속도는 완성된 국소배기장치를 실제로 운전할 경우에 오염물질의 비산속도와 주위의 난기류가 어떠한 상태가 되어도 외적 조건에 관계없이 항상 포착점에서 후드로 향하는 기류속도를 측정하여 제시한 값 이상으로 유지해야만 한다.

## 3.8 난기류의 크기

난기류의 원인으로 기계의 회전과 왕복운동, 작업자와 후크리프트(hooklift)의 움직임, 컨베이어에 실린 피가공물의 이동 등 작업에 따라서 피할 수 없는 것과 칸막이, 창문 등의 건물 개구부를 개방하여 밖으로부터 들어오는 통풍, 에어컨이나 전체환기의 급기, 난방용 라디에이터나 난로 등의 고온 물체로 인한 대류 등 여러 가지가 있지만 국소배기의 효과에 가장 큰 영향을 주는 것은 무엇보다도 창문, 칸막이로부터의 통풍이다. 겨울철에 창을 닫고 난방하고 있을 때 통풍이 전혀 없는 상태를 보고 국소배기를 계획하면 여름이 되어 창을 열고 보니 바람이 들어와서 국소배기의 효과가 없어졌다는 예가 적지 않았다. 난기류의 크기는 실제로 작업하고 있는 상태에서 미풍속계를 가지고 와서 측정하여 구하는 것이 바람직하지만 그렇게 하지 못할 경우에는 표 3.3의 값을 사용한다.

표 3.3 • 기류발생상황에 따른 기류속도

| 종류 | 기류의 값 | 비고 |
|---|---|---|
| 창을 개방하였을 때의 실내기류 | 실외풍속($V$)×0.2 | 사각지대에서는 기류가 없는 부분도 생기지만 창가에서는 실외풍속에 가깝게 되는 경우도 많다. |
| 창을 닫았을 때의 실내기류 | 0.25 m/s | 특히 조용한 때는 0.15 m/s로 생각해도 좋다. |
| 작업자, 기계 혹은 물체의 움직임에 의한 기류 | 0.5 m/s | 이송속도가 약 2 m/s일 때 |
| 난방용 라디에이터, 난로 등으로부터의 대류에 의한 기류 | 0.15~0.4 m/s | 열원의 크기, 온도, 건물의 높이에 따라 다르다. |

자연통풍에 관한 측정 데이터에 의하면 대부분의 경우 실내기류는 실외 풍속의 0.1~0.3배로 바닥면적이 대단히 넓은 작업장 중앙부나 사각지대에서는 전혀 기류가 없는 부분도 생기지만 평균적으로 실내의 1/2 이상인 장소에서는 실외 기류속도의 0.2배 정도의 기류가 흐르고 있다. 특히 창가에서는 실외와 거의 같은 정도의 기류가 있을 때도 있다.

난기류가 너무 클 때는 국소배기로 제어속도 이상의 흡인기류를 얻는 경우가 거의 불가능하고 비록 흡인할지라도 엄청난 송풍량을 필요로 하게 되어 때로는 기류 때문에 작업에 지장을 초래할 때가 있다. 이러한 곳에서는 임의대로 송풍량을 크게 하려

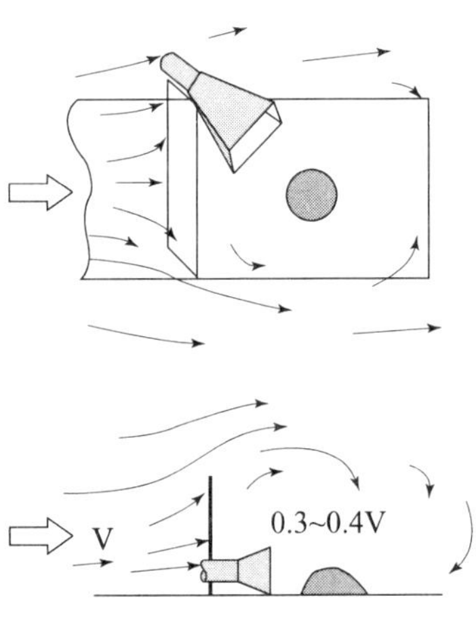


(a) 칸막이

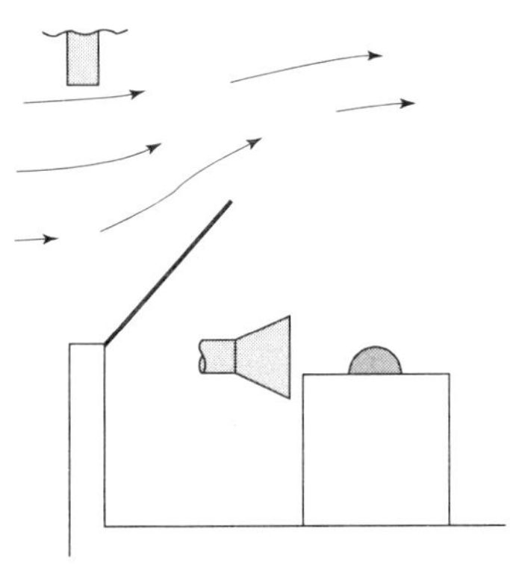

(b) 풍향판

그림 3.4 칸막이, 풍향판 등을 이용한 기류 방지

고 하지 말고 칸막이(baffle), 풍향판, 커튼 등을 이용해서 발생원에 강한 기류가 직접 닿지 않도록 조치를 취하여야 한다(그림 3.4).

고온이 발생하는 작업장에서는 작업자 머리 위로 냉풍을 보내려고 할 때 냉풍이 나오는 입구의 위치가 나쁘기 때문에 국소배기의 효과를 없애는 경우도 있다.

## 3.9 특정화학물질에 대한 제어속도

특정화학물질의 제조 혹은 취급에 관련되는 국소배기장치의 성능 요건으로 후드 바깥쪽에서 특정화학물질의 농도가 노출기준농도를 초과해서는 안될 것을 정하고 있지만, 이른바 이 농도를 규정할 수 없는 특정화학물질에 대해서는 그 물질의 상태에 따라 표 3.4와 같은 제어속도를 정하고 있다.

가스상 물질과 입자상 물질에서 제어속도에 차이를 두는 것은 입자가 가스분자에 비해서 질량이 훨씬 크고 운동에너지도 크기 때문에 후드의 흡인기류에 따라 비산의 방향을 제어하는데 보다 큰 에너지를 필요로 하기 때문이다. 특정화학물질 제어속도는 후드 형식에 따라 조금씩 차이가 있으나 기류에 의한 오염제어의 용이성을 생각하면 유기용제용 후드와 같은 형식에 따라 제어속도에 차이를 두는 쪽이 합리적이라고 생각된다. 또한 특정화학물질의 제어속도도 유기용 후드와 마찬가지로 주위의 난기류 등이 0.3 m/s를 초과하지 않는 조건에서 정해지고 있다는 것을 잊어서는 안된다.

표 3.4 • 특정화학물질 상태별 제어속도

| 물질상태 | 제어속도(m/s) |
|---|---|
| 가스상 | 0.5 |
| 입자상 | 1.0 |

비고 1. 이 표에서 제어속도는 국소배기장치의 모든 후드를 개방한 경우의 제어속도를 말함
2. 이 표에서 제어속도는 후드의 형식에 따라 각각 다음에 정한 위치에서의 속도를 말함
① 포위식 후드 또는 부스식 후드에 있어서는 후드의 개구면에서의 최소풍속
② 외부식 후드 또는 리시버식 후드에 있어서는 해당 후드로서 제1류 물질 또는 제2류 물질의 가스, 증기 또는 먼지를 흡인하는 범위내에서 해당 후드의 개구면에서 가장 멀리 떨어진 작업 위치에서의 풍속

## 3.10 노출기준농도와 제어속도

우리나라는 특정화학물질과 납(Pb) 등에 대하여 국소배기장치의 성능 요건을 제어속도가 아니라 노출기준농도로 정하고 있다. 이른바 노출기준농도라 하는 것은 발생원 주위의 유해물질 농도를 어떤 값 이하로 억제함으로써 간접적으로 작업자의 호흡영역 중 유해물질 농도를 안전한 범위로 유지하는 일종의 관리농도이고, 오염의 제어를 확실하게 제어한다는 점에서 국소배기의 성능 요건으로서는 이상적으로 정하는 방법이라고 할 수 있다(그림 3.5).

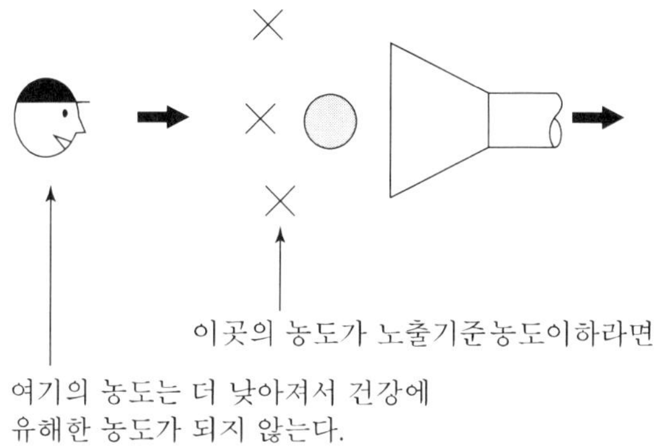


그림 3.5 노출기준농도의 개념

그러나 국소배기의 설계 측면에서 보면 이것을 정하는 방법은 곤란하다. 왜냐하면 노출기준농도는 결과의 의미이고 그 결과를 얻기 위해 어떻게 설계를 하는가는 별도의 문제가 있기 때문이다 라는 이유로 국소배기의 성능 요건이 노출기준으로 정해져 있는 경우라도 설계에는 일단 제어속도를 정하여 송풍량을 계산해야 한다. 이 경우 제어속도는 표 3.1의 값을 사용한다. 그렇기 때문에 완성된 후드의 성능점검 시에는 노출기준농도를 측정해 가면서 송풍량을 재조정하여야 한다.

국소배기의 성능이 노출기준농도에 맞춘 방식으로 정해졌다면 다 제작한 후에 제어속도에 관계없이 농도가 내려가 있으면 좋으나, 반대로 제어속도가 아무리 커져도 노출기준농도 이하로 내려가지 않으면 국소배기설계를 다시 하여야 한다.

## 3.11 분진에 대한 제어속도

분진작업 특징의 하나는 유기용제 업무와 특정화학물질 업무에 비교하여 작업을 행하는 장소나 작업형태가 다양하고 풍부하여서 국소배기에서 작업자의 분진폭로를 방지하는 후드 형식, 설치위치, 흡인방향 등을 규정할 필요가 있다. 분진에 대해서는 먼저 특정분진 발생원의 종류에 적합한 후드를 설치할 것을 규정하였고 다음으로 사용에 적합한 후드 형식마다 제어속도를 규정하고 있다. 그 값을 표 3.5에 제시했다. 이 표에서 제어속도란에 선이 그어져 있는 것은 사용하면 안되는 형식의 후드이다.

표 3.5의 작업장에 행해지는 특정 분진작업에 대해서는 국소배기를 설치하는 것을 의무화하고 있으나 표 3.5 이외의 분진작업 중에서 주로 작업형태와 분진의 발생상태 때문에 국소배기 설비 등의 유효한 발생원 대책이 곤란한 작업 또는 분진농도는 높지 않더라도 개인 노출이 크다고 추정되는 작업, 예를 들면 갱외에서 충격식 착암기를 사용하여 굴착하는 작업이나 실내, 갱내, 탱크내, 선박이나 관, 차량 등의 내부에서 수동식 연마기를 사용하여 행하는 연마나 재단 등의 작업 등에 대해서는 유효한 호흡용 보호구의 사용이 의무화되어 있다.

표 3.6 • 후드(분진용)의 형식에 따른 제어속도

| 후드의 형식 | | 제어속도(m/s) |
|---|---|---|
| 포위식 후드 | | 0.7 |
| 외부식 후드 | 측방 흡인형 | 1.0 |
| | 하방 흡인형 | 1.0 |
| | 상방 흡인형 | 1.2 |

표 3.7 • 후드를 설치하는 경우의 제어속도

| 후드의 설치방법 | 제어속도(m/s) |
|---|---|
| 회전체를 지닌 기계전체를 포위하는 방법(그림 3.6(a)) | 0.5 |
| 회전체의 회전에 의하여 발생하는 분진의 비산방향을 후드의 개구면으로 덮는 방법(그림 3.6(b)) | 5.0 |
| 회전체만을 포위하는 방법(그림 3.6(c)) | 5.0 |

비고 1. 이 표에서 제어속도란 국소배기장치의 모든 후드를 개방한 경우의 제어속도를 말함
2. 이 표에서 제어속도는 회전체를 정지한 상태에서 후드 개구면에서의 최소풍속을 말함

표 3.5 • 특정분진발생원별 제어속도

| 특정분진 작업장소 | 제어속도(m/s) | | | |
|---|---|---|---|---|
| | 포위식 후드 | 외부식 후드 | | |
| | | 측방흡인형 | 하방흡인형 | 상방흡인형 |
| 1. 실내에서 수동식 또는 휴대용을 제외한 동력공구에 의해 암석 또는 광물을 재단하는 장소 | 0.7 | 1.0 | 1.0 | – |
| 2. 실내에서 수동식 또는 휴대용을 제외한 동력공구로서 암석 또는 광물을 조각 또는 마무리하는 장소 | 0.7 | 1.0 | 1.0 | 1.2 |
| 3. 실내에서 연마재를 내뿜으면서 연마를 하거나 암석 또는 광물을 조각하는 장소 | 1.0 | – | – | – |
| 4. 실내에서 연마재를 사용하는 수동식 또는 휴대용을 제외한 동력공구로 암석, 광물, 금속을 연마하거나 재단하는 장소 | 0.7 | 1.0 | 1.0 | 1.2 |
| 5. 실내에서 수동식을 제외한 동력공구에 의해 광물 등 탄소 원료 또는 알루미늄스크랩을 파쇄 또는 분쇄하는 장소 | 0.7 | 1.0 | 1.0 | 1.2 |
| 6. 가루형태의 광석 또는 탄소원료를 원료 또는 재료로 해서 사용해 물건을 제조 또는 가공하는 실내공정으로 가루형태의 광석, 탄소원료 또는 이것을 함유한 물건을 혼합, 혼입 또는 산포하는 장소 | 0.7 | 1.0 | 1.0 | 1.2 |
| 7. 유리, 벽돌, 도자기, 내화물, 형상토제품, 연마재 또는 탄소제품을 제조하는 공정 중 실내에서 원료를 혼합하는 장소 | 0.7 | 1.0 | 1.0 | 1.2 |
| 8. 내화벽돌 또는 타일을 제조하는 실내공정에서 젖지 않은 원료를 동력에 의해 성형하는 장소 | 0.7 | 1.0 | 1.0 | 1.2 |
| 9. 도자기, 내화물, 형상토제품, 연마재 또는 탄소제품을 제조하는 실내공정에서 수동식을 제외한 동력 공구에 의해 제품 또는 반제품을 마무리하는 장소로 압축공기를 사용해 먼지를 털어내는 장소 | 0.7 | 1.0 | 1.0 | – |
| 10. 9번장소의 주변 | 0.7 | 1.0 | 1.0 | 1.2 |
| 11. 주물사를 사용하여 주물을 제조하는 실내공정에서 형틀 장치를 이용해 주물사를 해체 또는 모래를 떨어내는 장소 | 0.7 | 1.3 | 1.3 | – |
| 12. 주물사를 사용하여 주물을 제조하는 실내공정에서 수동식 공구를 제외한 동력에 의해 주물사를 재생하는 장소 | 0.7 | – | – | – |
| 13. 주물사를 사용하여 주물을 제조하는 실내공정에서 수동식 공구를 제외한 동력에 의해 주물사를 섞는 장소 | 0.7 | 1.0 | 1.0 | 1.2 |
| 14. 실내에서 수동식을 제외한 용융분사기를 사용하여 금속을 용융분사하는 장소 | 0.7 | 1.0 | 1.0 | 1.2 |

이 작업시 유효한 발생원 대책을 강구한 경우에는 호흡용 보호구 착용의무는 없어진다. 작업능률과 안전을 고려한다. 어떻게든지 연구해서 국소배기 등의 설비를 하는 것이 좋다. 표 3.6은 비산분진을 후드로 흡인하는 경우 국소배기의 성능 요건으로 규정된 제어속도이다.

표 3.5, 표 3.6의 제어속도 정의는 앞에서 기술한 유기용제, 특정화학물질의 경우와 완전히 같다. 또한 연삭선반이나 드럼센터와 같이 고속으로 회전하는 회전체로 연삭 등의 가공을 하는 경우에 분진은 회전체의 접선 방향으로 고속 비산하기 때문에 그 방향에 맞추어서 흡인시키는 리시버식 후드를 설치하지 않으면 국소배기의 효과가 없다. 그래서 이 기계들에 대하여 국소배기를 설치하는 경우의 제어속도는 표 3.7과 같이 정하였다.

표 3.7의 제어속도는 「회전체를 정지한 상태에서 후드의 개구면에서 측정한 최소풍속을 말한다」 라고 정의되어 있다. 보통 제어속도는 작업하고 있는 상태에서 측정한다. 그렇게 하지 않으면 기계의 회전 등으로 인한 난기류의 영향을 알 수 없기 때문이다. 그러나 연마기 발생, 분진은 상당한 속력으로 스스로 후드 내부로 날아 들어가므로 난기류의 영향은 고려할 필요가 없을 뿐 아니라 연마기를 회전시킨 상태로 틈새의 풍속을 측정하는 일은 대단히 위험하기 때문에 정지시켜 측정하여야 한다.

그림 3.6의 (b), (c)의 경우 5 m/s라고 하는 숫자만을 보고 아주 큰 제어속도라고 놀랄지도 모르나 이 경우의 제어속도는 분진을 발생원으로부터 흡인하기 위한 풍속이 아니고 고속으로 후드 안에 날아 들어온 분진이 튕겨져서 다시 후드 밖으로 튕겨나가는 것을 막는 제어풍속이다. 이러한 점은 열상승기류를 받아내는 캐노피형 후드의 경우와 비슷하다. 따라서 (b)의 경우 형태는 외부식이지만 제어속도는 포위식과 마찬가지로 개구면상의 최소풍속으로 정의한 것이다.

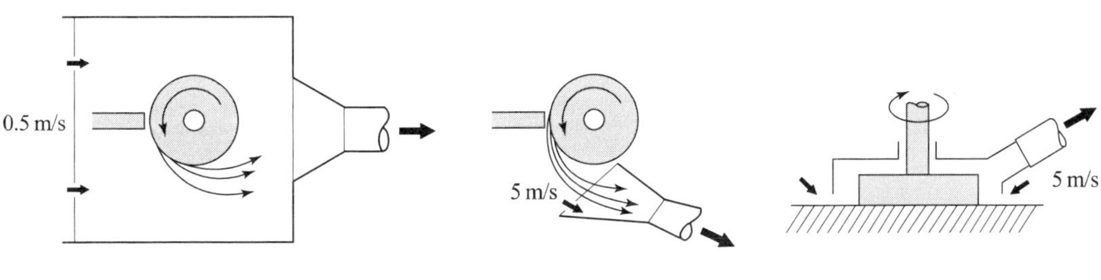


(a) 기계전체를 에워쌈 (b) 발생방향을 에워쌈 (c) 회전체만을 에워쌈

**그림 3.6 후드의 설치방법에 따른 제어속도**

(b), (c)같은 후드에서 일반적으로 개구면은 그다지 크지 않아서 제어속도를 얻기 위한 필요송풍량도 그다지 크지 않게 된다. 다만 (b)의 경우에는 후드 개구면 크기가 분진의 비산방향을 전부 완전하게 포위하는 것이 필요하며, 치차연삭선반과 같이 가동시킬 경우에 그라인더가 닫는 각도가 변화되어 넓은 범위로 분진이 비산하는 경우, 개구면이 충분히 크지 않으면 분진을 전부 포착할 수 없게 된다.

또 (c)의 회전체만을 둘러싸는 후드인 경우에는 후드의 밑 부분과 피가공물의 틈새가 가능한 한 작지 않으면 분진이 날아가고 만다.

## 3.12 리시버식 그라인더형 후드의 맹점

공구 등의 연삭이나 연마에 사용되는 전동 그라인더는 어느 작업장에서나 볼 수 있는 것으로서 여기에 국소배기를 설치하는 경우에는 리시버식 포위형(그라인더형)(grinder cover) 후드를 대부분 이용한다. 이것은 대단히 합리적이지만 실제로는 분진의 비산 방향이 개구면으로 향하고 있지 않기 때문에 흡인이 잘 되지 못하는 경우가 대부분이다.

흡인이 잘되고 있지 않은 한 예로, 연마기로 연삭하면서 분진의 비산과 기류 상태를 관찰할 때 다음과 같은 사실을 알게 되었다. 우선 연마기를 멈춘 상태에서 커버 개구부의 최소 풍속이 5 m/s 이상일지라도 운전시에는 연마기의 회전에 따라 상당량의 기류(수반기류)가 커버 상부의 개구면에서 나오고 그것이 받침대에 부딪혀서 그림 3.7의 (a)와 같이 높은 속도로 외부로 흐르게 된다.

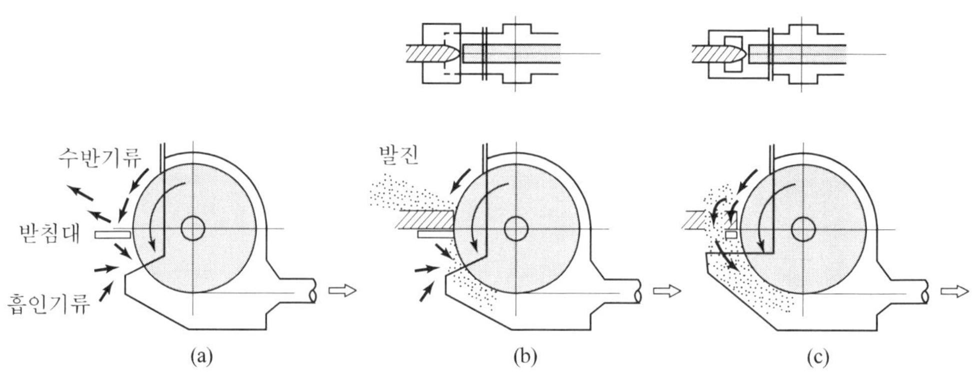


그림 3.7 전동그라인더 분진의 비산과 기류의 상태

이 상태에서 받침대에 물품을 올려서 연삭하면 발생한 분진의 대부분은 받침대 위에서 수반기류에 휘말려서 커버 하부의 개구부로 흡인되지 않고 그림 3.7(b)와 같은 상태로 발진하게 된다.

수반기류를 전부 커버 하부의 개구부로 흡인되도록 연마석(석차)과 받침대의 틈새를 넓히면 좋겠지만 그것은 안전상 허용될 수 없다. 현행 연삭기용 후드의 구조기준은 원래 연마석의 파열 비산에 대한 안전을 목적으로 한 안전커버가 부착되어야 하나 연삭시에 발생하는 분진을 효과적으로 흡인하는 데는 그림 3.7(c)와 같은 받침대를 안전상 허용되는 범위 내에서 되도록 작게 하고 커버하부의 개구를 크게 하여, 수반기류가 받침대 주위에서 흡인되게 하면 이러한 발진상태를 최소화시킬 수 있다.

## 3.13 포위식 후드의 제어속도는 최소풍속

우선 유기용제와 특정화학물질에서 정해진 제어속도를 나타낸 표 3.2와 표 3.4의 비고 2를 다시 참조해 보면 ②의 외부식 후드에 대해서는 후드의 개구면에서 가장 멀리 떨어진 작업위치를 포착점으로 하여 그곳의 풍속을 제어속도로 하겠다고 하는 판단방법이 기술되고 있다. 그러나 ①의 포위식 후드에 대해서는 개구면상에서의 최소풍속을 제어속도로 정하고 있다. 포위식 후드의 제어속도를 왜 최소풍속이라고 하는가? 를 생각해 본다.

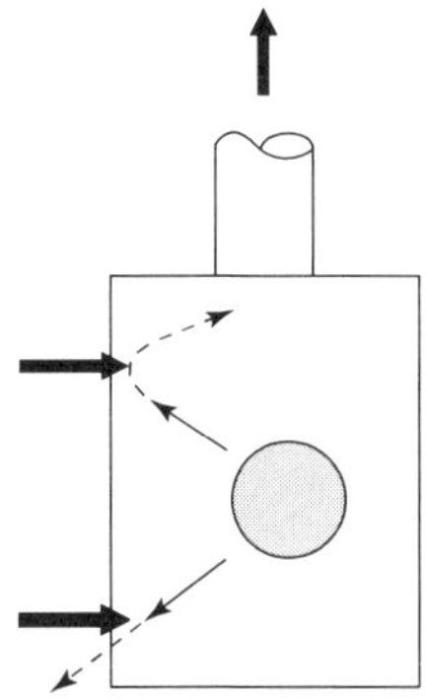

개구면의 흡인속도에 강약이 있으면
오염물질은 흡인이 약한 곳으로 누설이 생긴다

그림 3.8 포위식 후드의 기류

그림 3.8에서 포위식, 특히 부스형 같이 개구면이 큰 경우에 테이크오프(take off)의 위치와 방향이 좋지 않으면 개구면의 장소에 따라 흡인기류에 강약이 생겨 기류가 약한 곳에서 오염물질이 날아가 버리는 일이 발생한다.

개구면의 흡인기류에 강약이 있어도 오염물질을 밖으로 새지 않게 하기 위해서는 기류가 제일 약한 곳일 지라도 오염물질을 되돌릴 수 있는 풍속을 확보해야 한다. 그렇게 하기 위하여 개구면에서 흡인풍속의 측정을 행하여야 한다. 개구면의 면적을 똑같이 나누어 16개 이상으로 분할하여 각 섹션(section) 중심의 풍속을 미풍속계로 측정하여 그 측정한 값 중에서 가장 낮은 풍속을 제어속도와 비교한다(그림 3.9). 16등분의 방법에서는 원칙적으로 각 섹션(section)의 한 변이 0.5 m를 넘지 않도록 하며 넘을 경우에는 분할하는 수를 증가시킨다.

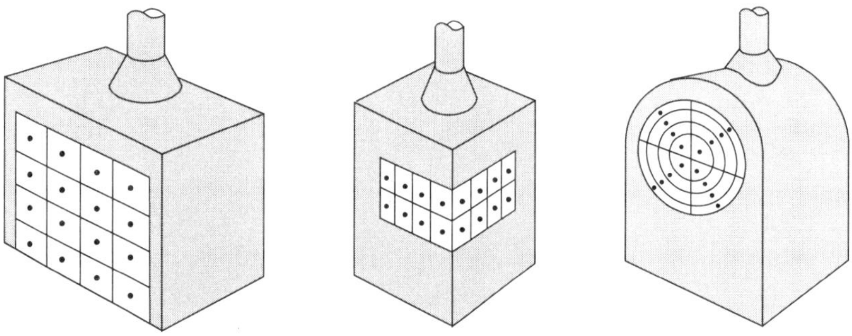

포위식 후드는 개구면을 16등분하여 각각의 중심풍속을 측정한다.

그림 3.9 포위식 후드 개구면의 분할

이와 같이 포위식 후드인 경우에 개구면에서의 최소풍속을 제어속도로 하는 것은 맞는 판단이지만 제어속도로부터 후드의 송풍량을 계산할 때는 약간의 불편이 있다. 이 불편을 피하고 송풍량의 효율을 높이기 위해서는 흡인풍속의 강약을 없애기 위한 테이크오프(take off)의 위치, 방향, 형식을 연구하여야 한다.

## 3.14 비산한계점에서 오염을 제어하고자 생각한 경우의 제어속도

3.3에서 기류에 의한 오염제어에 대해 포착점과 제어속도의 판단 방법을 설명했다.

국소배기장치의 성능 요건으로서의 제어속도는 이 판단방법에 의해 정해진다. 그러나 국소배기를 연구하고 있는 학자 중에 이것과 다른 생각, 즉 비산한계점까지 날아와 정지한 곳에서 오염을 제어하고자 하는 생각으로 제어속도를 정의하고 있는 사람도 있고 그러한 설명을 하고 있는 참고자료도 있으므로 혼란을 피하기 위해서 다시 한 번 이것에 대해서 설명한다. 피츠버그 대학교수이자 매론연구소의 산업위생 공학부장으로 있다가 나중에 산업위생 자문위원으로 있었던 헤몬(W. C. L. Hemeon)은 비산한계점에서 침하된 오염물질을 다시 부상시켜서 후드를 향해 움직이도록 하는데 필요한 기류속도를 제어속도라고 정의하고 이 제어속도 $V_c'$는 대부분 주위의 난기류 크기에 의해서 결정되지만 제어하고자 하는 오염물질 유해성의 정도와 발생속도에 따라서 결정되는 위험도에 의해 얼마간의 차이를 두도록 제안했다(표 3.8)

그림 3.10을 보면 발생원 O에서 날아온 오염물질이 왼쪽방향으로 이동하는 속도 $V_g$는 점점 늦어져서 비산한계점 P까지 왔을 때는 드디어 0이 되어 멈춘다.

표 3.8 • 난기류 상태에 따른 비산한계점에서의 제어속도

| 주위 난기류의 상태 | 비산한계점의 제어속도 $V_c'$ (m/s) | |
|---|---|---|
| | 위험도가 낮을 때 | 위험도가 높을 때 |
| 기동이 없거나 쉽게 방해판을 붙일 수 있는 곳 | 0.2~0.25 | 0.25~0.3 |
| 중간 정도의 기동이 있는 곳 | 0.25~0.3 | 0.3~0.35 |
| 기동이 강한 곳 또는 방해판을 붙일 수 없는 곳 | 0.35~0.4 | 0.38~0.5 |
| 심한 기동이 있는 곳 | 0.5 | |
| 매우 심한 기동이 있는 곳 | 1.0 | |

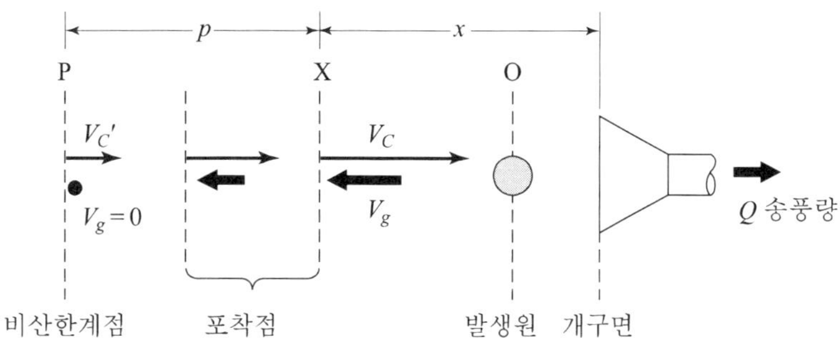


그림 3.10 비산한계점 및 포착점에서의 제어속도

오염물질을 포착점 X에서 잡으려고 하면 거기에서의 비산속도 $V_g$보다 큰 제어속도 $V_c$가 필요하게 되며 더 왼쪽의 비산한계점 P로 잡기 위해서는 $V_g$가 0이 되기 때문에 주위 난기류속도보다 큰 약간의 기류가 있으면 족하다. 이것이 헤몬(Hemeon)의 제어속도 $V_c'$의 판단방법이다. 그러면 포착점의 제어속도 $V_c$와 비산한계점의 제어속도 $V_c'$를 사용해서 실제처럼 후드의 설계를 하면 똑같은 결과가 얻어질 수 있을까?

다시 한 번 그림 3.10을 잘 보면 비산한계점 P의 제어속도 $V_c'$는 포착점 X의 제어속도 $V_c$보다 상당히 적어도 되기 때문에 얼핏 보면 더 경제적인 것으로 생각할지도 모른다. 그러나 국소배기의 설계에서 문제가 되는 것은 제어속도가 아니고 실제로는 제어속도에 상당하는 기류속도를 내기 위해 필요한 기류의 양, 즉 송풍량 $Q$가 된다.

기류의 양이 변하지 않으면 풍속은 거리의 제곱에 반비례하며, 이 경우 후드 개구면에서 제어속도 $V_c'$에 상당하는 비산한계점 P까지의 거리는 제어속도 $V_c$에 상당하는 포착점 X까지의 거리 $x$보다 $p$만큼 멀다는 것에 주목하기 바란다. 예를 들면 $V_c'$가 $V_c$의 반이라 할 때 그 거리는 1.4배($\sqrt{2}$배)나 되어 필요송풍량 $Q$는 결국에 가서는 같아진다.

그런 의미에서 실제로 여러 가지 후드에 대해 실험해 본 결과 어느 쪽 방법으로 설계하여도 같은 결과가 되는 것을 알 수 있었다. 우리나라에서는 비산한계점이 아닌 포착점에서의 제어속도의 판단방법을 취하고 있으므로 혼란을 피하기 위해 앞으로 이 책에서는 포착점 X에서 제어속도 $V_c$를 사용하기로 한다.

## 3.15 제어속도의 의미

포착점에서 유해물질을 포착하기 위해서 필요한 기류속도 즉, 제어속도가 유해물질의 이동속도보다 클 필요가 있다는 것은 앞서 설명하였다. 반면 고압용기로부터 가스 분출이나 그라인더 작업에서 비산되는 큰 입경을 가진 분진이라고 하는 특수한 예를 제외하고 작업환경에서 문제가 되는 가스나 호흡성 분진인 경우에는 질량이 극히 적다. 따라서 발생시 자체가 지니고 있는 에너지만으로 이동할 수 있는 거리나 이동속도도 극히 작은데, 예를 들어 상온상압의 정지공기 중에서 벤젠 분자가 브라운 운동으로 확산하는 속도는 매초 수 mm 정도로 작다. 이것은 유해물질의 이동이 오로지 주변의 공기 운동에 의한 것이라고 말할 수 있다. 따라서 국소배기로 오염물질의 운동을 제어하는 데는 난기류와 확산속도의 합계보다 조금 더 큰 속도를 가진 기류가 있으면 된다. 그래서 국소배기장치를 설계하는 경우 부착시키는 송풍기의 크기를 결정하기 위해서는 후드마다 제어속도를 내기 위하여 필요한 기류의 양, 즉 송풍량을 결정할 필요가 있다. 송풍량 계산은 미국의 화학공학자 델라벨리(J. M. Dalla Velle) 등이 연구한 실험식이 사용되고 있고, 표 3.1의 제어속도는 실험식에 맞추어서 송풍량을 계산하기 위한 값으로 제안된 것이다. 그러므로 제어속도의 진정한 의미는 송풍량 계산을 위한 파라메터(parameter)로서 이 값을 식에 맞추어서 송풍량을 계획하여 두면 유해물질의 거동을 제어하는데 필요한 속도의 기류가 얻어지는 것이지 항상 그 정도만큼의 풍속이 나오지 않으면 유해물질을 제어할 수 없다고 하는 의미는 아니다. 예를 들면 표 3.1의 두 번째의 제어속도 0.5~1.0 m/s의 의미는, 이 정도의 값을 사용하여 송풍량을 계획하여 두면 보통 난기류가 있는 정도의 장소에서는 스프레이 도장, 용기 채우기, 용접 등의 작업에서 발산하는 유해물질을 제어하는데 필요한 기류가 확보될 수 있다는 의미인 것이다.

실제로 여러 장소의 국소배기장치에 대하여 기류속도와 발생농도의 관계를 조사한 결과 후드 형식, 크기와 위치가 적절하다면 포위식이나 외부식에서도 유기용제나 가스상 특정화학물질에 대해서는 최저 0.05 m/s, 입자상 물질에 대해서도 최저 0.1~0.2 m/s의 기류가 있으면 완전하게 발생을 정지시킬 수 있다는 것을 알았다. 그러나 최저의 기류를 일으키기 위해서는 제어속도를 전자에서 0.25 m/s, 후자인 경우 0.5~1.0 m/s로서 계획된 송풍량이 필요하다는 것도 동시에 알게 되었다.

결과적으로 제어속도라는 것은 설계를 위한 파라메터(parameter)이지 완성된 후드의 성능을 결정하는 값이 아니라는 것이다. 항시 제어속도 이상의 속도를 가진 기류를 만들고자 하면 제어속도의 몇 배의 속도를 가정하여 송풍량을 계획하여야만 하는데 그것은 「용제성분이 날아가 버려 제품이 되지 않는다」 「이차발진이 심하게 되어 오히려 환경이 악화된다」 「국소배기를 가동시키면 추워서 감기에 걸린다」 「그렇게 큰 처리풍량의 제진장치를 갖출만한 장소가 없다」 「국소배기 때문에 전력을 증가시키고자 할 때 전력회사에 의해 거절되었다」 라고 하는 어처구니 없는 말을 듣게 되는 경우도 생기는 것이다.

최근에는 유해작업장에도 공조가 보급되었다. 이것은 종합적인 작업환경관리에 있어 매우 바람직한 일이라고 생각한다. 국소배기장치의 성능요건으로서 제어속도는 「어느 때, 어느 장소에서도 그 이상이 되지 않으면 안되는 최저풍속이다」 라고 하는 해석도 나오게 되었다. 또한 앞으로의 국소배기장치를 유효하게 사용하기 위해서 제어속도는 송풍량을 계획할 시 요건으로만 사용되고 완성된 후의 성능은 발생농도 또는 환경상태로서 평가한다고 하는 자세가 필요할 것이다.

CHAPTER

# 4 후드의 필요송풍량 계산

## 4.1 포위식 후드의 필요송풍량

오염을 제어하기 위한 제어속도를 정했으면 다음에 할 일은 포착점에서 제어속도에 상당하는 흡인기류를 일으키기 위한 필요송풍량을 계산하는 것이다.

필요송풍량의 계산법은 포위식 후드와 외부식 후드가 전혀 다른데 포위식 후드인 경우는 비교적 간단하지만 외부식 후드인 경우는 그렇게 간단하지 않다.

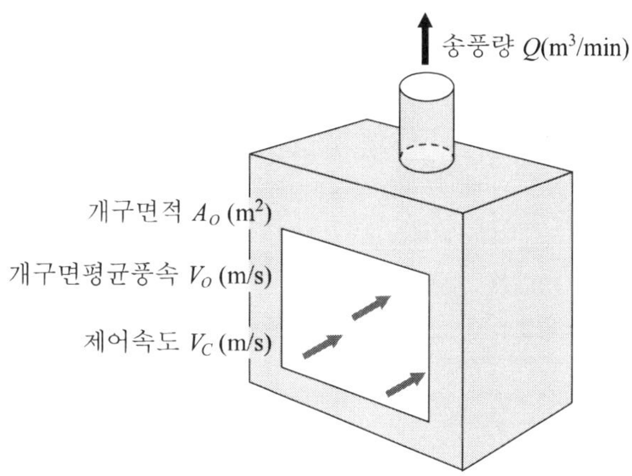


그림 4.1 포위식 후드의 개구면적

그림 4.1을 보면 면적 $A_0$의 개구면을 통과하여 공기가 후드로 유입되고 있다. 유입되는 평균풍속을 $V_0$라 할 때, 단위시간에 후드로 유입된 공기 체적은 $A_0 \times V_0$로 나타내진다.

$$\begin{aligned}&\text{후드로 유입되는 공기의 체적}(\mathrm{m^3/s})\\&= \text{평균풍속}(V_0)(\mathrm{m/s}) \times \text{개구면적}(A_0)(\mathrm{m^2})\end{aligned} \tag{4.1}$$

이 후드에서 개구면 이외로는 공기의 유입이 없으므로 후드로 유입되는 공기 체적과 송풍관에서 나오는 송풍량 $Q$는 같다. 따라서 식 (4.1)은 다음과 같이 된다. 단, 일반적으로 풍속의 단위는 m/s, 송풍량의 단위는 $\mathrm{m^3/min}$로 나타내며, 이 단위를 맞추기 위해서 풍속에 60을 곱한다.

$$\begin{aligned}&\text{송풍량}(Q)(\mathrm{m^3/min})\\&= 60 \times \text{평균풍속}(V_0)(\mathrm{m/s}) \times \text{개구면적}(A_0)(\mathrm{m^2})\end{aligned} \tag{4.2}$$

여기서 제어속도가 개구면 상의 평균풍속이면 이 이야기는 간단하지만 실제로 그렇게는 되지 않는다. 앞장에서 설명한 바와 같이 포위식 후드의 제어속도 $V_c$는 개구면 상의 최소풍속으로 표시한다는 약속이 있었다. 평균풍속 $V_0$와 최소풍속이 되는 $V_c$의 비를 $k$라 하면 식 (4.2)는 다음과 같이 된다.

$$\begin{aligned}&\text{송풍량}(Q)(\mathrm{m^3/min})\\&= 60 \times k \times \text{제어속도}(V_c)(\mathrm{m/s}) \times \text{개구면적}(A_0)(\mathrm{m^2})\end{aligned} \tag{4.3}$$

이것이 포위식 후드의 필요송풍량의 계산식이다.

$k$는 개구면 상의 기류분포의 강약 때문에 계산상 필요한 안전계수로, 기류분포에 강약이 없을 경우에 가장 이상적이어서 $V_c$와 $V_0$는 똑같아지므로 $k=1$이다. 기류분포에 강약이 있으면 $V_c$는 $V_0$보다 적으므로 $k$는 1보다 큰 값이 되어 같은 제어속도라도 필요송풍량은 크게 되어서 비경제적이다.

## 4.2 외부식 후드의 필요송풍량

외부식 후드의 필요송풍량 계산식은 포위식보다 복잡해진다. 즉 후드 형식이나 부착시키는 장소에 따라 계산식을 달리해야만 한다. 왜 그럴 필요가 있는가를 이해하기 위해서 후드로 유입하는 기류의 성질을 파악하는 것이 중요하다.

풍속($V$)과 등속도면 면적($A$)의 곱을 기류의 양($Q$)이라고 하자. 이 관계를 그림 4.2와 같은 후드에 적용시키면 다음과 같은 식이 된다.

$$\begin{aligned}&\text{송풍량}(Q)\ (\mathrm{m^3/min})\\ &= 60 \times \text{개구면 평균속도}(V_0)\ (\mathrm{m/s}) \times \text{후드 개구면적}(A_0)\ (\mathrm{m^2})\\ &= 60 \times \text{제어속도}(V_c)\ (\mathrm{m/s}) \times \text{풍속}(V_o)\text{의 등속도면 면적}(A_c)\ (\mathrm{m^2}) \qquad (4.4)\end{aligned}$$

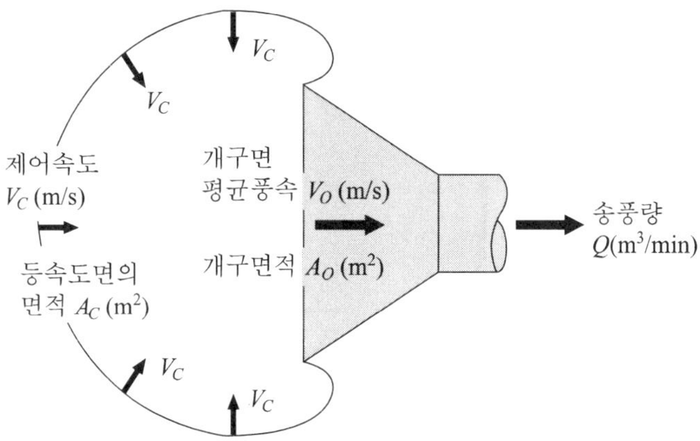


그림 4.2 외부식 후드의 개구면적

외부식 후드의 필요송풍량을 구하는 계산식이 뭐 별것 아닌 간단한 식이라고 대수롭지 않게 여긴다면 큰 오산이다. 실은 이 식의 마지막 항, 등속도면의 면적 $A_c$를 구하는 것이 대단히 어려운 일이다. 등속도면은 물론 눈에 보이는 것이 아니며 처음 설명에 사용한 것 같은 단순한 구면으로 생각해서는 안된다. 따라서 제어속도 $V_c$에 상당하는 등속도면의 형상을 상상해 그 면적 $A_c$를 추정하는 일은 외부식 후드의 필요송풍량을 계산하기 위한 결정적인 열쇠가 된다.

최근에는 컴퓨터를 써서 등속도면의 형상과 면적을 어느 정도 정확하게 추정하는 것도 가능하게 되었는데, 일반적으로는 그렇게까지 하지 않아도 지금부터 서술하는 대표적이고 기본적인 후드의 등속도면 판단방법이 있으며, 실용적으로 충분한 정확도를 갖고 등속도면의 면적을 추정할 수 있다.

## 4.3 원형, 사각형 후드의 등속도면과 필요송풍량

미국의 학자 델라벨리(J. M. Dalla Valle)는 자유공간(주위에 아무런 방해물이 없는 공간, 전원주)에 설치된 원형 및 사각형 후드에 대해서 실험을 반복한 결과 그림 4.3~4.7과 같은 등속도면의 단면도를 작성했다.

실제 후드 개구면은 점이 아니고 어떤 넓이를 갖고 있기 때문에 등속도면은 구면이 아니고 그림 4.2와 같이 토마토나 감같은 형태를 하고 있다. 따라서 유선을 보면 기류는 앞쪽뿐 아니라 후드의 뒤쪽에서도 유입되고 있다는 것을 알 수 있다. 이러한 모양은 후드 형태가 사각형이라도 거의 똑같다. 델라벨리는 이 연구의 결과, 원형 및 사각형 후드의 등속도면의 면적이 근사적으로, 다음식으로 계산될 수 있는 것을 발견했다.

$$\text{등속도면의 면적}(A_c)\,(\text{m}^2) = 10 \times (\text{개구면에서의 거리, } x)^2\,(\text{m}^2) + \text{개구면적}(A_0)\,(\text{m}^2) \tag{4.5}$$

이것을 식 (4.4)에 대입하면 다음과 같다.

$$\text{송풍량}(Q)\,(\text{m}^3/\text{min}) = 60 \times \text{제어속도}(V_c)\,(\text{m/s}) \times [10 \times (\text{개구면에서의 거리, } x)^2\,(\text{m}^2) + \text{개구면적}(A_0)\,(\text{m}^2)] \tag{4.6}$$

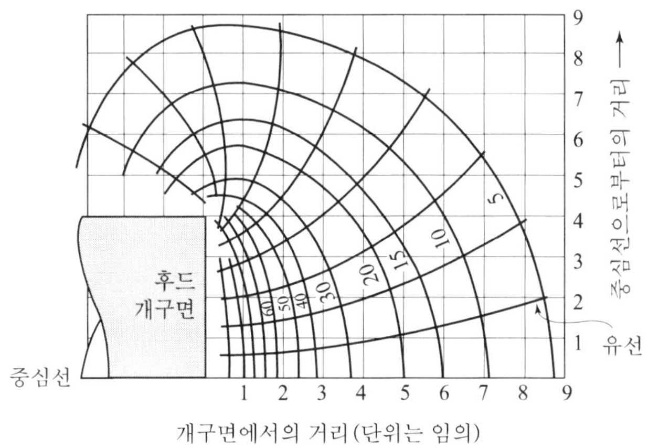


그림 4.3 원형후드의 유선과 등속도면(등속도면의 숫자는 개구면의 평균풍속을 100으로 한 백분율이다.)

이 식은 외부식 후드의 필요송풍량 계산에 널리 사용되고 있다. 델라벨리는 이 연구로부터 또 다른 후드의 설계에 있어 없어서는 안되는 중요한 법칙을 발견했다. 그림 4.3에 나타냈듯이 이 그림 안에서는 거리도 풍속도 모두 상대값으로 나타나 있다. 그것은 후드 형식이 서로 유사하다면 실제 크기가 크든지 작든지 유선이나 등속도면의 형태가 모두 서로 유사하기 때문이다. 이 관계를 「흡인기류의 상호유사법칙」이라고 말하기도 한다.

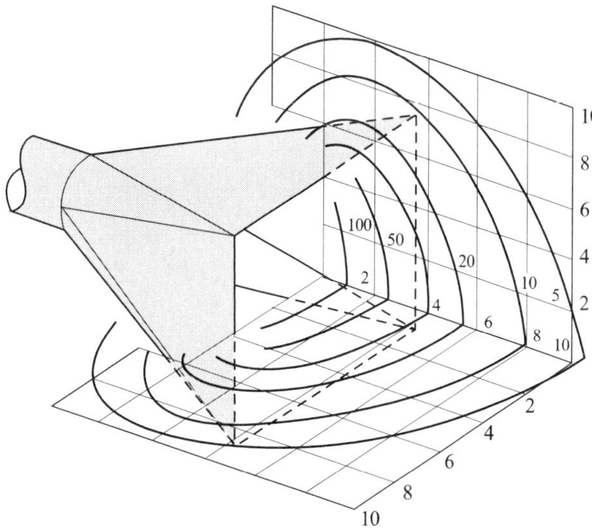


그림 4.4 정사각형 후드의 풍속도면

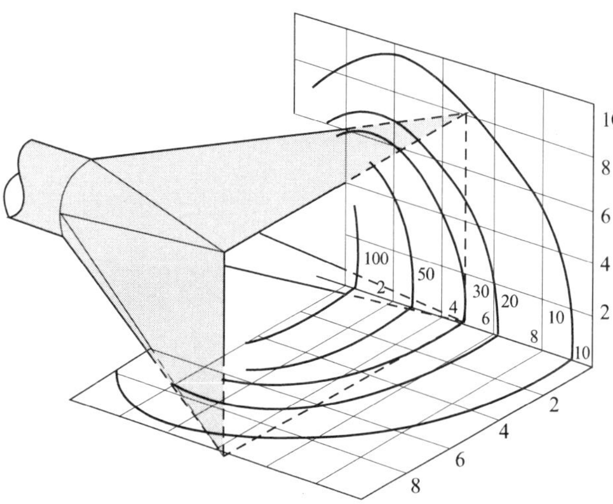


그림 4.5 직사각형(종횡비 3 : 4) 후드의 등속도면

상호유사법칙 덕분에 후드 기류를 연구할 때는 실물보다 훨씬 작은 모형(scale model)을 사용해서 같은 작동상태를 관찰할 수가 있어 몇 억원이나 되는 대규모 국소배기를 설계할 경우에는 모형실험으로 그 효과를 사전에 확인할 수도 있다.

그림 4.4~4.7은 이 연구에서 델라벨리가 그린 사각형 후드의 등속도면의 단면도로, 개구면의 종횡비를 여러 가지로 변화시킨 경우의 실험결과이다.

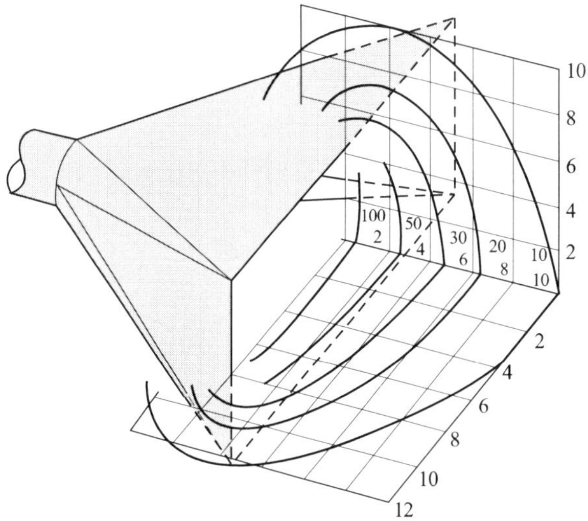


그림 4.6 직사각형(종횡비 1 : 2) 후드의 풍속도면

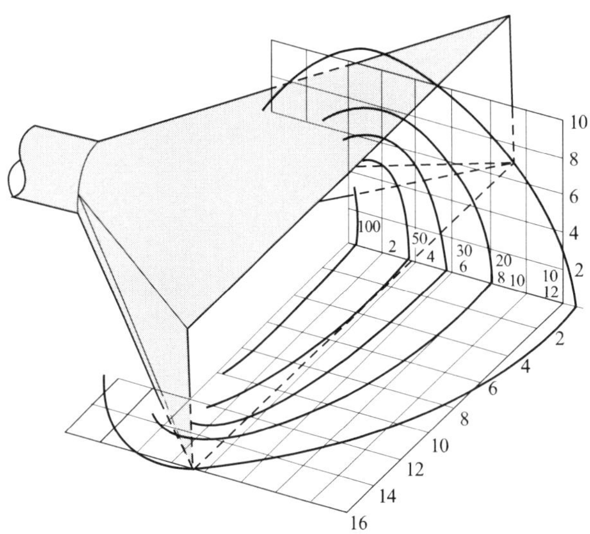


그림 4.7 직사각형(종횡비 1 : 3) 후드의 등속도면

## 4.4 플랜지(flange)의 효과

외부식 후드의 주위에 플랜지를 붙이면 송풍량을 조절할 수 있다고 흔히들 말하지만 사실 그런 것일까?

델라벨리는 전술한 바와 같은 방법으로 원형, 사각형 후드에 플랜지를 붙여서 등속도면으로 하였다. 그림 4.8~4.12는 그 결과이다. 눈을 감고 이것들의 모습이 머릿속에 떠오르지 않으면 국소배기의 설계를 할 수 없다. 그래야지만 후드를 보면 그 전에 등

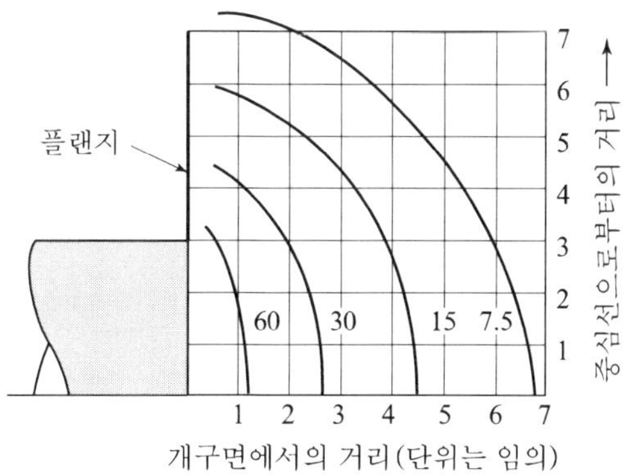


그림 4.8 플랜지가 부착된 원형후드의 등속도면

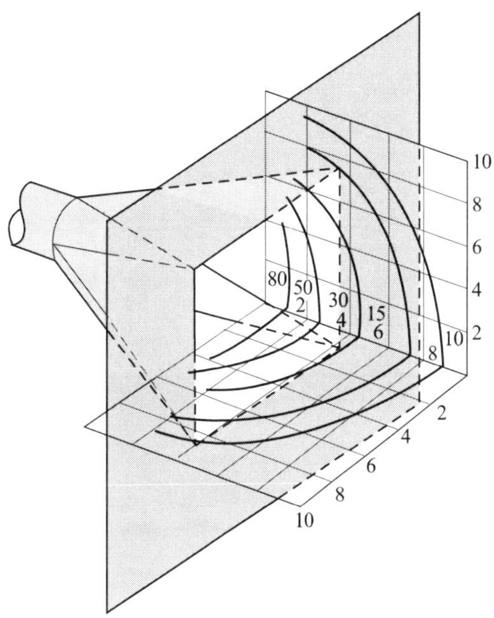


그림 4.9 정사각형 플랜지 부착 후드의 풍속도면

속도면과 유선의 환상이 떠오르게 될 것이다(유선은 발연시험(smoke test)을 사용하면 실제로 눈으로 볼 수가 있다). 델라벨리 실험의 결과 후드의 개구 주위에 적당한 폭의 플랜지를 부착시킨 경우에는 뒤쪽에서 후드 안으로 흘러 들어오던 기류가 없어져서 플랜지가 없는 경우보다 등속도면이 후드의 안쪽으로 확산되는 것을 알았다.

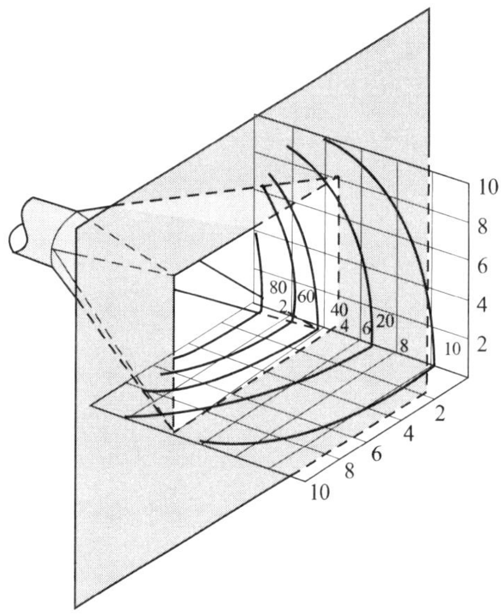


그림 4.10 직사각형(종횡비 3 : 4) 플랜지 부착후드의 등속도면

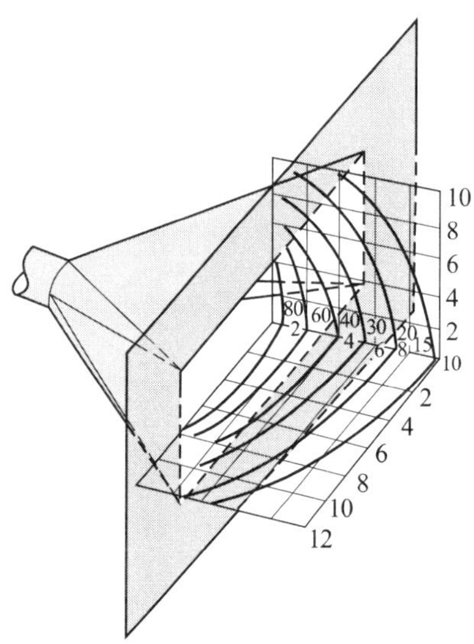


그림 4.11 직사각형(종횡비 1 : 2) 플랜지 부착후드의 등속도면

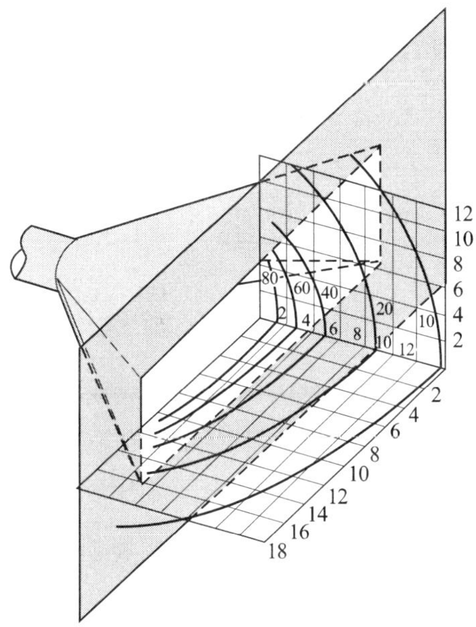


**그림** 4.12 직사각형(종횡비 1 : 3) 플랜지 부착후드의 등속도면

그 결과 후드개구면에서 $x$(m)만큼 떨어진 지점을 통과하는 등속도면의 면적은 플랜지가 없는 경우에 비하여 약 25% 정도 줄어들어 송풍량도 그만큼 적어진다. 이것을 식으로 쓰면 다음과 같다.

$$\begin{aligned} &\text{등속도면의 면적}(A_c)\,(\mathrm{m}^2) \\ &= 0.75 \times [10 \times (\text{개구면에서의 거리, } x)^2\,(\mathrm{m}^2) + \text{개구면적}(A_0)\,(\mathrm{m}^2)] \end{aligned} \tag{4.7}$$

따라서

$$\begin{aligned} &\text{송풍량}(Q)\,(\mathrm{m}^3/\mathrm{min}) \\ &= 60 \times 0.75 \times \text{제어속도}(V_c)\,(\mathrm{m/s}) \\ &\quad \times [10 \times (\text{개구면에서의 거리, } x)^2\,(\mathrm{m}^2) + \text{개구면적}(A_0)\,(\mathrm{m}^2)] \end{aligned} \tag{4.8}$$

이것이 플랜지 부착 후드의 필요송풍량을 계산하는 식이다. 플랜지의 폭에 대하여 델라벨리는 개구면적 3 $\mathrm{ft}^2$(약 0.3 $\mathrm{m}^2$, 직경 0.6 m의 원형 또는 한 변 0.5 m의 정방형)인 후드에 대하여 플랜지의 폭은 5 inch (12.5 cm)이면 충분한 효과를 얻을 수 있다고 기록하고 있다. 또 다른 연구자는 플랜지가 없는 경우보다 유속이 5%인 등속도면을 커버할 수 있는 정도의 폭을 가진 플랜지를 부착하는 것이 바람직하다고 한다. 이들의 연구결과를 종합하면 플랜지의 폭은 개구가 원형일 때는 그 지름만큼, 사각형일 때는 그 폭(변)에 해당할 정도로 필요하지만 15 cm 이상이 되어도 그다지 효과는 증가하지 않으므로 최대 15 cm 정도가 좋다고 한다. 또 후드개구면 주위에 플랜지를 붙이면 송풍량을 25% 절약할 수 있을 뿐만 아니라 후드에 기류가 흡인될 때의 저항, 즉 유입의 압력손실도 적게 된다. 이것은 플랜지에 의해서 후드 뒤쪽에서 오는 기류가 없어져서 기류의 급격한 방향전환에 의한 에너지 낭비가 없어졌기 때문이다.

## 4.5 후드의 한쪽 면이 벽, 바닥, 천장 등에 접하고 있는 경우의 필요송풍량

후드의 한쪽 면이 벽, 바닥, 천장, 작업대 등에 접하고 있어 그쪽으로부터의 기류유입이 전혀 없는 경우($\frac{1}{2}$원주)는 그림 4.13과 같이 꼭 2배 크기의 후드 등속도면을 중심에서 2등분한 것이라고 생각할 수 있다. 따라서 등속도면의 면적은

$$\text{등속도면의 면적}(A_c)\,(\text{m}^2)$$
$$= \frac{1}{2} \times \left[10 \times (\text{개구면에서의 거리, } x)^2\,(\text{m}^2) + 2 \times \text{개구면적}(A_0)\,(\text{m}^2)\right] \tag{4.9}$$

따라서 송풍량은

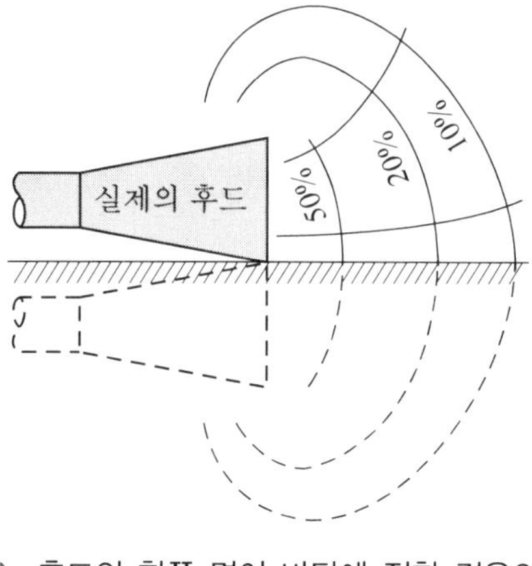


그림 4.13 후드의 한쪽 면이 바닥에 접한 경우의 등속도면

$$\text{송풍량}(Q)(\text{m}^3/\text{min}) = 60 \times \text{제어속도}(V_c)(\text{m/s}) \times [5 \times (\text{개구면에서의 거리}, x)^2(\text{m}^2) + \text{개구면적}(A_0)(\text{m}^2)] \quad (4.10)$$

후드의 바로 옆에 커다란 칸막이를 설치하거나 커튼을 쳐서 한쪽의 측면에서 들어오는 기류를 완전히 차단시킨 경우의 필요송풍량도 식 (4.10)으로 계산한다.

## 4.6 슬로트형 후드의 등속도면과 필요송풍량

가늘고 긴 슬로트형의 개구를 갖는 후드의 등속도면은 슬로트(slot)를 중심으로 한 원주면이라고 판단하면 된다. 테이블이나 칸막이, 그리고 플랜지와 같이 기류를 제한하는 것이 부착되어 있을 경우에는 그것에 의해 원주의 일부가 잘려져 나갔다고 생각하면 된다. 따라서 자유공간에 놓인 슬로트형 개구의 등속도면의 면적 $A_c$는 이론상으로는 $2\pi xL = 6.28xL$이 되어야 하지만 실제로 슬로트형 후드에서는 등속도면이 정확한 원주가 되지 못하고, 또한 후드의 두께가 있기 때문에 이 값보다는 작다. 연구의 결과, 슬로트형 후드의 필요송풍량은 슬로트 폭과 길이의 비($W/L$)가 0.2 이하일 경우에 다음 식으로 계산하면 된다.

아래식은 전원주로 판단된 경우이다.

$$\text{송풍량}(Q)(\text{m}^3/\text{min}) = 60 \times 5.0 \times \text{제어속도}(V_c)(\text{m/s}) \times \text{개구면에서의 거리}(x)(\text{m}) + \text{슬로트의 길이}(L)(\text{m}) \quad (4.11)$$

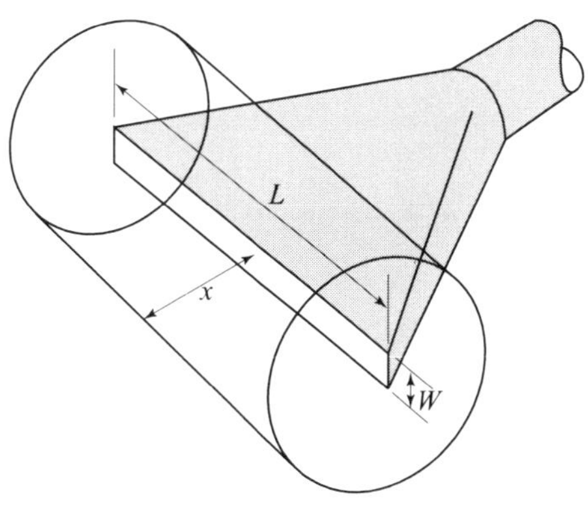


그림 4.14 자유공간에 놓인 슬로트형 개구면적

3/4원주, 1/2원주, 1/4원주로 생각할 경우에는 식 (4.11)의 계수 5.0 대신에 4.1, 2.8, 1.6을 사용한다(일본노동성권고식). 미국의 ACGIH에서 이 계수는 전원주일 때 3.7, 플랜지가 부착된 슬로트형 후드의 필요환기량이 플랜지가 없는 슬로트형 후드보다 30%가 절약된다고 계산하여 2.6을 사용하고 있다.

## 4.7 캐노피형 후드의 등속도면과 필요송풍량

토마스(Thomas)는 탱크 위에 설치된 캐노피(canopy)형 후드에 대해서 연구하여 송풍량 $Q$를 구하는 계산식으로 (4.12)의 실험식을 작성했다.

$$\begin{aligned}&\text{송풍량}(Q)\ (\text{m}^3/\text{min})\\&= 60 \times 14.5 \times (\text{캐노피와 탱크공간의 높이}(H))^{1.8}\ (\text{m})\\&\quad \times (\text{캐노피의 직경 또는 변의 길이 }(W))^{0.2}\ (\text{m}) + \text{제어속도}(V_c)\ (\text{m/s})\end{aligned} \tag{4.12}$$

이 식을 토마스 식이라고 부르며 $H/W$가 0.75 이하일 때 사용되고 캐노피의 개구가 원형이거나 정사각형일 때에는 잘 맞지만 직사각형인 개구에 대해서는 그다지 잘 맞지 않는다. 델라벨리는 캐노피의 송풍량에 대한 실험식으로 다음 식 (4.13)을 제안하였다. 이 식은 직사각형의 개구에 대해서도 사용할 수 있으나 $H/L$가 0.3 이하가 아니면 적합하지 않다고 한다.

$$\begin{aligned}&\text{송풍량}(Q)\ (\text{m}^3/\text{min})\\&= 60 \times 1.4 \times 2 \times [\text{캐노피의 길이}(L)\ (\text{m}) \times \text{캐노피의 폭}(W)(\text{m})]\\&\quad \times \text{캐노피와 탱크공간의 높이 }(H)\ (\text{m}) \times \text{제어속도}(V_c)\ (\text{m/s})\end{aligned} \tag{4.13}$$

위의 2개 식은 모두 캐노피형 후드를 포착후드로서 사용한 경우 제어속도에서 필요송풍량을 계산하는 식이며, 리시버식 캐노피형 후드의 송풍량 계산식에는 적합하지 않다. 예를 들면 전기로, 큐우폴라(cupola), 소결로, 화격자 등 대부분 열원으로부터 열부력으로 상승하는 연기, 먼지 등의 배출에 이용되는 장치인 리시버식 캐노피형 후드의 필요송풍량의 계산에는 (4.12), (4.13)의 두 식은 어느 것도 적당하지 않고 5

장에 나와 있는 유량비법을 사용하는 것이 훨씬 합리적이라고 할 수 있다. 따라서 캐노피형 후드를 포착 후드로 사용하는 경우 송풍량은 $H/L$이 0.3이하인 경우에는 식 (4.13)을, 그렇지 않은 경우에는 식 (4.12)를 사용해서 계산한다.

토마스의 식 (4.12)도 적용할 수 없는 높은 장소에 캐노피형 후드를 설치하는 것은 바람직하지 않다. 또 캐노피형 후드를 리시버식 후드로서 사용하는 경우 송풍량은 유량비법을 사용해서 계산한다.

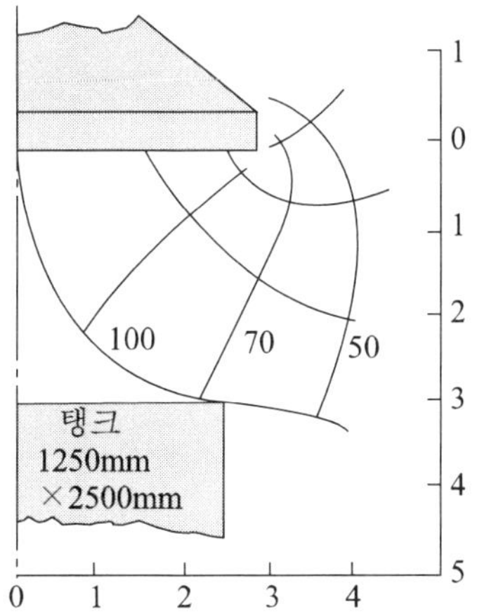


그림 4.15 후드가 작은 탱크 위에 있을 때 기류 및 풍속도면

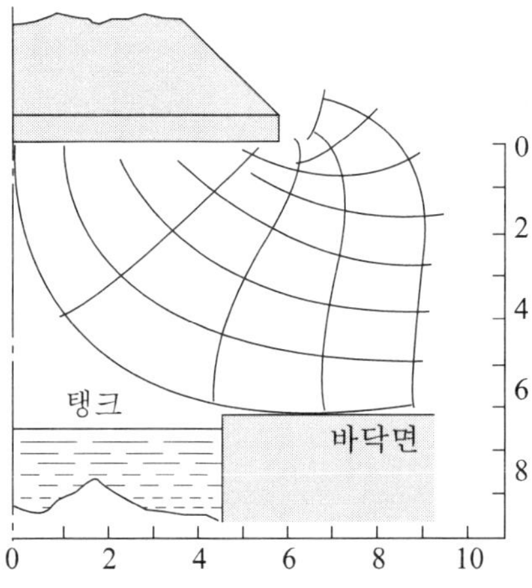


그림 4.16 후드가 바닥면 밑의 탱크 위에 있을 때 기류 및 풍속도면

## 4.8 송풍량 계산식의 정리

지금까지 여러 가지 경우에 의해서 등속도면의 형태를 추정하는 것은 정확한 송풍량 계산을 위해 꼭 필요한 것임을 알았다. 그렇게 하면 여기서 나오지 않았던 형식의 후드를 접할 때에 당황하지 않아도 된다. 실제 계산시 사용하기 쉽도록 여러 가지 경우에 따라 송풍량의 계산식을 표 4.1에 정리하였다.

표 4.1 • 후드 형식별 송풍량 계산식 일람표

| 후드 형식 | 그림 예 | 송풍량($m^3$/min) |
|---|---|---|
| (1) 포위식 | 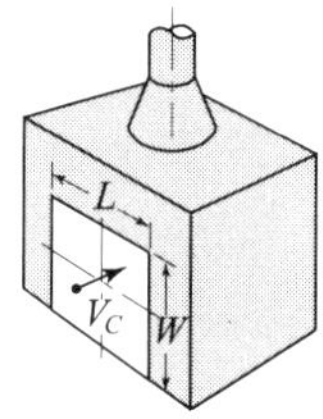<br>$A(m^2) = L(m) \times W(m)$<br>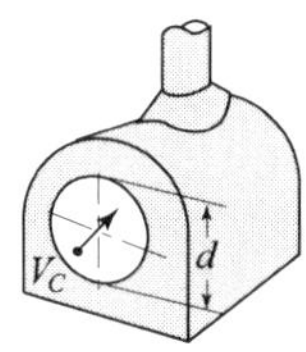<br>$A = \frac{\pi}{4}d^2$ | $Q = 60AV_0 = 60AV_c k$<br>$A$ : 개구면적<br>$V_0$ : 개구면의 평균풍속(m/s)<br>$V_c$ : 제어속도(m/s)<br>$k$ : 불균일한 풍속에 대한 안전계수 |
| (2) 외부식<br>자유공간에 설치한 원형 또는 사각형 후드 | 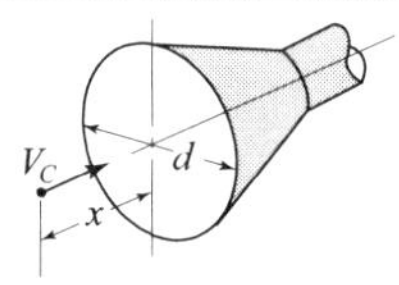<br>$A = \frac{\pi}{4}d^2$<br>$x$ : 거리(m)<br>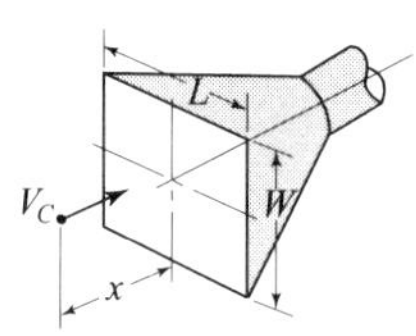<br>$A = L \cdot W$<br>종횡비 : $W/L > 0.2$ | $Q = 60 \times V_c \times (10x^2 + A)$ |

| | | |
|---|---|---|
| (3) 외부식<br>자유공간에 설치한 플랜지 부착 원형 또는 사각형 후드 | 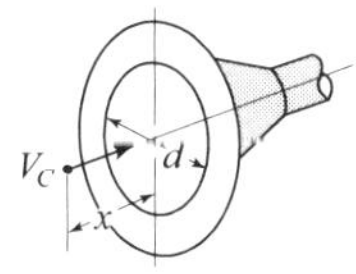<br>$A=\frac{\pi}{4}d^2$<br>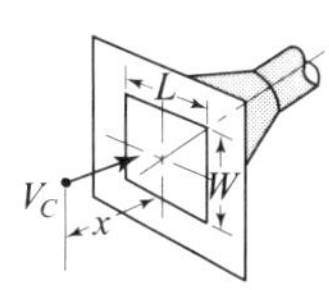<br>$A=L\cdot W\ (W/L>0.2)$ | $Q=60\times 0.75\times V_c\times (10x^2+A)$ |
| (4) 외부식<br>바닥, 테이블, 벽 등에 붙여서 설치한 사각형 후드 | 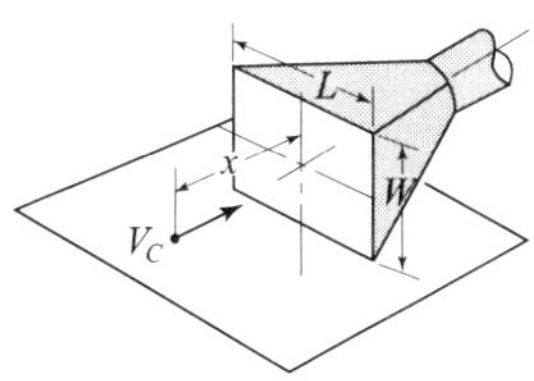<br>$A=L\cdot W\ (W/L>0.2)$ | $Q=60\times V_c\times (5x^2+A)$ |
| (5) 외부식<br>바닥, 테이블, 벽 등에 붙여서 설치한 플랜지 부착 사각형 후드 | 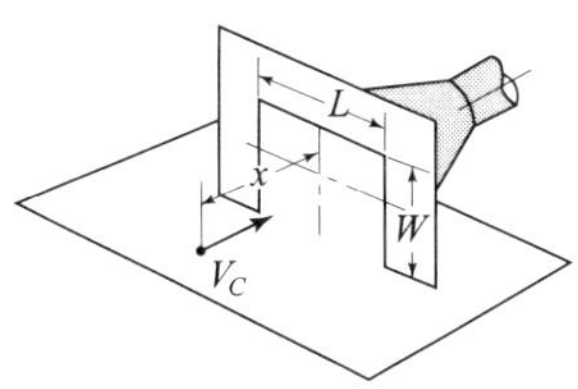<br>$A=L\cdot W\ (W/L>0.2)$ | $Q=60\times 0.5\times V_c\times (10x^2+A)$ |
| (6) 외부식<br>슬로트형 후드 | 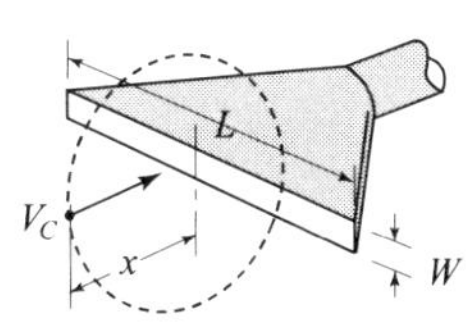<br>$W/L\leqq 0.2$ : $A$(전원주) | $Q=60\times 5.0\times L\times x\times V_c$<br>(일본노동성권고식)<br>$Q=60\times 3.7\times L\times x\times V_c$<br>(미국ACGIH권고식) |
| (7) 외부식<br>작업대의 가장자리 등에 붙여서 설치한 슬로트형 후드 | 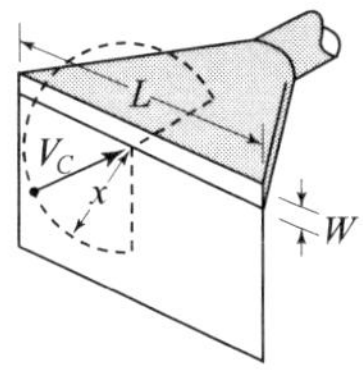<br>$W/L\leqq 0.2$ : $A$ (3/4 원주) | $Q=60\times 4.1\times L\times x\times V_c$ |

| 종류 | 그림 | 필요송풍량 |
|---|---|---|
| (8) 외부식<br>바닥, 테이블, 벽면 등에 설치한 슬로트형 후드 | 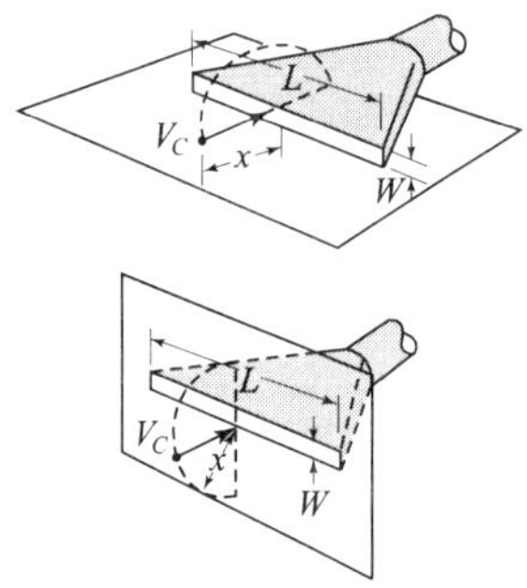<br>$W/L \leqq 0.2$ : $A$ (1/2 원주) | $Q = 60 \times 2.8 \times L \times x \times V_c$ |
| (9) 외부식<br>바닥, 테이블, 개방조의 가장자리에 설치한 플랜지 부착 슬로트형 후드 | 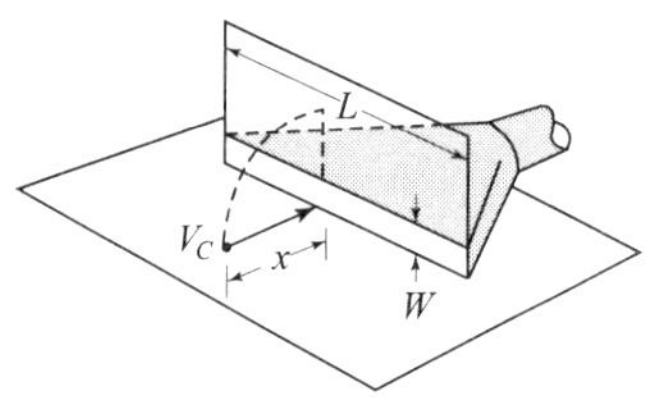<br>$W/L \leqq 0.2$ : $A$ (1/2 원주) | $Q = 60 \times 1.6 \times L \times x \times V_c$ |
| (10) 리시버식<br>사각형 또는 원형 캐노피형 후드 | 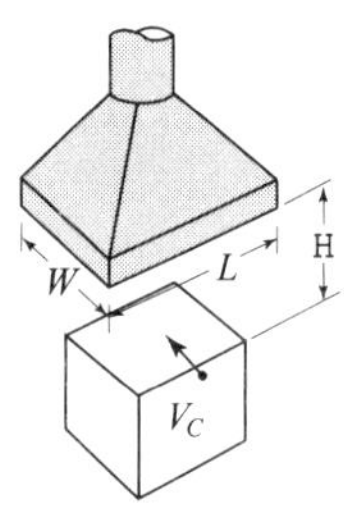<br>캐노피주장 $P = 2(L + W)$<br>높이계수 $H/L \leqq 0.3$ | $Q = 60 \times 1.4 \times P \times H \times V_c$ |
| (11) 리시버식<br>정사각형 또는 원형 캐노피형 후드(전측면 개방) | 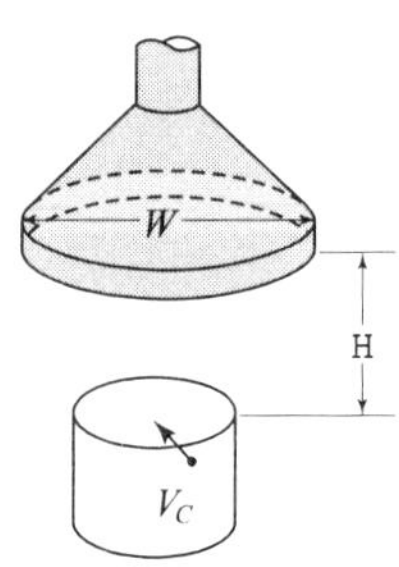<br>$0.3 < H/W \leqq 0.75$ | $Q = 60 \times 14.5 \times H^{1.8} \times W^{0.2} \times V_c$ |

| | | |
|---|---|---|
| (12) 리시버식<br>정사각형 또는 원형 캐노피형 후드(3측면 개방) | 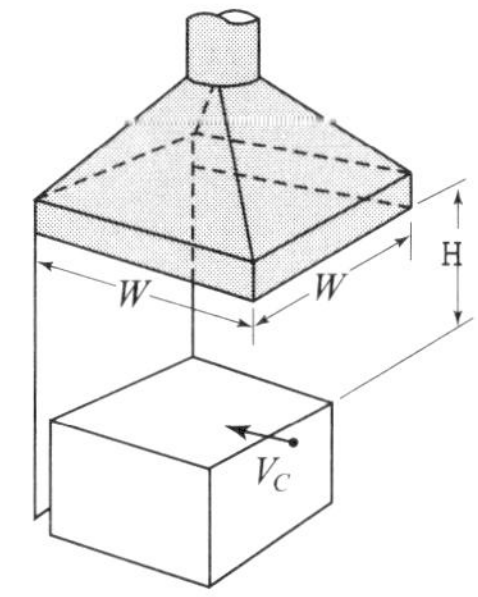<br>$0.3 < H/W \leq 0.75$ | $Q = 60 \times 8.5 \times H^{1.8} \times W^{0.2} \times V_c$ |

## 계산 연습 1

그림 4.17과 같은 화학반응 장치의 맨홀로 원료(특정화학물질의 분말)를 투입하는 작업에서 원료의 비산을 방지하기 위해 반응장치에 송풍관을 접속하여 내부의 공기를 흡인감압하기로 했다. 이 경우 원료의 비산을 막기 위한 필요송풍량을 계산하시오. 단, 원료는 그래프트(graft) 종이 포대에 채워져 있고 투입작업은 우선 포대를 연 다음 포대입구를 맨홀 안으로 밀어 넣어서 투입하도록 순서가 정해져 있다.

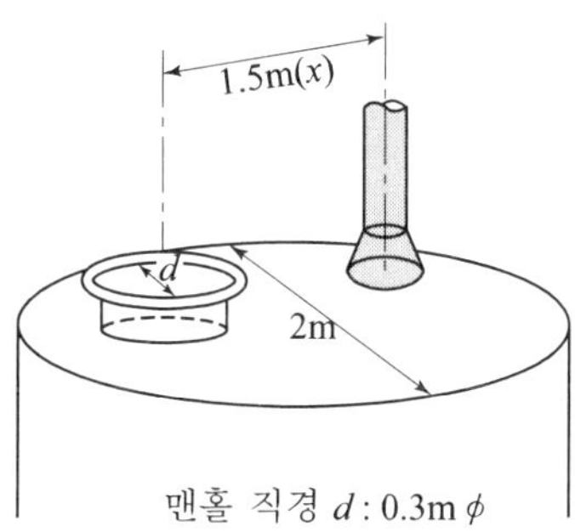


그림 4.17 화학반응장치 예

### 해설

맨홀 입구를 개구면이라고 생각하고 포대 입구를 맨홀 안으로 밀어 넣어 원료를 투입한다면 발생원은 후드 개구면의 내측이 되므로 반응장치 전체를 포위식 후드로 판단할 수가 있다. 따라서 필요송풍량은 표 4.1(1)의 식으로 계산한다.

제어속도 $V_c$는 취급하는 물질이 특정화학물질의 분말이기 때문에 1 m/s가 되고, 개구면의 면적은 직경이 0.3 m이므로 $A = 1/4 \times \pi \times d^2 = 0.07\ m^2$이 된다. 맨홀과 송풍관의 테이크 오프(take off) 거리 $x$는 이 계산에서는 필요하지 않은 것 같이 생각되지만, 실은 $x$가 너무 작으면 개구면상의 기류 분포에 불균일이 생기므로 포위식 후드의 송풍량을 계산할 때에는 이것을 고려해서 안전계수를 결정할 필요가 있다. 이 예와 같이 $A$에 대해 $x$가 비교적 크고 후드의 폭이 넓은 경우에 개구면상의 기류분포는 거의 균일하게 되므로 $k=1$로 해도 지장이 없을 것이다. 따라서 필요송풍량 $Q$는 아래와 같다.

$$Q = 60 \times A \times V_c = 60 \times 0.07 \times 1 = 4.2\ \text{m}^3/\text{min}$$

**•Note•** 실물에 대해서 개구면의 풍속분포를 측정한 결과, 최소 1.05 m/s, 최대 1.1 m/s, 평균 1.1 m/s, 송풍량은 4.7 $\text{m}^3$/min이었다. 이 정도 기류의 불균일은 부득이한 것이라고 여기며 포위식 후드의 송풍량을 계산하는 경우에는 풍속분포에 강약이 없다고 생각되는 경우라도 $k=1.1$ 정도로 잡는 것이 필요하다.

## 계산 연습 2

자동 칭량기(오토파커)의 투입구에 스테아린산납을 포함한 염화비닐 안정제를 투입하는 작업에서 안정제의 비산을 방지하기 위하여 투입구를 포위식 후드(부스형)로 하였다. 이때 필요송풍량을 계산하시오. 투입구의 크기는 0.4(m)×0.5(m)이다.

Q&A

### 해설

제어속도는 후드 형상, 주위기류 등의 상황, 작업의 형태(유해물질의 발생속도 등)를 고려하여 정하므로 이 경우는 비교적 좁은 실내로 난기류는 거의 없고 발생속도도 크지 않으므로 표 3.1을 참고로 하여 $V_c$=0.5 m/s로 한다. 투입구 이외에 개구가 없다고 하면 개구면의 면적은 $A = 0.4 \times 0.5 = 0.2\ \text{m}^2$가 된다. 그러면 안전계수 $k$의 값은 얼마로 하는가가 문제이지만 그림에서 알 수 있듯이 개구면이 크고 후드의 폭이 좁아서 기류의 분포에 상당한 강약이 생길 것으로 예상되므로 $k=1.5$로 가정하여 계산하여 본다.

$$Q = 60 \times A \times V_c \times k = 60 \times 0.2 \times 0.5 \times 1.5 = 90\ \text{m}^3/\text{min}$$

**•Note•** 안전계수 $k$에 대해서는 현재까지 충분한 실험 데이터가 얻어지지 않았으므로 다분히 설계자의 경험과 육감에 의존해서 정해지고 있는 것이 현실이다. 그 때문에 설계자에 따라 완성된 국소배기의 성능에 큰 차가 생긴다. 완성된 실물에 대해 풍속분포 등을 실측한 결과 표 4.2와 같은 결과를 얻었다.

표 4.2 • 풍속분포 측정결과

| 측정위치 | 풍속(m/s) | 측정위치 | 풍속(m/s) |
|---|---|---|---|
| 1 | 0.85 | 9 | 0.63 |
| 2 | 0.80 | 10 | 0.64 |
| 3 | 0.82 | 11 | 0.64 |
| 4 | 0.82 | 12 | 0.65 |
| 5 | 0.75 | 13 | 0.60 |
| 6 | 0.77 | 14 | 0.50 |
| 7 | 0.75 | 15 | 0.50 |
| 8 | 0.72 | 16 | 0.55 |

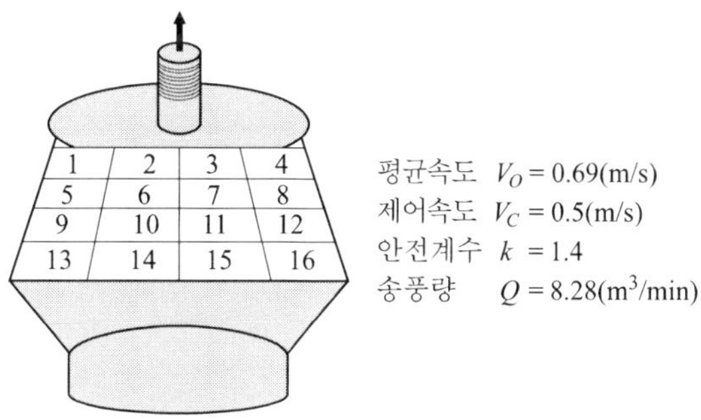


그림 4.18 풍속측정위치

## 계산 연습 3

그림 4.19와 같이 정반 위에 작은 기계 부품(폭 35 cm, 길이 20 cm, 높이 15 cm)을 얹어서 아아크(arc) 용접을 하는 작업에 대해서 측방 흡인형 외부식 후드를 설치하였다. 이때 후드의 필요송풍량을 계산하시오. 단, 작업중 작업자의 자세는 변하지 않는다.

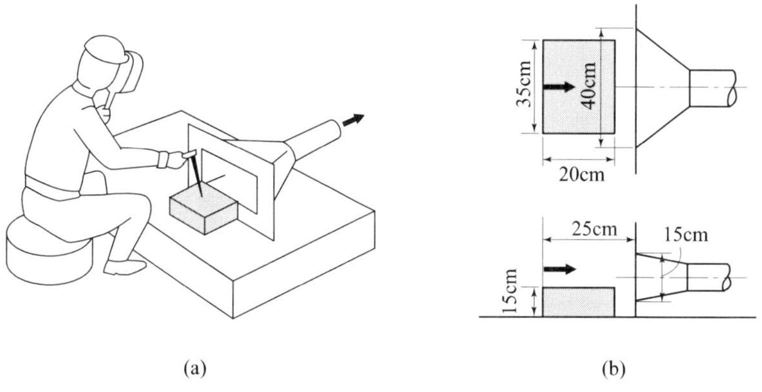


그림 4.19 외부식 후드를 설치한 아아크 용접작업

### 해설

일반적인 외부식 후드의 예이다. 후드에 붙어있는 플랜지의 크기가 불분명하지만 후드의 치수로 보아 10 cm 정도의 폭을 지닌 것이라고 생각된다.

그러면 필요송풍량의 계산에 어떤 식을 사용할 것인가가 문제가 되지만 후드에 플랜지가 부착되어 있고 또 밑단이 정반에 접하여 있으므로 표 4.1의 (5)식이라 생각할 수도 있으나 개구면의 하단이 정반면보다 플랜지의 폭만큼 높이 있어 아래에서 올라오는 기류도 전혀 배제할 수 없으므로 (3)식을 사용하는 것이 좋다고 생각된다. $A$는 다음과 같다.

$$A = 0.4 \times 0.15 = 0.06\ \mathrm{m}^2,\quad x = 0.25\ \mathrm{m}$$

옥내에서 행해지는 아아크 용접작업은 분진작업에 해당된다. 그리고 여기서는 기계의 움직임에 대한 난기류가 그다지 크지 않으므로 외부식 측방흡인형으로 제어속도 $V_c = 1.0\ \mathrm{m/s}$로 한다.

$$Q = 60 \times 0.75 \times V_c \times (10x^2 + A)$$

$$= 60 \times 0.75 \times 1.0 \times [10 \times (0.25)^2 + 0.06] = 31\ \mathrm{m^3/min}$$

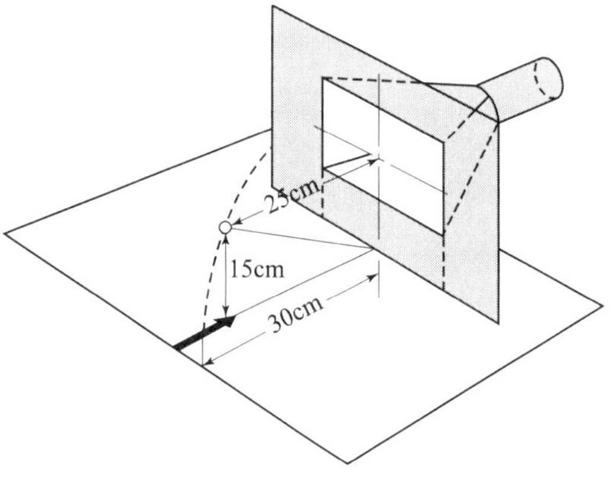


그림 4.20 아아크 용접시 후드의 포착거리 및 개구면적

## 계산 연습 4

그림 4.21은 유기용제로 세정한 부품을 자연건조시키기 위한 환기작업대로서 테이블의 크기는 폭 0.7 m×세로 0.6 m이며 스테인레스망이 쳐져 있고 전면이 개구 상태로 앞면을 제외한 세 방향에 바람을 막기 위해 높이 0.3 m의 칸막이를 둘러쌓았다. 부품은 칸막이 이상의 높이로는 쌓아올리지 않는다. 이때 필요송풍량을 계산하라.

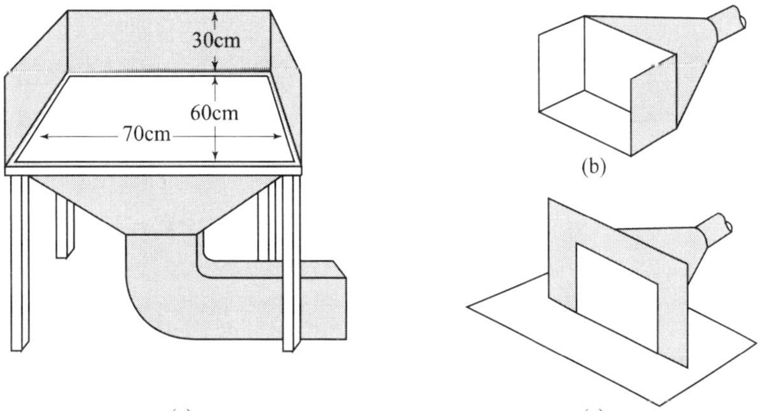

(a) (b) (c)

그림 4.21 유기용제 세정 환기작업대

해설

표 4.1의 (5)식으로 계산한다. 유기용제 업무에 관한 국소배기의 제어속도는 외부식 하방흡인형인 경우 0.5 m/s 이상으로 정해져 있다. 따라서 $V_c = 0.5$ m/s가 된다. 개구면은 테이블 전면이므로 $A = 0.42\ \mathrm{m}^2$. 또 부품은 칸막이 높이보다 높게 하지 않는다고 하였으므로 $x = 0.3$ m, 따라서 필요송풍량 $Q$는 다음과 같다.

$$Q = 60 \times 0.5 \times V_c \times (10x^2 + A)$$

$$= 60 \times 0.5 \times 0.5 \times (10 \times 0.3^2 + 0.42) = 19.8 \fallingdotseq 20\ \mathrm{m^3/min}$$

## 계산 연습 5

유기용제를 사용하여 선재의 탈지세정을 행하는 개방조(폭 2 m, 세로 0.8 m)의 한쪽 면에 폭 10 cm의 슬로트형 후드를 설치하여 개방조에서 발생하는 유기용제 증기를 국소배기하도록 하였다. 이 경우에 필요송풍량을 계산하라. 단, 난기류의 영향을 피하기 위하여 개방조의 세 방향을 높이 0.8 m의 칸막이로 둘러쌌다.

해설

표 4.1의 (9)식으로 계산한다. 유기용제 업무에 관한 국소배기의 제어속도는 외부식 측방흡인형인 경우 0.5 m/s 이상이라고 정해져 있으므로 $V_c = 0.5$ m/s가 된다. 따라서 $Q$는 다음과 같다.

$$Q = 60 \times 1.6 \times L \times x \times V_c$$
$$= 60 \times 1.6 \times 2 \times 0.8 \times 0.5 = 77\ \mathrm{m^3/min}$$

**•Note•** 위의 예인 경우 슬로트의 위쪽 뿐만 아니라 개방조의 좌우 양쪽도 칸막이로 둘러싸여 있으므로 등속도면은 슬로트를 중심선으로 한 1/4 원주로 판단해도 지장은 없으나 좌우 양쪽의 칸막이가 없는 경우에는 $L$이 $x$에 비해 그렇게 크지 않는 한, 좌우 양쪽에서 흘러 들어오는 기류 때문에 등속도면은 1/4 원주의 양쪽 끝에 1/2 구면이 부가된 형태가 되며 1/4 원주로 계산한 송풍량에서는 제어속도를 만족시키는 흡인속도가 얻어지지 않는다. 슬로트형 후드의 필요송풍량을 공식대로 계산하면 풍량은 나와 있지만 제어속도가 안나오는데 왜 그런가라고 의문을 갖게 된다. 전에도 설명한 바와 같이 슬로트형 후드의 필요송풍량을 구하는 (9)식은 슬로트를 중심으로 하는 반경 $x$의 원주면을 등속도면이라고 판단하여 유도한 것이다. 그러나 실제로는 원주의 양끝에서 공기가 흘러 들어오므로 진짜 등속도면은 그림 4.22와 같이 원주의 양 끝에 반경 $x$인 반구면이 부착된 형태가 될 것이다. 이 부분의 면적은 좌우 양쪽을 합치면 반경 $x$인 구의 표면적 $4\pi x^2$이지만 $x$가 슬로트의 길이 $L$에 비해서 작을 때에는 이것을 무시하여도 대세에는 영향을 주지 않는다. 그러나 $x$가 어느 정도 크게 되면 원주의 표면적에 비하여 이 부분의 면적을 무시할 수 없으므로 공식대로의 계산으로는 송풍량이 부족하고 제어속도가 나오지 않을 수도 있다. 실용적으로 (9)식이 될 수 있는 것은 슬로트의 폭 $W$가 $0.2L$이하, $x$가 0.4까지이고 그렇지 않은 경우는 외부식을 사용할 필요가 있다.

이것은 표 4.1의 (6)~(9)식 모두에 해당된다. 따라서 슬로트형 외부식 후드를 설치하는 경우에는 가능한 한 이 예와 같이 양쪽에 칸막이를 부착시키는 것이 바람직하다.

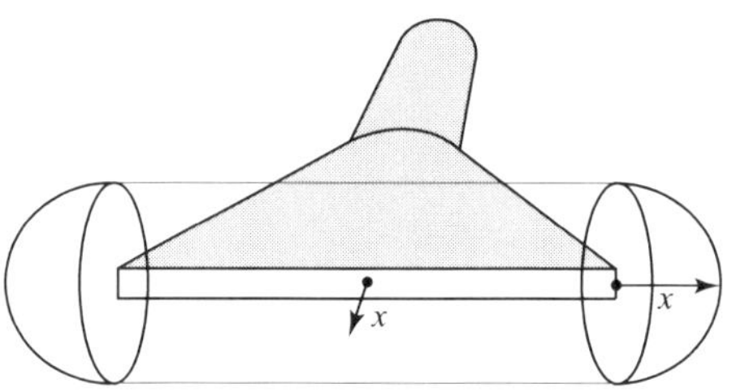


그림 4.22 슬로트형 후드의 개구면적

## 계산 연습 6

그림 4.23과 같은 조 안에 특정화학물질을 함유하는 분체상의 원료 2종을 포대를 열어 투입하여 가온하면서 스코프로 혼합하는 작업공정일 때 상방흡인형 외부식 후드의 설치를 계

획했다. 이 경우에 필요송풍량을 계산하시오. 단, 가온에 의한 상승기류는 무시해도 지장이 없는 것으로 한다.

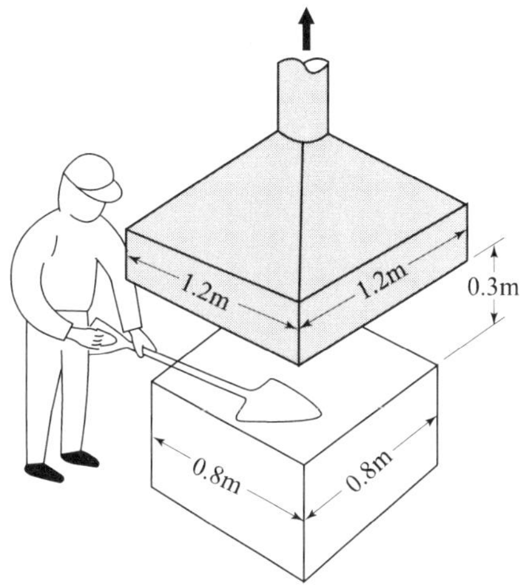


그림 4.23 분체투입작업시 후드의 설치 예

Q&A 해설

높이계수 $H/L = 0.3/1.2 = 0.2 < 0.3$이므로 표 4.1의 (10)식을 써서 계산한다.
캐노피 둘레길이(주장) $P = 4 \times 1.2 = 4.8$ m, 제어속도 $V_c$는 분체상의 특정화학물질이므로 1 m/s로 한다. 따라서

$$
\begin{aligned}
Q &= 60 \times 1.4 \times P \times H \times V_c \\
&= 60 \times 1.4 \times 4.8 \times 0.3 \times 1 = 120 \text{ m}^3/\text{min}
\end{aligned}
$$

## 4.9 캐노피형 후드의 개선사례

필요송풍량을 계산할 때 어떤 식을 사용할 것인가 매우 곤란할 때가 있다. 예를 들면 자동세정장치의 트리클렌조와 컨베이어 위에 낮은 캐노피형 후드를 설치하였는데, 계산된 것 이상으로 흡인풍속이 너무 커져서 제품의 품질관리상 문제가 생긴다. 필요송풍량의 계산은 공식대로 하였는데 왜 그런가하는 의문이 생겼는데, 그 현장을 직접 본 결과 다음과 같은 사실이 있음을 알았다.

후드는 그림 4.24(a)와 같이 트리클렌조 위에 설치되어 있고(컨베이어는 그림에서 빠져 있다), 필요송풍량은 그림의 $H$, $W$, $L$, 제어속도 $V_c$로 하여 유기용제에 대한

제어속도를 상방흡인형 외부식 후드의 값 1.0 m/s를 사용하여 낮은 캐노피형 후드식으로 계산되어 있었다. 낮은 캐노피형 후드의 송풍량 계산식은 그림의 어두운 부분을 개구면이라고 생각하여 유도된 것이다.

그러나 실제로는 후드의 긴 변에는 횡으로부터의 난기류를 막기 위하여 투명한 플라스틱판으로 된 칸막이가 달려 있었다(그림 4.24(b)). 이 경우 유기용제의 발생원인 트리클랜조의 개구는 칸막이와 후드, 거기에 조 자체로 만들어진 공간 안에 완전히 들어가 있었다. 즉 후드와 칸막이와 트리클렌조로서 형성된 포위식 후드로 발생원을 둘러싸고 있다고 생각할 수가 있다. 그렇게 하면 진짜 개구면은 그림 4.24(c)의 어두운 부분이고 또 제어속도는 0.4 m/s로 측정되었다.

이 예와 같이 후드만으로는 외부식으로 보이지만 실제로는 포위식으로서 기능을 발휘하고 있는 일이 종종 있다.

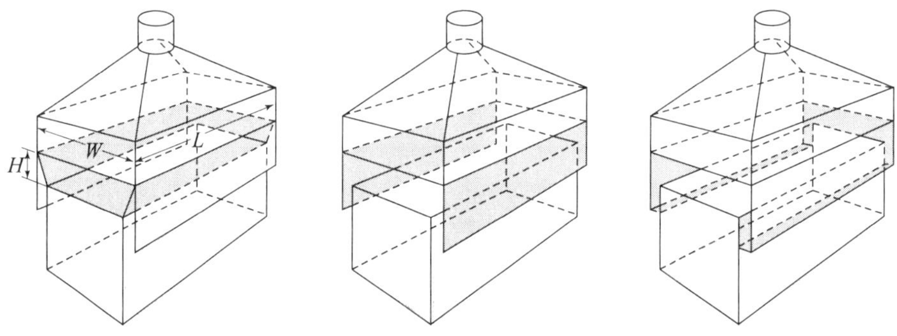


그림 4.24 캐노피형 후드의 개선사례

## 4.10 외부식 후드의 필요송풍량 고찰

표 4.1의 (3) 플랜지부착 외부식 후드의 필요송풍량 계산식

$$\text{송풍량}(Q)\ (\mathrm{m^3/min})$$
$$= 60 \times 0.75 \times \text{제어속도}(V_c)\ (\mathrm{m/s}) \quad (4.8)$$
$$\times\ [10 \times (\text{개구면에서의 거리})^2\ (\mathrm{m^2}) + \text{개구면적}(A_0)\ (\mathrm{m^2})]$$

에서 개구면으로부터의 거리 $x$가 아주 작으면 필요송풍량 $Q$는 같은 크기의 개구면을 갖는 포위식 후드의 $Q$보다 적어지는데 과연 그런 것인가?

식 (4.8)의 0.75라는 계수는 외부식 후드에 플랜지가 없는 경우 뒤쪽으로부터 후드 주변으로 유입되는 기류를 플랜지로 막기 위하여 등속도면이 0.75배로 축소되었다는 것을 나타낸 것이다. 그림 4.25는 앞에서도 나왔던 델라벨리의 실험에 의한 플랜지의 효과를 나타내는 그림을 다시 그린 것이며 그림의 등속도면을 표시하는 곡선 중에서 점선부분이 플랜지의 효과에 의하여 커트될 수 있는 부분이다. 이 그림에서 나머지 실선부분이 원래 면적의 0.75배로 되는 것은 $x$가 개구면의 직경보다 약간 적을 때라는 것을 알 수 있다.

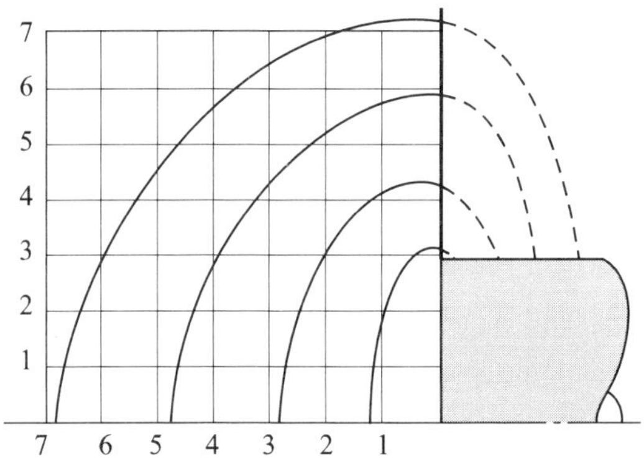


그림 4.25 플랜지 부착 원형후드의 등속도면(플랜지에 의하여 점선 부분이 없어진다)

이와 같이 $x$가 작을수록 플랜지의 효과는 적어지고 $x$가 아주 작은 경우에는 플랜지의 유무에 상관없이 필요송풍량은 그다지 변하지 않게 된다. 그래서 $x$가 0이 되면 포위식 후드에서 구한 필요송풍량과 같게 된다. 결국 $x$가 아주 작더라도 플랜지가 있건 없건 관계없이 외부식 후드의 필요송풍량이 포위식 후드의 필요송풍량보다 적어지는 일은 없는 것이다.

실용적으로는 외부식 후드로 계산한 $Q$값이 포위식으로 계산한 $Q$값보다 적게 될 때에는 포위식 후드로 계산한 $Q$를 필요송풍량으로 하여야 한다. 이러한 사실은 플랜지 부착뿐 아니라 테이블 위의 외부식 후드, 슬로트형 후드에도 적용된다.

## 4.11 캐노피형 후드의 송풍량 계산식의 고찰

캐노피형 후드의 $Q$를 계산하는 델라벨리의 실험식(표 4.1의 (10)참조)과 캐노피형 후드의 필요송풍량을 구하는 식이 조금 다르게 쓰여 있다. 델라벨리의 실험식 $Q = 60 \times 1.5 \times P \times H \times V_c$의 $P$를 탱크의 주장(周長)으로 하고 있는데 본 책에서는 캐노피의 주장으로 나타내었다. 이것은 델라벨리가 캐노피의 바깥 둘레와 탱크의 바깥 둘레를 연결한 면을 마치 포위식 후드의 개구면과 같이 생각하여 그 면 위의 평균속도 $V$를 제어속도라고 생각하였기 때문이다. 즉 $1.4H \times P$라는 것은 이 개구면의 면적을 나타내는 실험식인 것이다. 미국에서는 이와 같이 포위식 후드의 개구면상의 평균풍속을 제어속도로 하는 것이 일반적이다. 그러나 우리나라의 산업안전보건법에서는 포위식 후드의 제어속도는 개구면상의 최소풍속이라고 정의하고 있다. 따라서 만약 델라벨리의 방법을 사용한다면 $Q$를 구하기 위해서는 풍속의 불균일에 대한 안전계수 $k$를 곱하는 것이 필요하다. 캐노피형 후드는 실제로 외부식 후드이다. 외부식 후드의 제어속도는 개구면으로부터 가장 멀리 떨어진 작업위치의 풍속이라고 정의하고 있으므로 캐노피형 후드인 경우에는 탱크의 가장자리인 곳의 풍속이 제어속도 $V_c$가 되어야 한다. 또 이 $V_c$는 당연히 개구면 위에서의 최소풍속이 된다.

안전계수 $k$는 높이계수 $H/L$이 크게 될수록 커지지만 캐노피의 크기도 $H$가 크게 될수록 커지므로 (델라벨리)실험식의 $P$를 탱크 주장으로 하지 않고 캐노피 주장으로 한 것이다. 그렇게 하면 탱크와 캐노피의 주장비(周長比)가 안전계수에 해당된다. 참고로 탱크 바깥둘레에 퍼짐각도가 40°인 캐노피를 설치한 경우, 높이 계수를 0.3으로 하면 보정계수는 약 1.25가 된다.

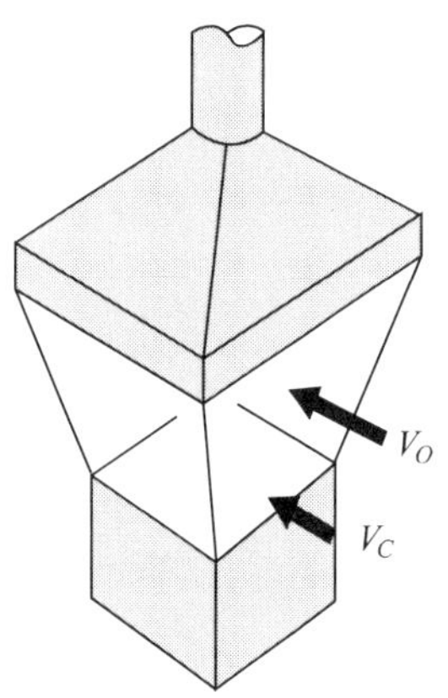


그림 4.26 캐노피형 후드의 평균풍속($V_o$)과 제어속도($V_c$)

CHAPTER

# 5 리시버식 후드와 푸쉬풀 환기장치의 필요송풍량

## 5.1 유량비법(流量比法)에 의한 필요송풍량 계산

용융로와 같은 고온 물체에서 발생하는 연기나 먼지는 열기류에 편승하여 맹렬한 세력으로 상승한다. 이와 같은 오염기류에 강한 지향성이 있는 경우에 후드는 개구를 그 기류의 방향에 맞춰서 완전히 에워싸는 이른바 리시버식 후드(receiving hood)로 설비하는 것이 좋다. 이 경우 연기는 흡인기류에 의해 후드에 흡인된다기 보다는 연기 자체의 부력에 의해 후드로 압입되어진다. 따라서 유해물질을 흡인하기 위하여 필요한 제어속도를 생각하는 방법은 이 경우에는 적당하지 않다. 그러면 리시버식 후드의 필요송풍량은 어떻게 하여 결정하면 되는가?

현장에서 제어속도는 사용하지 않고 필요송풍량을 계산하는 유량비법을 일본의 오사카대학 하야시 교수가 새로운 방법으로 연구했다. 이 방법은 제어속도라는 고찰방법이 잘 적용되지 않는 리시버식 후드의 필요송풍량 계산법으로 우수한 방법이다. 유량비법의 고찰방법을 간단하게 설명하면 작업장 내 열상승 기류는 위로 올라감에 따라서 주위로부터의 기류를 빨아들이면서 그 양이 많아진다. 따라서 연기가 작업장 내로 확산되지 않고 후드로 흡인되기 위해서는 그 이상의 송풍량이 필요하다.

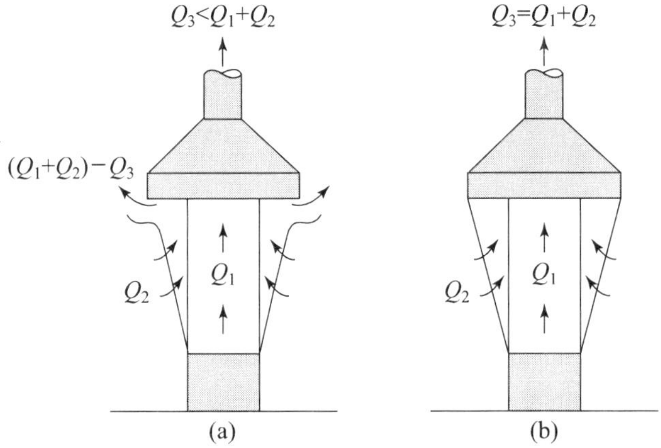


**그림 5.1** 노에서 발생하는 열기류와 유도기류 및 송풍량의 관계

그림 5.1에서 노로부터 발생하는 열기류를 $Q_1$, 주위에서 빨아들이는 유도기류를 $Q_2$, 후드 송풍량을 $Q_3$라 하면, $Q_3$가 $Q_1+Q_2$보다 적을 때 상승기류는 완전하게 후드로 흡인되지 않고 $(Q_1+Q_2)-Q_3$에 해당되는 양만큼 후드에서 새어나가게 된다(그림 5.1(a)). $Q_3$가 정확히 $Q_1+Q_2$와 같을 때에는 상승기류는 전부 후드로 흡인된다(그림 5.1(b)). 리시버식 캐노피형 후드로 열상승기류를 흡인하는 경우 기류가 후드에서 새어나가지 못하도록 하기 위한 한계조건을 식으로 나타내면 다음과 같다.

$$\begin{matrix}\text{리시버식 후드의} \\ \text{필요송풍량}(Q_3)\end{matrix} = \begin{matrix}\text{오염원에서 발생하는} \\ \text{오염기류의 양}(Q_1)\end{matrix} + \begin{matrix}\text{주위에서 빨려 유입된} \\ \text{유도기류의 양}(Q_2)\end{matrix} \tag{5.1}$$

식 (5.1)의 $Q_2$와 $Q_1$의 비를 누입한계유량비$(Q_2/Q_1)$라 부르며 $K_L$로 나타내고 $K_L$을 사용하여 위의 식을 다시 쓰면 다음과 같다.

$$\begin{matrix}\text{리시버식 후드의} \\ \text{필요송풍량}(Q_3)\end{matrix} = \begin{matrix}\text{오염원에서 발생하는} \\ \text{오염기류의 양}(Q_1)\end{matrix} \times \left(1 + \begin{matrix}\text{누입한계} \\ \text{유량비}(K_L)\end{matrix}\right) \tag{5.2}$$

그림 5.1(b)는 후드 주위에 전혀 난기류가 없는 이상적인 상태를 생각한 것으로 실제로 난기류 때문에 상승기류는 횡류를 일으키기 때문에 연기가 후드로부터 새어나갈 우려가 있다(그림 5.2(a)).

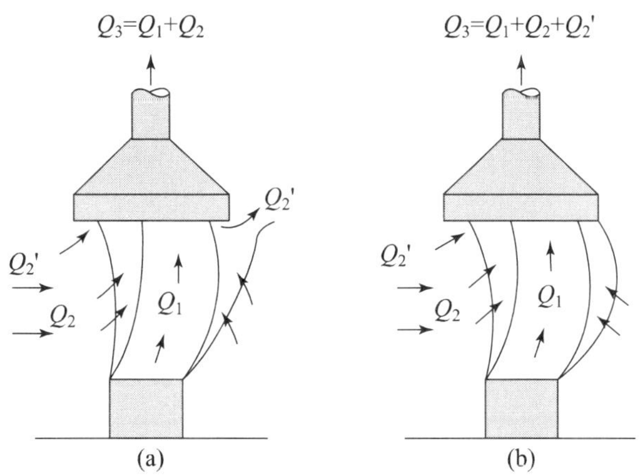


그림 5.2 상승기류와 기류이동

그림 5.2(a)와 같이 후드 주위에 횡방향의 난기류가 있더라도 연기를 완전하게 후드로 흡인시키기 위해서는 옆에서 후드로 빨려 들어가는 난기류 $Q_2'$의 양만큼 다시 송풍량을 증가시켜야 한다(그림 5.2(b)). 이는 식 (5.2)의 $K_L$에 난기류의 강도로 결정되는 누입안전계수 $m$을 곱해야 하는 이유이다. $K_L \times m$을 설계유량비로 부르며 $K_D$라는 기호로 표시한다. 이 관계를 식으로 나타내면 다음과 같다.

$$\begin{aligned}\begin{matrix}\text{리시버식 후드의}\\ \text{필요송풍량}(Q_3)\end{matrix} &= \begin{matrix}\text{오염원에서 발생하는}\\ \text{오염기류의 양}(Q_1)\end{matrix} \times \left(1 + \begin{matrix}\text{누입안전}\\ \text{계수}(m)\end{matrix} \times \begin{matrix}\text{누입한계}\\ \text{유량비}(K_L)\end{matrix}\right) \\ &= \begin{matrix}\text{오염원에서 발생하는}\\ \text{오염기류의 양}(Q_1)\end{matrix} \times \left(1 + \begin{matrix}\text{설계유량비}\\ (K_D)\end{matrix}\right) \qquad (5.3)\end{aligned}$$

이것이 유량비법으로 필요송풍량을 계산할 때의 기본이 되는 식이다.

## 5.2 누입한계유량비와 누입안전계수

누입한계유량비 $K_L$은 오염기류의 양 $Q_1$과는 관계가 없고 오염원의 형태와 후드 형식, 그것의 상대적인 치수만으로 결정되는 값이다. 일본의 하야시 교수는 여러 가지 형태의 오염원과 후드의 조합에 대해서 기류 성질을 연구, $K_L$을 계산하기 위해 몇 개의 실험식을 제안했다. 이 식들을 표 5.1에 정리하였다.

**표 5.1 • 후드 형식, 형태, 길이비 등의 조건에 따른 누입한계유량비 $K_L$의 계산식**

| 후드 형식 | 그림 예 | 형태길이비 등의 조건 | 누입한계유량비의 계산식 |
|---|---|---|---|
| 오염공기의 발생방향과 흡인방향이 같은 경우(2차원)<br>① 2측면개방<br>② 1측면개방 | ① 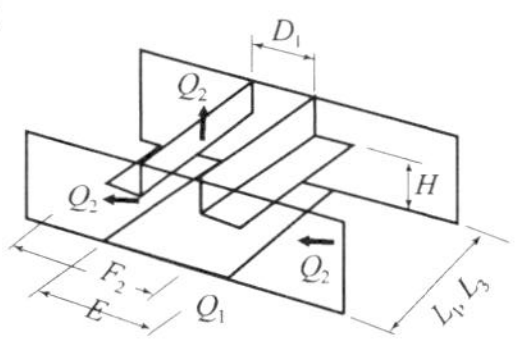 ② 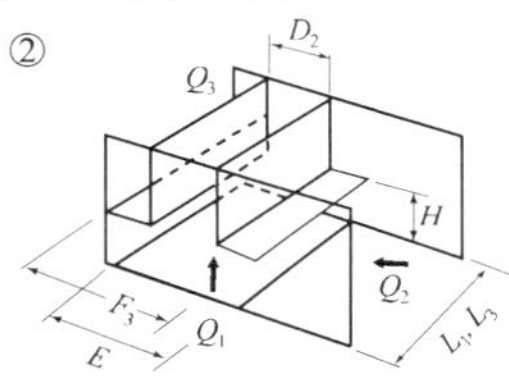 | $D_3/E > 0.2$<br>$H/E \leq 0.7$<br>$1.0 \leq F_3/E \leq 1.5$ | $K_L = 0.2(H/E) \cdot$<br>$[0.6(F_3/E)^{-1.3}+0.4]$ |
| 오염공기의 발생방향과 흡인방향이 같은 경우(3차원)<br>(오염원이 사각형인 경우)<br>③ 4측면 개방<br>④ 3측면 개방<br>⑤ 2측면 개방<br>⑥ 1측면 개방 | ③ 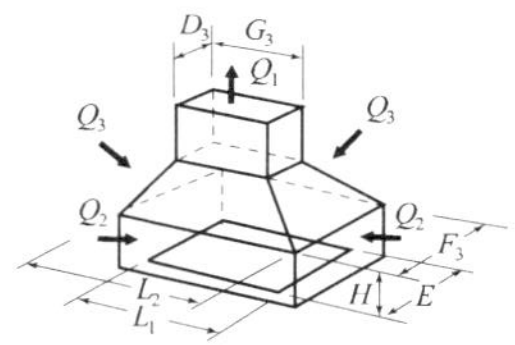 ④ 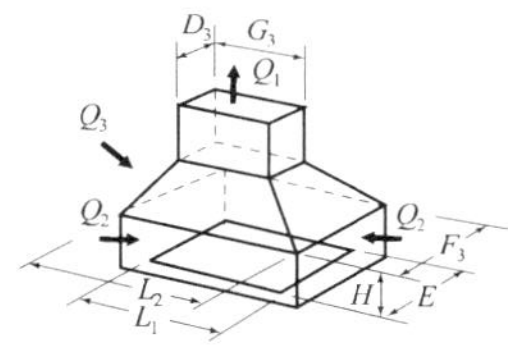<br>⑤ 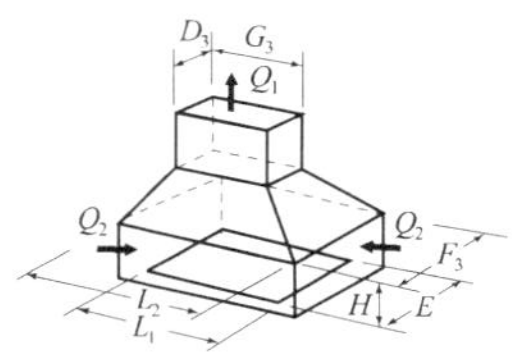 ⑥ 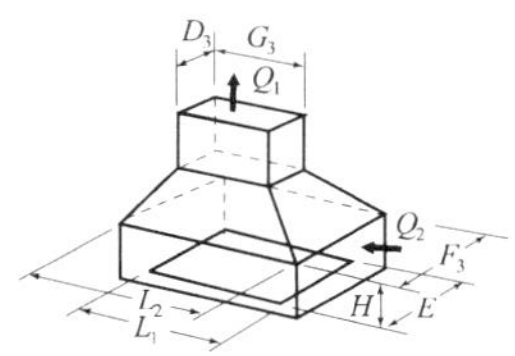 | $D_3/E \geq 0.3$<br>$H/E \geq 0.7$<br>$1.0 \leq F_3/E \leq 1.5$<br>$0.2 \leq \gamma \leq 1.0$ | $K_L = [1.4(H/E)^{1.5}+0.3] \cdot$<br>$[0.4(F_3/E)^{-3.4}+0.1]$<br>$\times(\gamma+1)$ |
| 오염공기의 발생방향과 흡인방향이 같은 경우(3차원)<br>(오염원이 둥근 경우)<br>⑦ 4측면 개방<br>⑧ 3측면 개방<br>⑨ 2측면 개방<br>⑩ 1측면 개방 | ⑦ 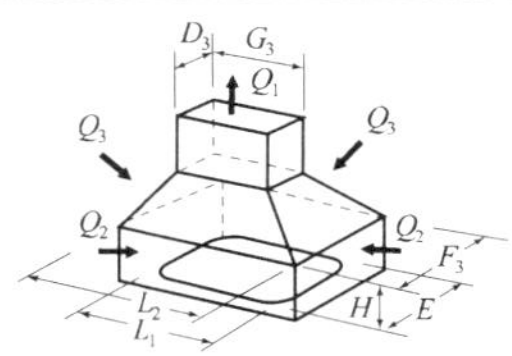 ⑧ 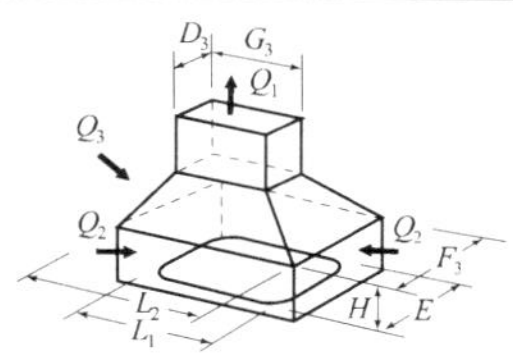<br>⑨ 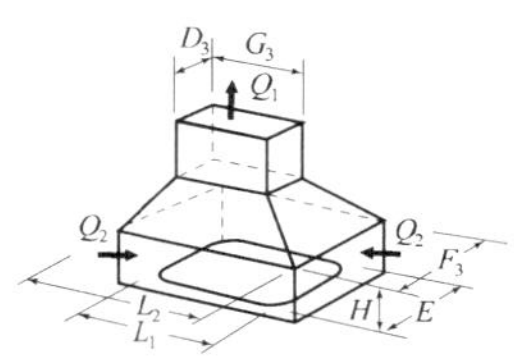 ⑩ 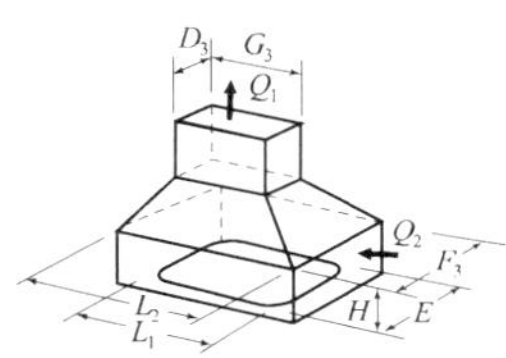 | $D_3/E \geq 0.3$<br>$H/E \leq 0.7$<br>$1.0 \leq F_3/E \leq 1.5$<br>$0.2 \leq \gamma \leq 1.0$ | $K_L = 0.2(H/E+1.0)^{2.6} \cdot$<br>$[(F_3/E)^{-1.4}+0.4]$<br>$\times(\gamma^{0.06}-0.6)$ |

| 후드 형식 | 그림 예 | 형태길이비 등의 조건 | 누입한계유량비의 계산식 |
|---|---|---|---|
| 오염공기의 발생방향과 흡인방향이 직각인 경우(2차원)<br>⑪ 외부식 슬로트형 | ⑪ 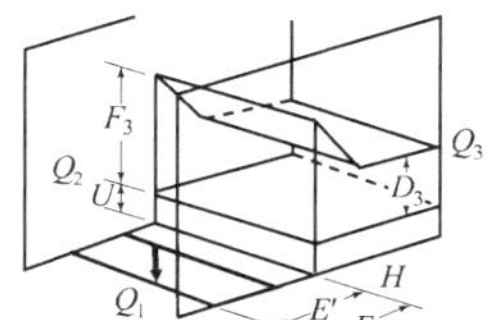 | $F_3/D_3 \geqq 2.0$<br>$\theta = 0°$<br>$0.2 \leqq F_3/E' \leqq 1.5$<br>$0 \leqq U/E' \leqq 1.6$<br>$0.05 \leqq H/E' \leqq 0.5$ | $K_L = 0.14 \cdot [10^{0.1F/E'} \cdot$<br>$(F_3/E')^{-0.25} \cdot$<br>$(1-H/E')^{-1}]$<br>단, $E' = E - H$ |
| 오염공기의 발생방향과 흡인방향이 직각인 경우(3차원)<br>⑫ 오염원이 사각형인 경우 | ⑫ 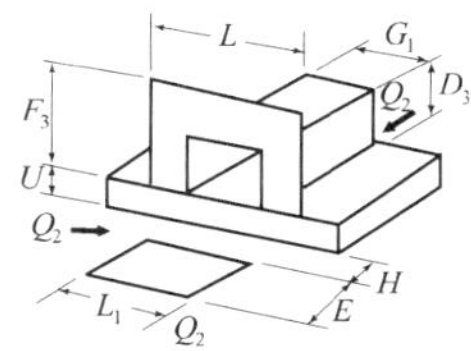 | $F_3/D_3 \geqq 2.0$<br>$0.7 \leqq F_3/E \leqq 2.5$<br>$0 < \gamma \leqq 2.0$<br>$0 \leqq H/E \leqq 1.0$<br>$0 \leqq U/E \leqq 2.5$ | $K_L = [1.5(F_3/E)^{-1.4} - 2.5] \cdot$<br>$(\gamma^{1.7} + 0.2) \times [(H/E)^{1.5} + 0.2$<br>$[0.3(U/E)^{2.0} + 1.0]$ |
| 오염공기의 발생방향과 흡인방향이 직각일 경우(3차원)<br>⑬ 오염원이 둥근 경우 | ⑬ 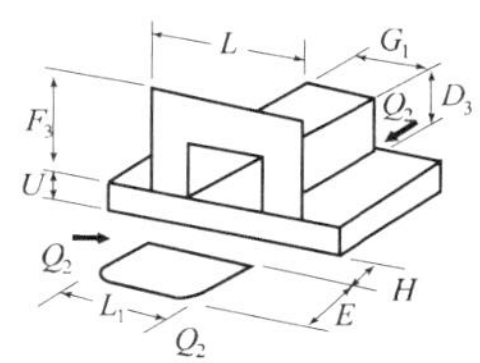 | $F_3/D_3 \geqq 2.0$<br>$0.7 \leqq F_3/E \leqq 2.5$<br>$0 < \gamma \leqq 2.0$<br>$0 \leqq H/E \leqq 1.0$<br>$0 \leqq U/E \leqq 2.5$ | $K_L = [(F_3/E)^{-1.6} + 2] \cdot$<br>$(\gamma^{1.7} + 0.2) \times [(H/E)^{1.4} - 0.2$<br>$[0.5(U/E) - 1.0]$ |

표 5.1은 일반적인 리시버식 후드의 $K_L$을 구하는 계산식으로 용융로와 같은 열원에서 발생하는 상승기류를 리시버식 캐노피형 후드로 흡인하는 경우의 $K_L$에 대해서는 또 다른 실험식이 제안되었다. 또 누입안전계수 $m$에 대해서 하야시 교수는 표 5.2 값을 제안하고 있다. 이 값은 일반적인 리시버식 후드뿐만 아니라 열원에서 발생하는 상승기류를 흡인하는 캐노피형 후드인 경우에도 해당된다.

표 5.2 • 난기류의 크기와 누입안전계수

| 난기류의 크기(m/s) | 누입안전계수($m$) |
|---|---|
| ~ 0.15 | 5 |
| 0.15 ~ 0.3 | 8 |
| 0.3 ~ 0.45 | 10 |
| 0.45 ~ 0.6 | 15 |

## 5.3 유량비법에 의한 필요송풍량 계산순서

일반적인 리시버식 후드의 필요송풍량 $Q_3$를 유량비법으로 구하는데 있어 다음과 같은 순서대로 계산을 해야 한다.

① 오염원과 후드 형태, 설치위치에서 계산에 필요한 제원 $E$(오염원의 폭), $F_3$(개구면의 폭), $H$(후드의 설치 거리), $U$(후드의 설치 높이), $\gamma$(후드의 종횡비) 등을 구한다. 단, 오염원과 후드의 상대적인 규격비는 표 5.1의 형상비 등 조건의 범위에 들어있는 것이 필요하다.

② 표 5.1의 식을 써서 누입한계유량비 $K_L$을 계산한다.

③ 표 5.2에서 누입안전계수($m$)의 값을 선정한다. 단, 난기류의 크기는 미리 미풍속계로 측정해서 구해둔다.

④ 오염기류 발생속도와 발생면적을 측정하여 발생량 $Q_1$을 계산한다.

⑤ $Q_1$, $m$, $K_L$을 식 (5.3)에 대입해서 $Q_3$를 계산한다.

이상이 유량비법에 의한 필요송풍량 계산 순서이지만 아는 바와 같이 유량비법에서는 오염기류의 발생량 $Q_1$을 토대로 해서 계산하기 때문에 특히 오염기류의 발생이 없는 경우나 오염기류의 발생량이 실측 혹은 추정되지 않는 경우에는 사용할 수 없다. 이와 같은 경우에는 제어속도법을 사용하는 방법이 좋을 것이다.

## 5.4 열원에 설치한 캐노피형 후드의 필요송풍량

유량비법의 응용예로 용융로, 열처리로, 배소로 등의 열원에 설치한 리시버식 캐노피형 후드의 송풍량 계산방법에 대해 설명하고자 한다. 열원으로부터 대류에 의하여 상승하는 열기류가 위로 올라갈수록 주위로부터 유도기류를 빨아들이면서 퍼진다는 것은 설명한 것과 같지만 이 상태를 좀더 상세하게 관찰하면 열기류는 열원의 바로 위에 조금 확산되고 다음에 다소 수축했다가 다시 넓게 퍼지면서 상승한다. 이 경우 주위에 커다란 난기류가 없으면 퍼지는 각도가 약 20°이다. 실제로는 아무리 바람이 적은 실내에서도 다소의 난기류는 있기 때문에 그 영향을 고려하여 리시버식 캐노피형 후드는 보통 그림 5.3과 같이 열원의 주위에 퍼짐각도 40°를 갖는(열원의 주위에 높이 0.8배의 덮개를 더한다) 크기로 한다.

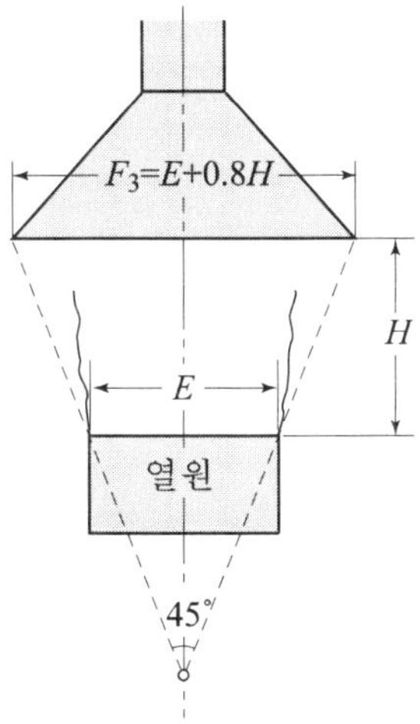


그림 5.3 열기류가 퍼지는 각도에 따른 캐노피형 후드의 단면

또 캐노피형 후드는 가능한 열원 바로 위 아주 낮은 위치에 설치하는 것이 효과가 좋지만 특히 열원에서 후드 하단까지의 높이 $H$와 열원 크기 $E$(열원을 위에서 본 형태가 원형인 경우는 직경, 정사각형인 경우는 변이 길이, 직사각형의 경우는 짧은 변의 길이)의 비, 즉 높이비가 0.7보다 커지면 급격히 누입한계유량비 $K_L$이 크게 되어 효율이 나빠지게 되므로, 높이비 $H/E$가 0.7 이하로 되도록 높이를 정해야 한다. 높이비 $H/E$가 0.7 이하인가, 0.7보다 큰 가에 따라 누입한계유량비의 계산식도 달라진다.

## 5.5 열상승 기류의 양을 구하는 방법

유량비법을 이용해서 필요송풍량을 계산하기 위해서는 우선 오염원에서 발생하는 오염기류의 양 $Q_1$을 아는 것이 필요한데 이 경우에 열원에서 상승하는 열기류의 양이 $Q_1$이다. 열상승 기류량을 구하는 계산법은 앞에서도 나온 헤몬(Hemeon)이나, 대기오염의 확산 모델연구로 유명한 세턴(Sutton)이 여러 가지 실험식을 제안하고 있지만 여기서는 하야시 교수가 제안한 계산식을 이용하여 계산하는 순서를 설명한다.

① 후드의 가상높이 $Z$의 값을 표 5.3 계산식을 사용하여 계산한다. $Z$의 계산식은 높이비 $H/E$에 따라 달라진다.

표 5.3 • 가상높이 $Z$의 계산식

| 높이비 | $H/E \leq 0.7$ | $H/E > 0.7$ |
|---|---|---|
| $Z$의 계산식 | $Z = 2E$ | $Z = 0.74(2E + H)$ |

② 상승기류와 주위공기의 온도차 $\Delta t$의 값은 표 5.4의 계산식을 사용한다. 식 중의 $t_m$은 열원의 온도(℃)이다.

표 5.4 • 온도차 $\Delta t$의 계산식

| 높이비 | $H/E \leq 0.7$ | $H/E > 0.7$ |
|---|---|---|
| $\Delta t$의 계산식 | $\Delta t = t_m - 20$ | $\Delta t = (t_m - 20) \cdot [(2E + H)/2.7E]^{-1.7}$ |

③ 열원 형태로부터 표 5.5의 종횡비 $\gamma$를 구한다.

표 5.5 • 열원의 종횡비 $\gamma$

| 열원을 위에서 보았을 때의 형태 | 열원의 종횡비 $\gamma$ |
|---|---|
| 원형, 정사각형 | 1 |
| 원에 준하는 형 | 짧은 지름/긴 지름 |
| 정사각형 | 짧은 변/긴 변 |

④ 다음 식 (5.4)에 위의 값을 대입하여 열상승 기류의 양을 계산한다.

$$\begin{pmatrix}\text{열상승 기류의 양}\\(Q_1)\,(\text{m}^3/\text{min})\end{pmatrix} = \frac{0.57}{\text{열원의 종횡비}(\gamma)} \times \left[\begin{pmatrix}\text{열원의 투영면적}\\(A)(\text{m}^2)\end{pmatrix} \times \begin{pmatrix}\text{열원의 종횡비}\\(\gamma)\end{pmatrix}\right]^{0.33} \times [\text{온도차}(\Delta t)\,(^\circ\text{C})]^{0.45} \times [\text{가상높이}(Z)\,(\text{m})]^{1.5} \quad (5.4)$$

## 5.6 열상승 기류에 대한 누입한계유량비를 구하는 방법

일반적인 리시버식 후드의 누입한계유량비 $K_L$을 구하는 계산식에 대해서는 표 5.1에 열거한 바와 같지만 열상승 기류와 주위에서 흘러 들어오는 유도기류의 온도차가 클 경우에는 기류 속의 주위에서 국부적인 와류가 생기기 때문에 온도차가 없는 경우에 비해 유도기류의 양이 증가해서 결과적으로 누입한계유량비 $K_L$의 값을 크게 하지 않으면 기류가 후드로부터 새어나가는 일이 발생한다.

표 5.6은 열상승 기류를 캐노피형 후드로 흡인하는 경우 누입한계유량비 $K_L$의 계산식으로 이 경우 $K_L$은 열원 형태, 종횡비 $\gamma$, 후드의 높이비 $H/E$와 덮개비 $F_3/E$ ($F_3$은 후드가 원형인 경우는 직경, 정사각형인 경우는 한 변의 길이, 직사각형인 경우는 짧은 변의 길이를 나타낸다), 여기에 온도차 $\Delta t$ 등이 함수가 된다.

표 5.6의 계산식은 어느 것이나 하야시 교수가 연구한 것을 사용하기 쉬운 형태로 정리한 것으로 온도차가 750℃ 정도까지 적용할 수 있다.

표 5.6 • 열상승기류에 대한 누입한계유량비 $K_L$의 계산식

| 높이비 / 열원의 모양 | $H/E \leq 0.7$ | $H/E > 0.7$ |
|---|---|---|
| 원 형 | $K_L = [0.08(H/E)+1)^{2.6}-0.02] \times \left[\frac{1.05}{(F_3/E)^{1.4}}+0.4\right] + 0.0012\Delta t$ | $K_L = 0.21[(0.5H+E)/F_3]^{1.4}+0.21 + 0.0012\Delta t$ |
| 원에 준하는 모양 | $K_L = [0.08(H/E)+1)^{2.6}-0.02] \times \left[\frac{1.05}{(F_3/E)^{1.4}}+0.4\right] \times [2.5(\gamma+0.01)^{0.06}-1.5] + 0.0012\Delta t$ | $K_L = \{0.21[(0.5H+E)/F_3]^{1.4}+0.12\} \times [2.5(\gamma+0.01)^{0.06}-1.5] + 0.0012\Delta t$ |
| 정사각형 | $K_L = [1.4(H/E)^{1.43}+0.25] \times \left[\frac{0.82}{(F_3/E)^{3.4}}+0.18\right] + 0.0012\Delta t$ | $K_L = 0.32[(0.5H+E)/F_3]^{3.4}+0.2 + 0.0012\Delta t$ |
| 직사각형 | $K_L = [1.4(H/E)^{1.43}+0.25] \times \left[\frac{0.82}{(F_3/E)^{3.4}}+0.18\right] \times [0.53\gamma+0.47]+0.0012\Delta t$ | $K_L = \{0.32[(0.5H+E)/F_3]^{2.4}+0.2\} \times (0.53\gamma+0.47) + 0.0012\Delta t$ |

## 5.7 열상승 기류에 대한 필요송풍량의 계산순서

열원에서의 상승기류를 캐노피형 후드로 흡인하는 경우의 필요송풍량 $Q_3$을 유량비법으로 구할 때는 다음 순서대로 계산을 진행한다.

① 계산에 필요한 제원, 즉 $E$(열원의 폭), $F_3$(후드 개구면의 폭), $H$(후드의 설치 높이), $\gamma$(열원의 종횡비), $F_3/E$(후드의 덮개비), $t_m$(열원의 온도), $\Delta t$(기류의 온도차) 등을 구한다.

② 식 (5.4)를 사용하여 열상승 기류의 양 $Q_1$을 계산한다.

③ 표 5.6의 식을 사용하여 누입한계유량비 $K_L$을 계산한다.

④ 표 5.2에서 누입안전계수 $m$의 값을 선정한다. 단, 난기류의 크기는 미리 미풍속계로 측정하여 구해둔다.

⑤ $Q_1$, $m$, $K_L$을 다음식 (5.5)에 대입해서 필요송풍량 $Q_3$을 계산한다.

$$\begin{pmatrix}\text{캐노피형 후드의}\\\text{필요송풍량}(Q_3)\end{pmatrix} = \begin{pmatrix}\text{열상승}\\\text{기류량}(Q_1)\end{pmatrix} \times \left(1 + \begin{matrix}\text{누입안전}\\\text{계수}(m)\end{matrix} \times \begin{matrix}\text{누입한계}\\\text{유량비}(K_L)\end{matrix}\right) \tag{5.5}$$

## 5.8 푸쉬풀(Push-pull) 배기장치

송풍량의 계산에 유량비법을 사용한 것이 잘 맞는 또 하나의 예로 푸쉬풀 배기장치가 있다. 흡인기류의 풍속은 후드의 개구면에서 약간 멀어지면 거리 제곱에 반비례해서 급격히 약해져 흡인효과를 상실하고 만다. 마치 전기청소기로 마루를 청소하는 경우에 아무리 강력한 청소기라도 솔끝에서 1 m 정도 떨어진 곳의 먼지를 빨아들이지 못하는 것과 똑같다. 그래도 무리하게 흡인, 배출하려면 필요송풍량이 너무 커져서 작업장은 태풍이 부는 것과 같이 되고 말 것이다.

이에 반해 토출기류는 일반적으로 토출구로부터 다소 떨어져 있어도 스피드가 떨어지지 않는다는 특징이 있다. 즉, 토출기류는 비교적 멀리까지 도달한다(그림 5.4)

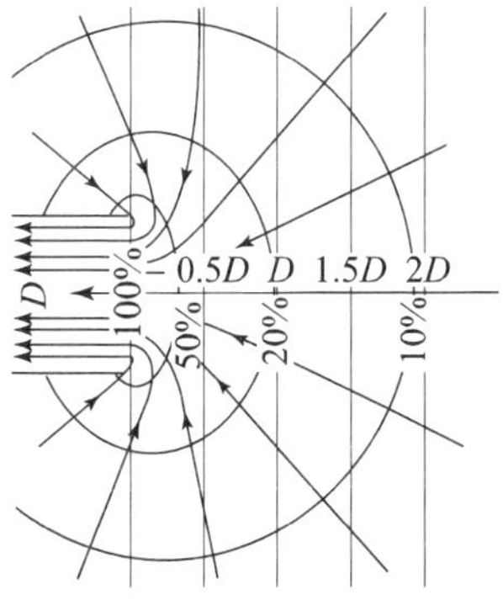


(a) 흡인기류

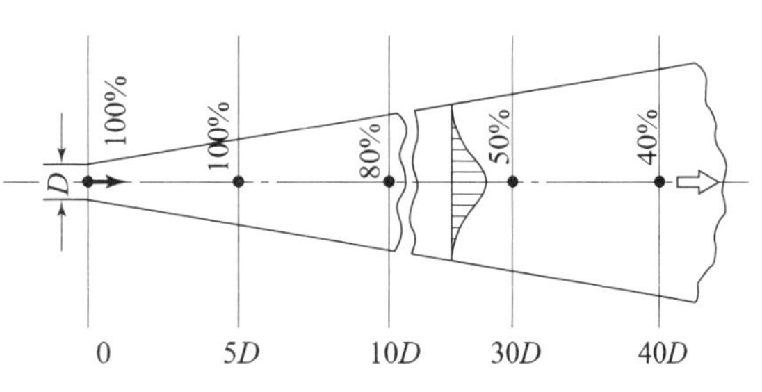


(b) 토출기류

그림 5.4 흡인기류와 토출기류의 운동특성

그래서 흡인후드의 앞에 마치 개구면 양쪽이 서로 맞보고 있는 형태로 다른 하나의 후드를 설치하여 거기서 기류를 불어낸다면 어떻게 될까? 이 경우는 토출기류와 흡인기류가 합해져서 두 개의 후드 사이에 비교적 안정된 기류의 층이 생긴다. 더욱이 이 경우는 두 개 후드의 거리가 다소 떨어져 있어도 기류는 자연스럽게 흐른다. 이것이 이른바 에어커튼(air curtain)이라 불리는 것이며, 에어컨을 틀어놓고 있는 백화점의 출입구 등에 사용하고 있는 것이다. 에어커튼은 현재 작업장, 예를 들면 도금조와 산세척조, 용제를 사용하는 탈지세정조 등에 국소배기 대신으로 사용하였으나 그다지 잘 처리되지 않는 경우가 많았다. 그 원인은 설계방법에 문제가 있고 기존의 에어커튼인 경우에 토출구의 폭을 작게 하고 토출기류속도를 크게(5~10 m/s) 하여, 기류층의 두께를 가능한 작게 하였던 것이 실패의 원인이었다.

하야시교수는 에어커튼의 설계에도 유량비법을 응용하면 잘 된다는 것을 찾아내 푸쉬풀환기의 표준적인 설계법을 제안했다. 왜 여기에서 에어커튼이라고 부르는 명칭을 적용하지 않고 푸쉬풀 환기하고 이름을 붙였나 하면 하야시 교수의 연구결과, 토출기류와 흡인기류로 오염물질 확산을 컨트롤하기 위해서는 토출기류의 이송속도가 너무 크지 않게, 기류층은 어느 정도로 두껍게 하는 것이 효과가 좋다는 것을 알게 되어 이미 커튼이라는 이미지가 그다지 어울리지 않았기 때문이다.

푸쉬풀의 뜻은 「밀고 당긴다」라는 의미로 푸쉬풀(push-pull) 배기는 마치 험한 언덕길을 오르는 열차의 앞과 뒤에 기관차를 연결하여 앞에서 당기고 뒤에서 밀고 하는 모습과 비슷한 원리로 생긴 말이다.

## 5.9 푸쉬풀(push-pull) 배기장치의 구성

푸쉬풀(push-pull) 배기를 행할 때는 두 개 후드를 개구면이 서로 마주 보도록 설치하고 한쪽을 토출용(push 후드), 다른 한쪽을 흡인용 후드(pull 후드)로 하여 사용한다. 두 개의 후드는 각각 푸쉬측 송풍관 시스템계, 풀측 송풍관 시스템계에 속하지만 송풍관 시스템계의 설계에서는 보통의 국소배기장치의 송풍관 시스템과 특별히 다른 점은 없다. 푸쉬풀 배기장치의 두 개 후드 사이에 생기는 기류(push-pull 기류)는 오염물질의 흡인 제거만이 아니고, 여러 가지 방법으로 응용할 수 있으나 다음 세가지 항목으로 분류하고 있다.

① 푸쉬풀형 국소배기장치 – 유해한 가스, 증기 혹은 먼지를 발생하는 국소에서 흡인, 배출하는 설비
② 푸쉬풀형 입체식 환기장치 – 작업시 신선한 공기를 공급해서 유해한 가스, 증기 혹은 먼지를 흡인, 배출하는 설비
③ 푸쉬풀형 차단장치 – 유해한 가스, 증기 혹은 먼지, 고열 등에서 근로자를 차단시키는 설비

또 이것들 중에서 ① 유기용제가 들어있는 탈지세정조나 특정화학물질의 액체가 들어 있는 도금조와 같은 개방조의 개구부에 설치한 푸쉬풀형 국소배기장치와 ② 자동차의 차체 등 도장실에 설치한 푸쉬풀형 일체식 환기장치에 대해서는 구조와 성능의 요건 및 취급의 기준이 'Industrial Ventilation (ACGIH)'에 상세히 제시되어 있으므로 설치할 때에 그것을 참조하기 바란다.

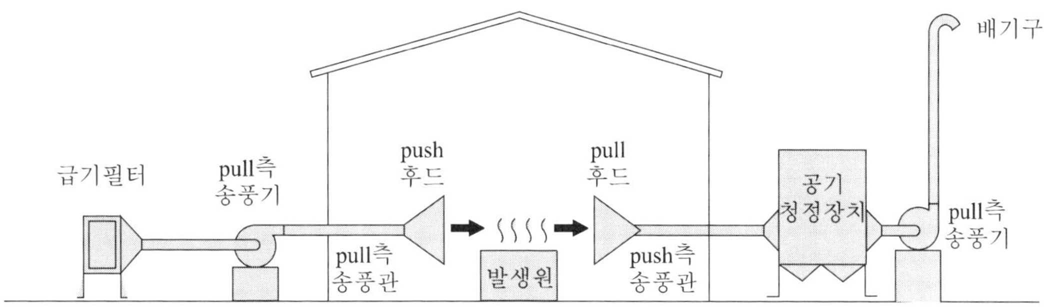


그림 5.5 푸쉬풀 배기장치의 구성

## 5.10 푸쉬풀형 국소배기장치의 간이설계법

푸쉬풀형 국소배기장치 혹은 차단장치를 훌륭하게 설계하는 것은 대단히 어렵지만 계산도를 사용하여 행하는 비교적 쉬운 설계법을 소개한다.

그림 5.6은 개방조의 개구부에 설치한 국소배기장치를 예로 들고 있지만 차단장치의 경우도 똑같다. 설계는 다음 순서에 따라 행한다.

① 설치하는 장소의 조건으로부터 푸쉬풀 거리 $H$와 후드의 폭 $L$이 정해진다.
② 풀측의 플랜지 높이 $F_3$를 $H$의 1/5 이상으로 되도록 가능한 한 크게 정한다.

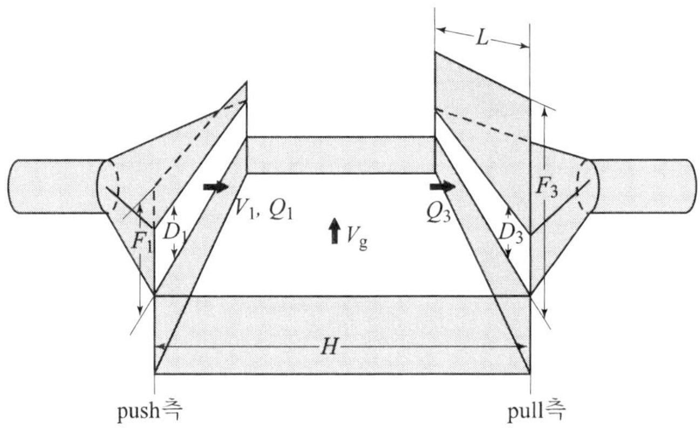


그림 5.6 푸쉬풀형 국소배기장치의 각종 치수

③ 푸쉬후드 개구의 폭 $D_1$을 $H$의 1/30 이상이 되도록 가능한 크게 정한다. $D_1$은 $H$의 1/10~1/5로 하면 양호한 결과가 얻어진다.

④ 여기에서 $F_3/D_1$을 계산해서 $F_3$가 $D_1$의 2~50배의 범위에 있는 것을 확인해 두는 것이 좋다. 만약 이 범위가 안될 경우에는 한 번 더 $F_3$와 $D_1$을 고쳐 결정한다.

⑤ 풀후드의 개구 폭 $D_3$를 $D_1$의 1/2~10배로 되게 정한다.

⑥ 푸쉬측의 플랜지는 없는 쪽이 양호한 결과가 얻어지나 부득이 부착할 경우는 플랜지의 높이 $F_1$을 가능한 작게 한다.

⑦ 표 5.7을 참고로 해서 오염공기의 발생속도 $V_g$를 가정한다.

표 5.7 • 오염공기의 발생속도, $V_g$

| 오염물질의 발생조건 | 예 | $V_g$ (m/s) |
|---|---|---|
| 조용한 대기중에 실제상 거의 속도가 없는 상태에서 발생하는 경우 | 액면에서 발생하는 가스, 증기, 흄 등 | 0.3 |
| 비교적 조용한 대기중에 저속도로 비산하는 경우 | 부스형 후드에서의 스프레이 도장작업, 단속적 용기채움작업, 저속콘베이어, 용접작업, 산세척 | 0.5 |
| 빠른 기류의 이동이 있는 작업장소에 활발히 발산하는 경우 | 작업, 도금작업, 크기가 작은 부스형 후드의 스프레이 도장작업 | 1.0 |
| 매우 빠르게 기류의 이동이 있는 작업장소에 높은속도로 비산하는 경우 | 분체채움작업, 컨베이어의 낙하구, 파쇄기 연삭작업, blast작업, tumbling작업 | 2.0 이상 |

⑧ $F_3/H$와 $H/D_1$값을 이용하여 그림 5.7에서 $V_1/V_g$의 값을 구하고 이 값에 $V_g$를 곱하여 토출속도 $V_1$(m/s)을 정한다.

예를 들면 푸쉬풀 거리 $H$가 1 m, 풀측 플랜지의 높이 $F_3$가 0.4 m, 푸쉬후드의 개구 폭 $D_1$이 0.1 m인 경우에 $F_3/H = 0.4$, $H/D_1 = 10$이므로 그림의 화살표와 같이 $V_1/V_g \fallingdotseq 2$, 즉 발생속도 $V_g$가 0.3 m/s가 되어 토출속도 $V_1 = 0.6$ m/s가 된다.

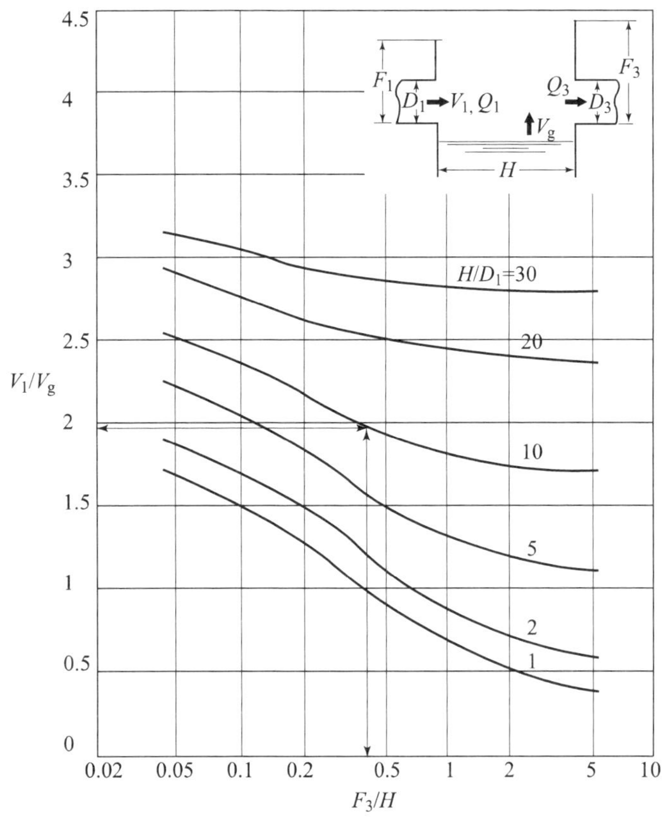


그림 5.7 푸쉬풀형 국소배기장치에서 $F_3/H$에 대한 $V_1/V_g$의 그래프

⑨ 푸쉬풍량 $Q_1$을 다음 식 (5.6)으로 계산한다.

$$\frac{\text{푸쉬풍량}}{(Q_1)(\text{m}^3/\text{min})} = 60 \times \frac{\text{토출속도}}{(V_1)(\text{m/s})} \times \frac{\text{푸쉬후드의 개구면적}}{(D_1 \times L)(\text{m}^2)} \quad (5.6)$$

앞의 예에서 $L = 2$ m이면 $Q_1 = 7.2$ m$^3$/min가 된다.

⑩ $V_1/V_g$, $H/D_1$ 및 $F_3/D_1$의 값에서 그림 5.8을 사용하여 푸쉬풀 유량비 $R$을 구한다.

앞의 예에서 $R$을 구하려면 우선 ① $V_1/V_g=2$인 점에서 위로 수직선을 긋고, $H/D_1=10$의 오른쪽 위 사선과의 교차점 ②에서 좌로 가로축에 평행선을 긋는다. 다음에 이 선과 $F_3/D_1=4$를 나타내는 수직선과의 교차점 ③을 구한다. 교차점을 지나는 왼쪽 위 사선이 왼쪽 세로축과 교차하는 점 ④의 숫자가 구하는 유량비 $R$을 나타내며 이 예에서 $R=9$가 된다.

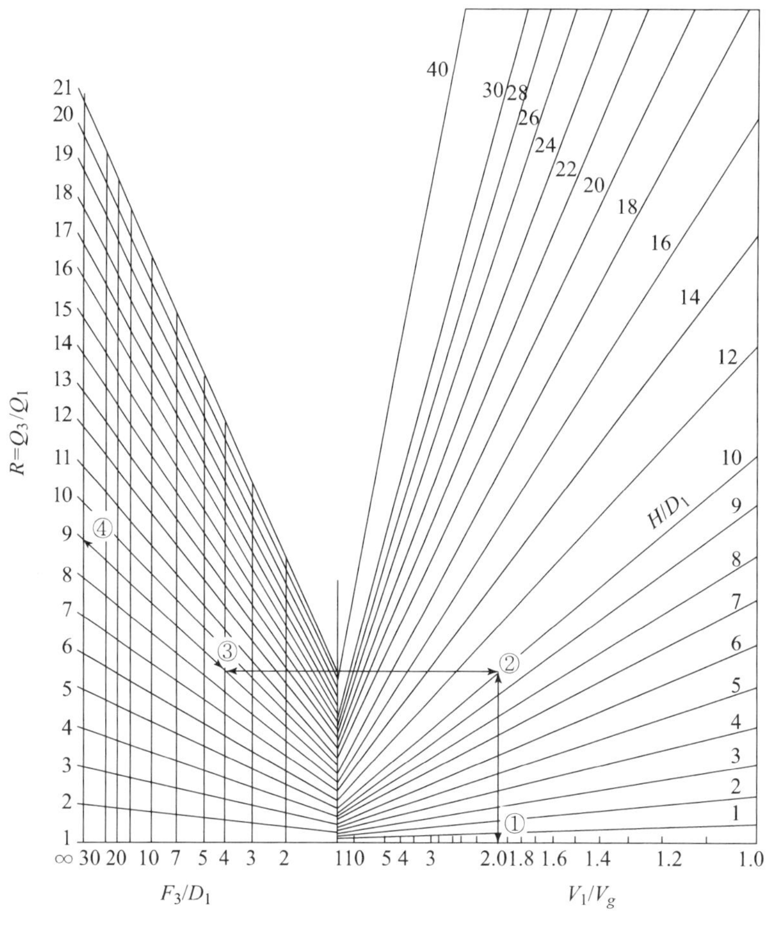


그림 5.8 푸쉬풀(push-pull)형 국소배기장치의 유량비 계산도표

⑪ $Q_1$과 $R$을 곱하여 풀후드의 필요송풍량 $Q_3$을 구한다.

$$\underset{(Q_3)(\mathrm{m^3/min})}{\text{풀후드의 필요송풍량}} = \underset{(Q_1)(\mathrm{m^3/min})}{\text{푸쉬풍량}} \times \underset{(R)}{\text{푸쉬풀 유량비}} \tag{5.7}$$

이 예에서 $Q_3 = 65\ \mathrm{m^3/min}$가 된다.

이상이 계산도를 이용하여 설명한 푸쉬풀형 국소배기장치 및 차단장치의 설계법 개략이지만, 푸쉬풀 기류층을 통과하여 사람이나 물건이 출입하는 경우에는 기류층의 두께가 사람이나 물건의 크기 이상이 되도록 $D_1$과 $D_3$를 크게 하고 또 $Q_3$는 식 (5.7)에서 얻어진 값의 1.3배로 할 필요가 있다.

CHAPTER 6

# 후드의 형식과 에너지 대책

## 6.1 필요송풍량 절약의 필요성

국소배기장치를 계획할 때에 중요한 것은 여러 가지이지만 그 중에서도 최소 송풍량으로 공기오염을 제어하는 일이 가장 중요한 일의 하나이다. 종전 국소배기의 성질이 잘 알려지지 않았을 무렵에는 안전을 위해서라고 말하며 제멋대로 송풍량을 크게 하는 경향이 있어 그로 인해 송풍관, 송풍기 등도 커지게 되어 설비비가 많이 들고 또 그에 따라 동력비도 비경제적이었다. 또한 최근에는 작업장에서도 냉·난방이 유지되면서 열손실도 의외로 많아졌다. 공기의 비열은 약 0.24 kcal/kg, 비중은 약 1.2 kg/m$^3$(20℃일 때)으로 여름, 겨울의 실내외 온도차가 10℃일 경우 송풍량이 100 m$^3$/min 많아지면 1일 8시간에 약 140,000 kcal의 열을 필요없이 손실하게 된다. 인쇄공장에서 인쇄잉크로 제2종 유기용제를 사용하고 있기 때문에 전체환기를 중지하고 국소배기를 설치하기로 했다. 그러나 제품의 품질유지상 용지의 신축을 막기 위해 어떻게 해서라도 유기용제 증기가 가장 많이 발생되는 인쇄롤러 부근의 온도, 습도를 조절할 필요가 있어서 국소배기설치와 동시에 불어 들어오는 공기(make up air)의 온습도 조절을 위해서 새로이 대형의 공조설비를 설치하게 되었다. 결국 공조설비가 국소배기설비의 두 배나 강하게 되어 공조동력비가 국소배기의 약 4배나 되었다.

국소배기가 예정된 기능을 발휘하기 위해서는 후드에서 흡입되는 것과 같은 양의 공기(make up air)가 어디에선가 들어와야 한다. 적당한 급기구가 설치되지 않은(대부분의 국소배기가 그렇다) 경우에 메이크업 에어는 창문 틈새로부터 강한 공기 흐름으로 흡인되어지므로 겨울철에 창가에 있는 작업자는 찬 바람을 정면으로 받는 일이 종종 발생한다.

## 6.2 포위식 후드의 필요송풍량 절약방법

필요송풍량을 절약하려면 어떻게 하면 좋을까? 포위식 후드의 경우 필요송풍량 $Q$는 다음 식으로 나타낸다.

$$\text{송풍량}(Q)\ (\mathrm{m^3/min}) = 60 \times k \times \text{제어속도}(V_c)\ (\mathrm{m/s}) \times \text{개구면적}(A_0)\ (\mathrm{m^2})$$

이 식에서 포위식 후드의 송풍량 $Q$를 절약하는 데는 개구면적 $A_0$와 풍속의 불균일에 대한 안전계수 $k$를 작게 하면 좋다는 것을 알 수 있다.

포위형 후드는 개구면적 $A_0$가 작아서 그 점이 유리하고 후드 내부가 크고 개구면적이 작으면 나중에 서술하는 잔류효과도 발휘되어 안전계수 $k$도 작게 할 수 있다. 그러나 포위형이라도 개구면에 가까운 위치에 기계설비의 부분 등이 있어서, 기류가 방해를 받게 되면 그 부분의 풍속이 저하되고 만다. 따라서 포위형 후드를 계획할 때에는 다음과 같은 사항에 주의하기 바란다.

① 포위는 조금 크게 하고 내부의 공기체적을 크게 하여 잔류효과를 발휘시킨다.
② 포위의 개구부와 기계설비의 부분이 너무 접근되지 않도록 한다. 단, 포위 내에서 발생된 분진이 퇴적하여 기계 가동부분의 마모를 빠르게 하는 등의 사례가 예상되는 경우에는 잔류효과를 다소 희생하더라도 포위 내부의 유속을 크게 하는 것도 괜찮다.

부스형 후드인 경우에는 우선 개구면적 $A_0$를 되도록 작게 하여야 한다. 또한 효과적으로 개구부를 막거나 비닐 커튼을 치는 등의 방법도 생각해 볼 수 있다.

부스형 후드에 안전계수 $k$를 작게 하는 데는 여러 가지 방법이 있다. 우선 송풍관의 테이크 오프의 위치가 중요하다. 큰 테이크 오프를 개구면의 정면에 설치한 경우에는 기류의 유선과 등속도면은 그림 6.1(a)와 같이 거의 이상적인 형태가 된다(이 경우의 $k$는 1.1 정도). 그러나 이렇게 붙이는 방법은 장소를 차지해서 곤란하다. 그림 6.1(b)는 흔히 설치하는 형식이나 가장 좋지 않은 형식이다. 이유는 등속도면의 모양을 보고 판단하기 바란다. 이 모양은 개구면의 위와 아래에 풍속이 10배나 차이가 있다. 이와 같은 사태를 피하기 위해서는 ① 부스 안을 되도록 깊게 하고 ② 개구면의 상부를 되도록 막고 ③ 테이크 오프는 되도록 구석에 부착하며 동시에 ④ 경사지게 하는 것이 필요하다. 여기에 테이크 오프의 전면에 방해판을 설치한 충만실(plenum chamber)을 만들면 좋을 것이다(그림 6.1(d) 참조)

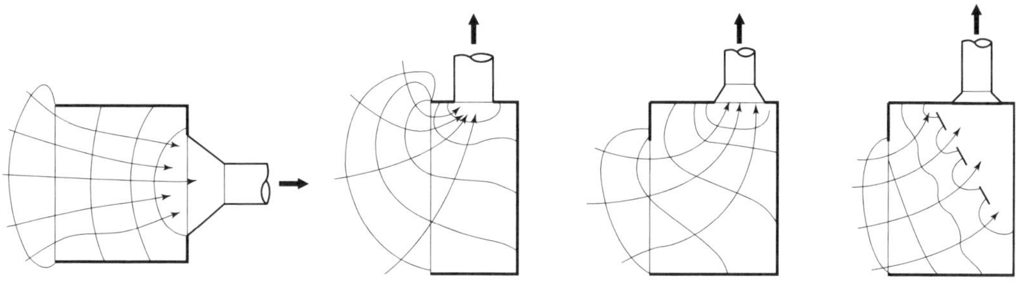

(a) (b) (c) (d)

그림 6.1 부스의 $k$를 적게 하는 방법

## 6.3 충만실(Plenum Chamber)의 이용

충만실(plenum chamber)을 잘 이용하면 개구면의 흡인풍속의 강약을 없앨 수가 있다. 충만실은 흡인에너지를 저장하여 두는 댐과 같은 것으로서 그 작용은 다음과 같다. 그림 6.2(a)와 같은 배관을 C에서 공기를 흡입할 경우 A와 B 2개의 입구로부터 흡입되는 공기의 양은 어느 쪽이 많은가? A에서 C쪽이 B에서 C보다 파이프의 길이가 짧고 저항이 적으므로 당연히 A에서는 많이 흡인되고 B에서는 그보다 적게 흡인된다.

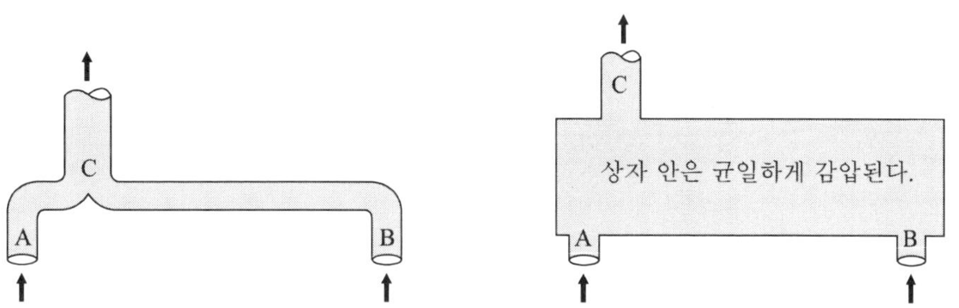


(a) A쪽이 저항이 적으므로 많이 흡입된다.

(b) 커다란 상자로 공간을 만들면 A, B에서 똑같이 흡입된다.

그림 6.2 충만실의 작용

그러면 A와 B에서 똑같이 흡입되도록 하기 위해서는 어떻게 하면 될까? 그것은 A에서 C까지의 저항과 B에서 C까지의 저항을 동등하게 함으로써 가능하다. 그 방법은 아래와 같다.

① C를 A와 B의 중심에 두어서 AB와 BC의 길이를 같게 한다.
② BC의 배관을 AC의 배관보다 굵게 하여 BC의 저항을 감소시킨다.
③ AC 배관 안에 무엇인가 장애물을 채워 넣어서 AC의 저항을 증가시킨다.

다른 방법으로 그림 6.2(b)와 같이 배관 대신에 큰 단면을 가진 상자를 설치해도 좋을 것이다. 그 이유는 상자의 단면적이 크기 때문에 상자 안은 C를 향하여 흐르는 기류속도가 감소하고 그 때문에 AC, BC 사이의 저항(압력손실이라 하며 기류속도의 제곱에 비례한다)이 A, B에서 상자로 유입될 때의 저항(유입의 압력손실이라 하며 유입속도의 제곱에 비례한다)에 비하여 아주 적게 되어 그 결과 AC의 저항도 BC의 저항과 거의 같아진다. 따라서 충만실을 유효하게 사용하기 위해서는 상자의 단면을 어느 정도 크게 할 필요가 있다. 충만실의 단면을 유입구 면적의 5배 이상(유속을 1/5 이하)으로 하면 효과가 있다고 한다.

## 6.4 외부식 후드의 필요송풍량 절약방법

이번에는 외부식 후드의 필요송풍량을 절약하는 방법에 대해 생각해 본다. 다음식은 외부식 후드 송풍량 $Q$의 계산식이다.

송풍량$(Q)$ $(\mathrm{m^3/min})$

$$= 60 \times k \times \text{제어속도}(V_c)\,(\mathrm{m/s}) \times \left[10 \times \begin{pmatrix}\text{개구면에서의}\\ \text{거리}(x)\,(\mathrm{m})\end{pmatrix}^2 \times \begin{pmatrix}\text{개구면적}\\ (A_0)\,(\mathrm{m^2})\end{pmatrix}\right]$$

이 식을 비롯해서 외부식 후드의 송풍량 계산식에는 어느 것이나 거리 $x$ (캐노피형 후드인 경우에는 높이 $H$)에 관한 항이 포함되어 있다. 여기서 외부식 후드의 송풍량 $Q$를 감소하려면 후드 개구면에서 발생원까지의 거리 $x$(캐노피형인 경우에는 높이 $H$)를 적게 할 필요가 있다. 특히 슬로트형, 캐노피형, 이외의 외부식 후드에서 거리 $x$는 제곱이 되므로 이 점에 주의하는 것이 중요하다. 물론 외부식 후드의 경우도 개구면적 $A_0$가 작은 쪽이 $Q$도 적어지지만 포위식의 경우와는 달리 외부식의 경우에는 아마 개구면적을 너무 좁게 하면 발생원을 완전하게 흡입기류로 덮을 수가 없어서 유해물질이 후드 안으로 포착되지 않고 달아나 버린다. 즉 외부식 후드의 송풍량을 절약하여 효과를 올리는 비결은 다음과 같다.

① 가능한 발생원의 형태와 크기에 맞는 후드를 선택하고 그 후드 개구면을 발생원에 가능한 접근시켜 설치한다.

② 후드 형식은 원형이든 사각형이든 잘 정돈된 형식으로 선택하고 한 가지로 국한시킬 필요는 없다.

③ 가능하면 발생원의 일부만이라도 후드 개구 안에 들어가도록 설치한다.

④ 후드 크기는 유해물질이 새지 않을 정도의 크기로 가능한 작은 편이 좋다.

⑤ 작업상 방해가 되지 않는 범위에서 가능한 한 플랜지, 칸막이, 커튼 등을 사용해서 주위에서 유입되는 쓸데없는 기류를 적게 한다.

⑥ 유해물질의 발생방향이 결정되어 있는 경우에는 개구면이 그 방향을 덮도록, 즉 리시버식 후드를 설치한다.

국소배기후드는 사업장의 형태에 따라 가장 적합한 설비를 해야 한다. 지금까지 후드 형식, 제어속도, 필요송풍량의 계산 등 후드에 관한 이야기는 일단 끝냈다. 만일 국소배기후드의 흡인이 충분하지 않으면 다시 한 번 지금까지 배워온 지식을 사용해서 송풍량을 다시 계산해 보기 바란다. 만일 송풍량이 부족하여 충분한 흡인 기류가 얻어지지 않고 있었다면 송풍기는 예정대로의 능력을 발휘하고 있을까? 후드를 더 발생원에 접근시킬 수 없을까? 개구면은 좀 더 작게 할 수 없을까? 후드에 플랜지나 칸막이를 부착시킬 수 없을까? 커튼과 칸막이는 쓸 수 없는가? 등등 여러 가지 방법을 다시 한 번 검토해 보기 바란다. 지금까지 배운 지식이 반드시 도움이 될 것이다.

## 연습문제

6-1 후드의 재료선정시 고려해야 할 사항에 대하여 설명하시오.

6-2 캐노피형 후드의 필요송풍량을 구하는 두 가지의 공식이 있다. 주어진 조건에 따른 공식을 쓰고 각각을 설명하시오.

6-3 후드의 단면적과 송풍관의 단면적의 관계를 설명하시오.

6-4 후드가 대형일 때는 판에 보강재를 설치하거나 두꺼운 재료를 사용해야 하는데 적합한 철판 두께의 범위는?

6-5 아래 그림과 같이 연마작업시 설치해야 할 후드의 명칭과 설치한 후드의 모양을 그림으로 그려 넣으시오.

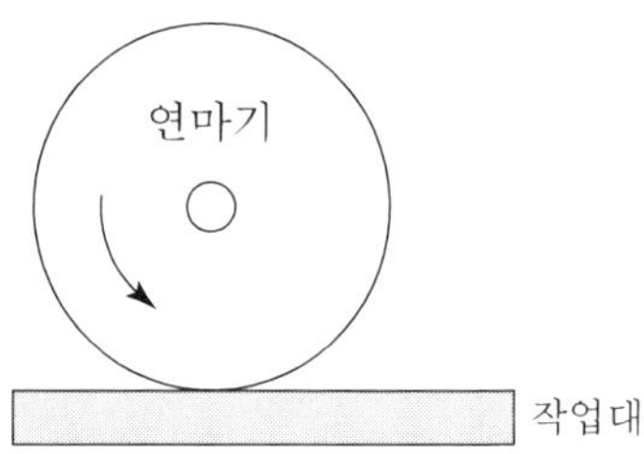


6-6 다음 물음에 후드의 종류를 쓰시오.
(1) 고열 용해로 위에 설치하기 적당한 후드는?
(2) 오염원을 충분히 둘러싼 후드로 발생되는 오염물질의 외부누출을 차단할 수 있는 후드는?

6-7 슬로트후드에서 처리유량이 50 $m^3$/min이고 슬로트개구면적이 0.05 $m^2$일 때 슬로트의 속도압은 몇 $mmH_2O$인가?

6-8 캐노피형(천개형) 후드가 사용되는 공정을 기술하시오.

**6-9** 플랜지가 부착된 후드의 특징을 기술하시오.

**6-10** 다음 그림과 같은 금속용해로, 열처리로, 배소로 등에서 많이 설치하는 후드명과 후드의 위치를 그려 넣으시오.

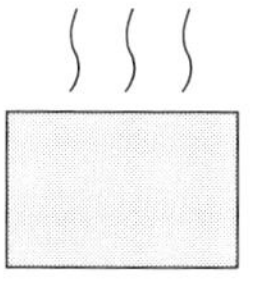

금속용해로

**6-11** 냉각가스가 발생하는 작업장에 캐노피형(천개형) 후드를 설치하였을 때 그 적합여부를 판정하고 이유를 밝히시오.

**6-12** 후드의 형식기호 중 'OR'은 어떤 형식인가?

**6-13** 후드를 간단히 정의하시오.

**6-14** 비중이 무겁고 비산력이 낮은 분진을 포집하려 할 때 어떤 방향의 후드를 설치하는 것이 유리한가?

**6-15** 포위식 후드와 외부식 후드의 특성을 나타내시오.

**6-16** 후드 선택시 가열로나 회전연마기와 같이 오염물질이 운동성을 가졌을 때만 사용가능한 후드의 종류를 서술하시오.

**6-17** 다음 그림은 에어커튼을 이용한 푸쉬풀 방식 후드의 흡인구와 분사구에서의 등속선이다. 노즐의 분사구, 토출구의 유속을 100%라 하고 분사구, 토출구의 내경을 D라 하면 기류속도가 50% 줄어드는 지점을 직경 D로 나타내어라.

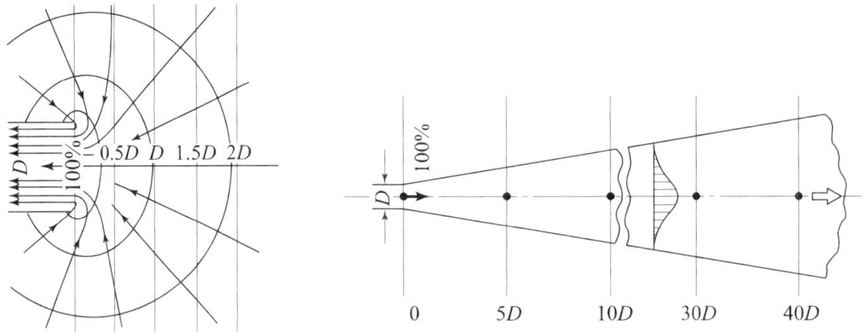


(a) 흡인기류 (b) 토출기류

**6-18** 후드의 유입계수 $C_e$가 0.72, 송풍관내 기류속도가 18 m/s일 때 후드의 압력손실은?

**6-19** 유입계수 $C_e$가 0.85인 후드의 압력손실계수 $F$는?

**6-20** 후드의 압력손실계수가 0.8이고 속도압이 30 $mmH_2O$일 때 압력손실은?

**6-21** 전압이 20 $mmH_2O$이고 정압이 15 $mmH_2O$이라면 동압은?

**6-22** 어떤 국소배기장치에서 유입계수 $C_e$가 0.62, 속도압이 30 $mmH_2O$일 때 이 후두의 압력손실은?

**6-23** 용광로를 이용하여 주형작업을 하는 주물공장이 있다. 이 작업장의 작업공정은 다음과 같다.

금속선철투입 용융작업(용광로) → 주형작업 → 탈사작업(주물사제거) →
선단 및 그라인더작업 → 완성제품

(1) 이 작업장에서 공기중 분진을 포집하는 여과포집장치의 원리와 포집에 적합한 여과지의 종류를 쓰시오.
(2) 용광로에 적합한 분진발생 억제설비는?
(3) 탈사작업시 적합한 분진발생 억제설비는?
(4) 주형작업(형틀에 주물붓기)에 적합한 분진발생 억제설비는?

CHAPTER

# 7 송풍관의 설계

## 7.1 송풍관 크기의 결정

후드 설계를 끝냈으면 다음은 송풍관의 설계에 들어간다. 송풍관 설계는 송풍관의 크기를 결정하는 것부터 시작하나 맨 처음으로 이해하여야 할 일은 송풍관의 단면적과 송풍량과 유속의 관계이며 다음과 같은 식으로 나타낸다.

$$\text{송풍량}(Q)\,(\mathrm{m^3/min}) = 60 \times \begin{pmatrix}\text{송풍관 내의 평균속도} \\ (V_d)(\mathrm{m/s})\end{pmatrix} \times \begin{pmatrix}\text{송풍관 단면적} \\ (A_d)\,(\mathrm{m^2})\end{pmatrix} \tag{7.1}$$

따라서 같은 송풍량일 경우 송풍관이 클수록 유속은 작고, 송풍관이 가늘수록 유속은 커진다. 송풍관의 내부로 공기가 흐르는 경우 마찰저항은 유속의 제곱에 비례하며 마찰저항을 적게 하여 동력비를 절약하는 데는 송풍관을 크게 하여 유속을 적게 하는 편이 이득이다. 그러나 공기 중에 분진과 같은 입자상물질이 함유되어 있는 경우에는 그것이 송풍관 내의 굽은 각도 등에 쌓여 막히지 않도록 송풍관을 좁게 하여 유속을 크게 해야 한다. 또 송풍관을 크게 제작하면 당연히 장소도 넓게 차지하고 시공비도 많이 든다. 반대로 주물사나 그라인더 연마가루 같은 단단한 입자상물질의 막힘을 피하기 위해 너무 큰 유속으로 흐르게 하면 송풍관의 내면이 빠르게 마모되어 수명이 짧아진다. 송풍관의 크기는 이처럼 여러 가지 요소를 감안하여 결정해야만 한다.

## 7.2 반송속도

바람이 강한 날에 비포장도로를 걷고 있으면 눈을 뜰 수 없을 정도로 흙먼지가 날릴 때가 있다. 그러나 바람이 약하게 되면 그곳에 떠있던 먼지가 가라앉아 공기는 깨끗하게 된다. 송풍관 안에서도 이것과 같은 일이 일어난다.

국소배기에서 분진을 흡인제거하는 경우에 송풍관 내에 분진이 쌓이지 않게 하기 위해 필요한 풍속을 반송속도라고 부르고 $V_T$라는 기호로 나타낸다. 반송속도라는 말은 원래 분체나 입자상 물질을 파이프를 통하여 운반하는 공기수송의 용어로 쓰여왔던 영어의 transport velocity(혹은 conveying velocity)를 직역한 것으로 기류의 힘으로 입자상물질을 운반하는데 필요한 최소속도라는 의미이다. 송풍관의 경우에도 분진을 막히게 하지 않고 운반한다는 의미로 이 용어를 채택하고 있다. 따라서 기류 속에 포함되어 있는 물질이 무거울수록, 그리고 부착되기 쉬울수록 반송속도를 크게 할 필요가 있다. 일반적으로 국소배기용 송풍관의 설계에는 표 7.1과 같은 반송속도가 사용된다.

표 7.1 • 일반적인 반송속도

| 오염물질 | 예 | 반송속도(m/s) |
|---|---|---|
| 가스, 증기, 미스트 | 각종가스, 증기, 미스트(mist) | 5~10 |
| 흄,<br>매우 가벼운 건조분진 | 산화아연, 산화알루미늄, 산화철 등의 흄(fume), 나무, 고무, 플라스틱, 면 등의 미세한 분진 | 10 |
| 가벼운 건조분진 | 원면, 곡물분, 고무, 플라스틱, 톱밥 등의 분진, 버프(buff) 연마분진, 경금속분진 | 15 |
| 일반 공업분진 | 털, 나무부스러기, 대패부스러기, 샌드블라스트, 글라인더분진, 내화벽돌분진 | 20 |
| 무거운 분진 | 납분진, 주물사, 금속가루분진 | 25 |
| 무겁고 습한 분진 | 습한 납분진, 철분진, 주물사, 요업재료 | 25 이상 |

## 7.3 송풍관과 이음매

그림 7.1은 국소배기에 최근 흔히 사용하는 스파이럴 송풍관(spiral duct)의 예이다. 단면이 원인 것은 직경 7.5 cm에서 1 m 이상의 크기까지, 다양한 직경인 것이 기성제품으로 시판되고 있다. 또 곡관(bend) (구부러진 각도 45° 및 90°, 곡률 1.0 및 1.5), 45° 합류 이음매(Y관), 확대축소용 직경이 다른 이음매(reducer), 끼우기 이음매(nipple) 등 여러 가지 편리한 부품(그림 7.2)도 있다.

또 기성제품의 송풍관에는 단면이 작은 타원형 송풍관(oval duct)도 시판되고 있고 천장이나 대들보 구석같은 좁은 장소에 큰 송풍관을 설치하지 않으면 안될 때에 편리하다. 물론 타원형 송풍관도 여러 가지 기성제품의 이음매가 있다.

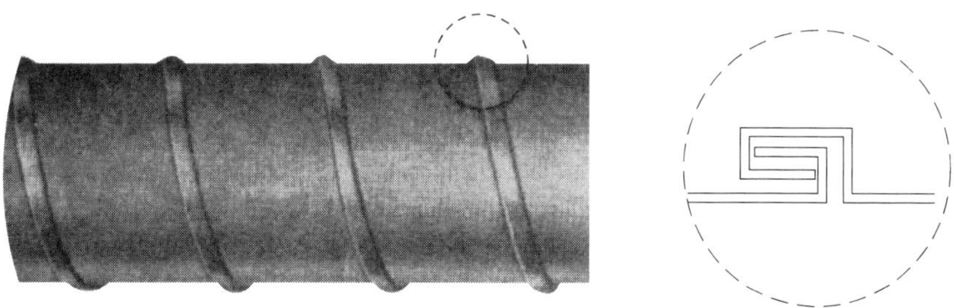

그림 7.1 스파이럴 송풍관(Spiral duct)

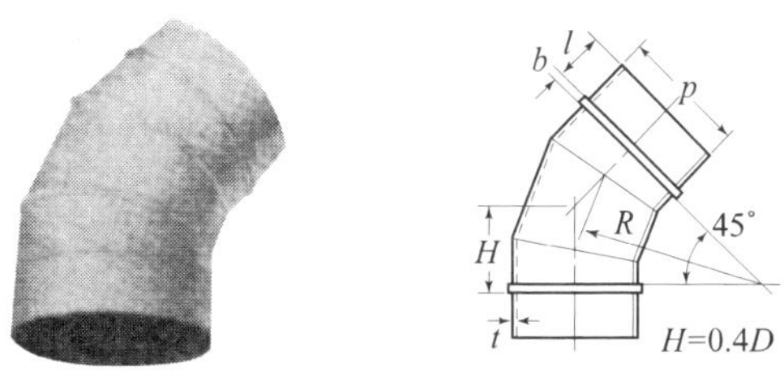


(a) 45° 곡관(Bend)

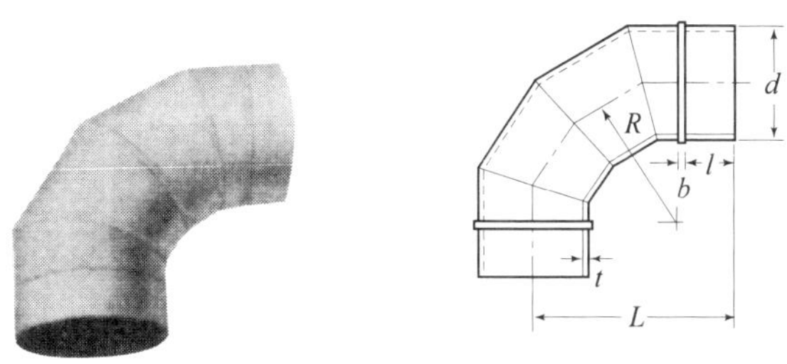


(b) 90° 곡관(Bend)

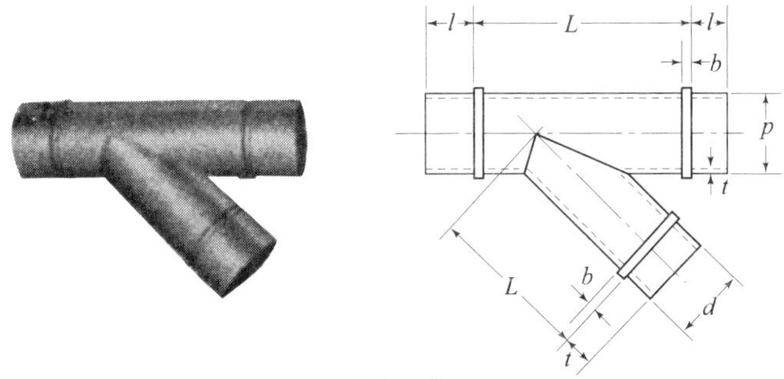


(c) 45° 곡관(Y관)

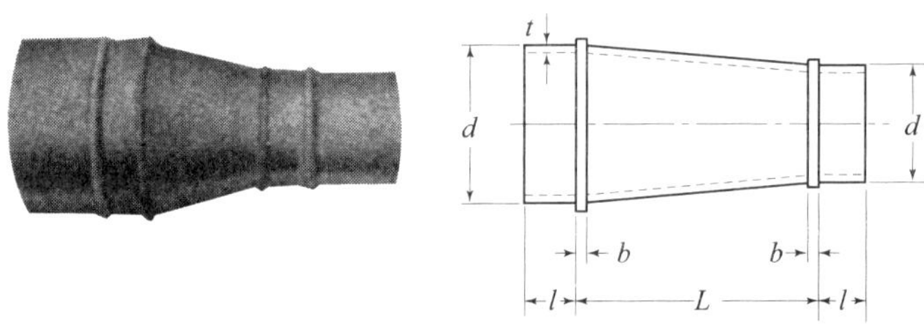


(d) 다른 직경의 이음(축소관)

그림 7.2 시판되는 스파이럴 송풍관용 이음매의 예

## 7.4 송풍관 크기와 에너지 대책

유기용제와 같이 막힐 염려가 없는 가스, 증기에 대해서는 공간이 허용된다면 되도록 송풍관을 크게 하고 유속을 적게 하는 편이 좋다. 송풍관의 마찰저항, 즉 압력손실은 유속의 제곱에 비례하고 동력도 그것에 비례한다. 유속은 송풍관 단면적에 반비례하므로 송풍관의 직경을 2배로 하면 유속은 1/4, 압력손실, 소요동력은 1/16로 감소된다.

최근에는 에너지 절약의 관점에서 국소배기의 운전비를 줄이기 위해서 막힐 염려가 없는 유기용제 등의 국소배기 송풍관으로 비교적 소규모인 것은 반송속도를 3~4 m/s로 한 설계가 흔히 행해지고 있다. 또 분진에 대해서는 종래부터 흡인송풍관의 최하류, 송풍기의 직전에 제진장치를 설치하여 그곳까지 모든 분진을 반송할 수 있도록 반송속도를 크게 하는 설계가 행해지고 있다. 그러나 오히려 후드의 테이크오프에 가까운 부분, 즉 흡인송풍관의 상류부분에 아주 간단한 중력침강실을 설치하여 그곳에서 입경이 큰 입자를 제거시키고 입경이 작아서 침강하기 어려운 분진만을 제진장치까지 반송하여 집진하도록 하는 편이 좋다. 그렇게 하면 중력침강실에서 제거되지 않은 작은 입경의 분진은 원래 송풍관 내에 퇴적되기 어려워 반송속도를 적게 해도 막히는 일이 없고 압력손실이 적어 동력비를 절약할 수가 있다. 또 송풍관의 마모도 적게 할 수가 있다. 그 후의 제진장치에는 입경이 큰 입자는 들어오지 않으므로 제진장치가 막히는 고장도 예방된다. 단, 흡인송풍관의 상류에 설치한 중력침강실에는 청소구를 설치하여 송풍관 안에 고여 있는 큰 분진을 정기적으로 제거할 필요가 있다. 설비비의 관점에서 송풍관 공사비는 대체로 송풍관의 직경이 클수록 경비가 더 들지만 압력손실이 적게 되어 송풍기는 저풍압인 것을 사용하게 됨으로 결국 설비비 전체로 볼 때 이득이 된다. 경험상 많은 경우 반송속도 10 m/s 이상으로 하면 다익형 송풍기에서는 정압이 부족하여 리밋로드 송풍기(limit load fan) 등을 사용해야 하지만 반송속도를 5 m/s로 하면 정압이 낮은 다익형 송풍기라도 된다.

## 7.5 송풍관의 단면적과 직경 계산

반송속도를 결정하였으면 다음에 송풍관의 단면적을 구한다.

$$\text{송풍관의 단면적}\ (A_d)\,(\mathrm{m}^2) = \text{송풍량}(Q)\,(\mathrm{m}^3/\mathrm{min}) \times \frac{1}{60} \times \frac{1}{\text{반송속도}(V_T)}\,(\mathrm{m/s}) \tag{7.2}$$

송풍관의 단면이 원형인 경우에는 식 (7.2)로 구한 단면적으로부터 다음 식으로 직경을 계산한다.

$$\text{원형 송풍관의 직경}\ (D)\,(\mathrm{m}) = \sqrt{\frac{4}{\pi} \times \left(\text{송풍관의 단면적}(A_d)\,(\mathrm{m}^2)\right)} = 1.13 \times \sqrt{\text{송풍관의 단면적}\ (A_d)\,(\mathrm{m}^2)} \tag{7.3}$$

송풍관이 그렇게 크기 않은 경우에는 식 (7.3)에서 얻어진 송풍관의 직경을 100배로 하여 단위를 cm로 고쳐 두는 편이 편리하다. 또 계산에서 얻어진 직경이 너무 어중간할 때에는 송풍관의 제작에 불편이 없도록 직경을 큰 것으로 제작하거나 작은 것으로 제작하는 데, 압력손실과 분진의 퇴적을 고려하여 가스, 증기인 경우에는 큰 것, 분진일 경우에는 작은 것으로 둥글게 한다.

## 7.6 사각형 송풍관의 상당직경

사각형 송풍관인 경우에 송풍관의 가로와 세로의 길이를 곱하는 것이 단면적이라고 생각하기 쉬우나, 실은 그렇게 간단하지 않다. 원형 송풍관인 경우에 기류는 송풍관 단면적 전체를 거의 같은 속도로 지나가지만 사각형 송풍관인 경우에는 단면의 구석 부분은 기류가 지나가기 어렵게 된다. 다시 말하면 원형 송풍관인 경우에 송풍관의 단면은 전체가 기류가 흐르는 통로로 이용되지만 사각형 송풍관인 경우에는 구석 쪽에 기류 통로로 이용되지 않는 부분이 생겨서 실제로 이용되는 단면적은 가로와 세로의 길이를 곱한 값보다 적어진다. 그 때문에 사각형 송풍관 안을 지나는 기류속도는 보기보다 커진다(구석 부분에서는 작다). 이 차이는 가로와 세로의 차가 클수록(송풍관의 단면이 편평하게 될수록) 커진다.

사각형 송풍관의 단면 중에서 기류통로로서 이용되는 부분의 면적과 동등한 면적을 가진 원의 직경을 상당직경(혹은 등가직경) 이라고 부른다.

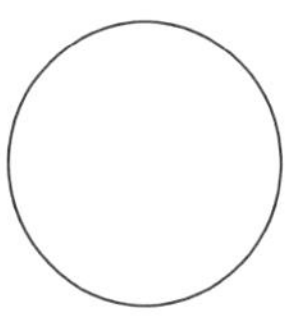

(a) 원형송풍관은 전단면이 이용되지만

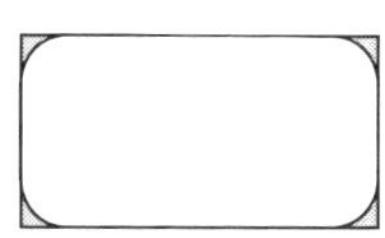

(b) 사각형송풍관은 구석부분이 이용되지 않는다.

그림 7.3 원형 송풍관과 사각형 송풍관

상당직경이라 하는 것은 어떤 단면을 가진 사각형 송풍관과 같은 반송속도를 얻을 수 있는 원형 송풍관의 직경이면서 어떤 단면을 가진 사각형 송풍관과 마찰저항(즉 압력손실)이 동등한 원형 송풍관의 직경이라고 말할 수 있다. 사각형 송풍관의 상당직경은 다음 식 (7.4)로 계산할 수 있으나 계산이 어려우면 표 7.2를 사용해 구하기도 한다. 예를 들면 20 cm×15 cm의 사각형 송풍관의 실제의 단면적은 300 cm$^2$이지만 식 (7.4) 또는 표 7.2를 사용하여 구한 상당직경은 18.8 cm로 된다. 직경 18.8 cm인 원의 면적은 278 cm$^2$이므로 그 차이 22 cm$^2$가 구석의 쓸모없는 부분(dead zone)이라고 할 수 있다.

$$\text{상당직경}(D_e)\,(\text{cm}) = 1.3\times\left[\begin{pmatrix}\text{한변의 길이}\\(a)\,(\text{cm})\end{pmatrix}\times\begin{pmatrix}\text{다른 한변의 길이}\\(b)\,(\text{cm})\end{pmatrix}\right]^{0.625} \div\left[\begin{pmatrix}\text{한변의 길이}\\(a)\,(\text{cm})\end{pmatrix}+\begin{pmatrix}\text{다른 한변의 길이}\\(b)\,(\text{cm})\end{pmatrix}\right]^{0.25} \quad (7.4)$$

시판되는 타원형 송풍관의 상당직경은 표 7.2로부터 구한다.

표 7.2 • 타원형 송풍관의 규격치수

| 호칭 단직경×장직경 $a\times b$ | 실제치수 (mm) $a'\times b'$ | 상당직경 (mm) | 호칭 단직경×장직경 $a\times b$ | 실제치수 (mm) $a'\times b'$ | 상당직경 (mm) |
|---|---|---|---|---|---|
| 150 × 550 | 155 × 546 | 305 | 350 × 660 | 367 × 663 | 515 |
| 630 | 625 | 320 | 740 | 742 | 545 |
| 700 | 704 | 340 | 820 | 821 | 575 |
| 780 | 783 | 360 | 900 | 901 | 605 |
| | | | 980 | 981 | 630 |
| 200 × 520 | 205 × 518 | 340 | 1060 | 1060 | 655 |
| 600 | 597 | 365 | 1140 | 1139 | 675 |
| 680 | 676 | 390 | 1220 | 1220 | 700 |
| 760 | 755 | 410 | 1300 | 1300 | 720 |
| 830 | 834 | 420 | 1380 | 1379 | 740 |
| 910 | 913 | 445 | 400 × 630 | 420 × 632 | 535 |
| 990 | 994 | 465 | 710 | 711 | 570 |
| 1070 | 1072 | 485 | 790 | 791 | 605 |
| 1150 | 1152 | 500 | 870 | 871 | 635 |
| 1230 | 1232 | 520 | 950 | 950 | 665 |

| 호칭 단직경×장직경 $a \times b$ | 실제치수 (mm) $a' \times b'$ | 상당직경 (mm) |
|---|---|---|
| 250 × 570 | 260 × 565 | 400 |
| 640 | 644 | 430 |
| 720 | 724 | 455 |
| 800 | 803 | 480 |
| 880 | 882 | 500 |
| 960 | 962 | 520 |
| 1040 | 1042 | 540 |
| 1120 | 1121 | 560 |
| 1200 | 1200 | 575 |
| 1280 | 1281 | 590 |
| 300 × 610 | 313 × 614 | 450 |
| 690 | 693 | 490 |
| 770 | 772 | 515 |
| 850 | 851 | 540 |
| 930 | 932 | 565 |
| 1010 | 1011 | 590 |
| 1090 | 1090 | 610 |
| 1170 | 1170 | 630 |
| 1250 | 1251 | 650 |
| 1330 | 1330 | 665 |
| 1410 | 1410 | 685 |
| 1030 | 1030 | 690 |
| 1110 | 1109 | 715 |
| 1190 | 1190 | 740 |
| 1270 | 1269 | 765 |
| 1350 | 1349 | 785 |
| 450 × 760 | 473 × 760 | 625 |
| 840 | 841 | 660 |
| 920 | 920 | 690 |
| 1000 | 999 | 720 |
| 1080 | 1078 | 750 |
| 1160 | 1160 | 775 |
| 1240 | 1239 | 805 |
| 1320 | 1318 | 830 |
| 500 × 810 | 526 × 811 | 680 |
| 890 | 890 | 715 |
| 970 | 969 | 745 |
| 1050 | 1048 | 780 |
| 1130 | 1130 | 810 |
| 1210 | 1209 | 835 |
| 1290 | 1288 | 865 |

## 7.7 사각형 송풍관의 길이 결정방법

사각형 송풍관의 길이는 다음과 같은 순서대로 정한다.

① 송풍량 $Q$와 반송속도 $V_T$에서 식 (7.2)를 사용하여 단면적 $A_d$를 구한다.

② 단면적 $A_d$에서 식 (7.3)을 사용하여 상당직경 $D_e$를 구한다.

③ 설치장소의 공간 등을 고려하여 사각형 송풍관 한 변의 길이 $a$를 정하여 식 (7.4) 또는 표 7.3을 사용해서 $a$와 상당직경 $D_e$에서 다른 한쪽 변의 길이 $b$를 구한다.

표 7.3에 정확히 맞는 숫자가 없는 경우에는 가스, 증기일 때는 큰 쪽에 가까운 숫자, 분진일 때는 작은 쪽에 가까운 숫자를 사용한다.

표 7.3 • 사각형 송풍관의 상당직경표(cm)

| a \ b | 10 | 12 | 14 | 16 | 18 | 20 | 22 | 24 | 26 | 28 | 30 | 32 | 34 | 36 | 38 | 40 | 42 | 44 | 46 | 48 | 50 |
|---|---|---|---|---|---|---|---|---|---|---|---|---|---|---|---|---|---|---|---|---|---|
| 10 | 10.9 | | | | | | | | | | | | | | | | | | | | |
| 12 | 11.9 | 13.1 | | | | | | | | | | | | | | | | | | | |
| 14 | 12.9 | 14.2 | 15.3 | | | | | | | | | | | | | | | | | | |
| 16 | 13.7 | 15.1 | 16.3 | 17.5 | | | | | | | | | | | | | | | | | |
| 18 | 14.5 | 16.0 | 17.3 | 18.5 | 19.7 | | | | | | | | | | | | | | | | |
| 20 | 15.2 | 16.8 | 18.2 | 19.5 | 20.7 | 21.9 | | | | | | | | | | | | | | | |
| 22 | 15.9 | 17.6 | 19.1 | 20.4 | 21.7 | 22.9 | 24.1 | | | | | | | | | | | | | | |
| 24 | 16.6 | 18.3 | 19.8 | 21.3 | 22.6 | 23.9 | 25.1 | 26.2 | | | | | | | | | | | | | |
| 26 | 17.2 | 19.0 | 20.6 | 22.1 | 23.5 | 24.8 | 26.1 | 27.2 | 28.4 | | | | | | | | | | | | |
| 28 | 17.7 | 19.6 | 21.3 | 22.6 | 24.4 | 25.7 | 27.1 | 28.2 | 29.5 | 30.6 | | | | | | | | | | | |
| 30 | 18.3 | 20.2 | 22.0 | 23.7 | 25.2 | 26.7 | 28.0 | 29.3 | 30.5 | 31.6 | 32.8 | | | | | | | | | | |
| 32 | 18.8 | 20.8 | 22.7 | 24.4 | 26.0 | 27.5 | 28.9 | 30.1 | 31.4 | 32.6 | 33.8 | 35.0 | | | | | | | | | |
| 34 | 19.3 | 21.4 | 23.3 | 25.1 | 26.7 | 28.3 | 29.7 | 31.0 | 32.3 | 33.6 | 34.8 | 36.0 | 37.2 | | | | | | | | |
| 36 | 19.8 | 21.9 | 23.9 | 25.8 | 27.4 | 29.0 | 30.5 | 32.0 | 33.3 | 34.6 | 35.8 | 37.0 | 38.2 | 39.4 | | | | | | | |
| 38 | 20.3 | 22.5 | 24.5 | 26.4 | 28.1 | 29.8 | 31.4 | 32.8 | 34.2 | 35.5 | 36.7 | 38.0 | 39.2 | 40.4 | 41.6 | | | | | | |
| 40 | 20.7 | 23.0 | 25.1 | 27.0 | 28.8 | 30.5 | 32.1 | 33.6 | 35.1 | 36.4 | 37.6 | 39.0 | 40.2 | 41.4 | 42.6 | 43.8 | | | | | |
| 42 | 21.2 | 23.4 | 25.6 | 27.6 | 29.4 | 31.2 | 32.8 | 34.4 | 35.9 | 37.3 | 38.6 | 39.9 | 41.1 | 42.4 | 43.6 | 44.8 | 45.9 | | | | |
| 44 | 21.5 | 23.9 | 26.1 | 28.2 | 30.0 | 31.9 | 33.5 | 35.2 | 36.7 | 38.1 | 39.5 | 40.8 | 42.0 | 43.4 | 44.6 | 45.8 | 46.9 | 48.1 | | | |
| 46 | 21.9 | 24.3 | 26.7 | 28.7 | 30.6 | 32.5 | 34.2 | 35.9 | 37.4 | 38.9 | 40.3 | 41.7 | 43.0 | 44.3 | 45.6 | 46.8 | 47.9 | 49.1 | 50.3 | | |
| 48 | 22.3 | 24.8 | 27.2 | 29.2 | 31.2 | 33.1 | 34.9 | 36.6 | 38.2 | 39.7 | 41.2 | 42.6 | 43.9 | 45.2 | 46.5 | 47.8 | 48.9 | 50.2 | 51.3 | 52.6 | |
| 50 | 22.7 | 25.2 | 27.6 | 29.8 | 31.8 | 33.7 | 35.5 | 37.3 | 38.9 | 40.4 | 42.0 | 43.5 | 44.8 | 46.1 | 47.4 | 48.8 | 49.8 | 51.2 | 52.3 | 53.6 | 54.7 |
| 52 | 23.1 | 25.6 | 28.1 | 30.3 | 32.4 | 34.3 | 36.2 | 38.0 | 39.6 | 41.2 | 42.8 | 44.3 | 45.7 | 47.1 | 48.3 | 49.7 | 50.8 | 52.2 | 53.3 | 54.6 | 55.8 |
| 54 | 23.4 | 23.1 | 28.5 | 30.8 | 32.9 | 34.9 | 36.8 | 38.7 | 40.3 | 42.0 | 43.6 | 45.0 | 46.5 | 48.0 | 49.4 | 50.6 | 51.8 | 53.2 | 54.3 | 55.6 | 56.8 |
| 56 | 23.8 | 23.5 | 28.9 | 31.2 | 33.4 | 35.5 | 37.4 | 39.3 | 41.0 | 42.7 | 44.3 | 45.8 | 47.3 | 48.8 | 50.1 | 51.5 | 52.7 | 54.1 | 55.3 | 56.5 | 57.8 |
| 58 | 24.2 | 23.9 | 29.3 | 31.7 | 33.9 | 36.0 | 38.0 | 39.8 | 41.7 | 43.4 | 45.0 | 46.6 | 48.1 | 49.6 | 51.0 | 52.4 | 53.7 | 55.0 | 56.2 | 57.5 | 58.8 |
| 60 | 24.5 | 27.3 | 29.8 | 32.2 | 34.5 | 36.5 | 38.6 | 40.4 | 42.3 | 44.0 | 45.8 | 47.3 | 48.9 | 50.4 | 51.8 | 53.3 | 54.6 | 55.9 | 57.1 | 58.5 | 59.8 |
| 62 | 24.8 | 27.6 | 30.2 | 32.6 | 35.0 | 37.1 | 39.2 | 41.0 | 42.9 | 44.7 | 46.5 | 48.0 | 49.7 | 51.2 | 52.6 | 54.2 | 55.5 | 56.8 | 58.0 | 59.4 | 60.7 |
| 64 | 25.2 | 27.9 | 30.6 | 33.1 | 35.5 | 37.6 | 39.7 | 41.6 | 43.5 | 45.4 | 47.2 | 48.7 | 50.4 | 52.0 | 53.4 | 55.0 | 56.4 | 57.7 | 59.0 | 60.3 | 61.6 |
| 66 | 25.5 | 28.3 | 31.0 | 33.5 | 35.9 | 38.1 | 40.2 | 42.2 | 44.1 | 46.0 | 47.8 | 49.5 | 51.1 | 52.8 | 54.2 | 56.8 | 57.2 | 58.6 | 59.9 | 61.2 | 62.5 |
| 68 | 25.8 | 28.7 | 31.4 | 33.9 | 36.3 | 38.6 | 40.7 | 42.8 | 44.7 | 46.6 | 48.4 | 50.2 | 51.8 | 53.5 | 55.0 | 56.6 | 58.0 | 59.5 | 60.8 | 62.1 | 63.4 |
| 70 | 26.1 | 29.1 | 31.8 | 34.3 | 36.8 | 39.1 | 41.3 | 43.3 | 45.3 | 47.2 | 49.0 | 50.9 | 52.5 | 54.2 | 55.8 | 57.3 | 58.8 | 60.3 | 61.7 | 63.0 | 64.3 |
| 72 | 26.4 | 29.4 | 32.3 | 34.8 | 37.3 | 39.6 | 41.8 | 43.8 | 45.9 | 47.8 | 49.7 | 51.5 | 53.2 | 54.9 | 56.5 | 58.0 | 59.6 | 61.1 | 62.6 | 64.9 | 65.2 |
| 74 | 26.7 | 29.7 | 32.5 | 35.2 | 37.6 | 40.0 | 42.3 | 44.4 | 46.4 | 48.4 | 50.3 | 52.1 | 53.9 | 55.6 | 57.2 | 58.8 | 60.4 | 61.9 | 63.3 | 64.8 | 66.1 |
| 76 | 27.0 | 30.0 | 33.0 | 35.6 | 38.1 | 40.5 | 42.8 | 44.9 | 47.0 | 49.0 | 50.8 | 52.7 | 54.6 | 56.3 | 57.9 | 59.5 | 61.2 | 62.7 | 64.1 | 65.6 | 67.0 |
| 78 | 27.3 | 30.5 | 33.3 | 36.0 | 38.5 | 40.9 | 43.3 | 45.5 | 47.5 | 49.5 | 51.5 | 53.3 | 55.2 | 57.0 | 58.6 | 60.3 | 62.0 | 63.4 | 64.9 | 66.4 | 67.9 |
| 80 | 27.6 | 30.7 | 33.6 | 36.2 | 38.9 | 41.3 | 43.8 | 46.0 | 48.0 | 50.1 | 52.0 | 53.9 | 55.6 | 57.6 | 59.3 | 61.0 | 62.7 | 64.1 | 65.7 | 67.2 | 68.7 |

표 7.3 • 계속

| a \ b | 50 | 55 | 60 | 65 | 70 | 75 | 80 | 85 | 90 | 95 | 100 | 110 | 120 | 130 | 140 | 150 | 160 | 170 | 180 | 190 | 200 |
|---|---|---|---|---|---|---|---|---|---|---|---|---|---|---|---|---|---|---|---|---|---|
| 50 | 54.7 | | | | | | | | | | | | | | | | | | | | |
| 55 | 57.3 | 60.1 | | | | | | | | | | | | | | | | | | | |
| 60 | 59.8 | 62.8 | 65.7 | | | | | | | | | | | | | | | | | | |
| 65 | 62.2 | 65.3 | 68.3 | 71.1 | | | | | | | | | | | | | | | | | |
| 70 | 64.3 | 67.7 | 70.7 | 73.7 | 76.5 | | | | | | | | | | | | | | | | |
| 75 | 66.6 | 70.0 | 73.2 | 76.3 | 79.2 | 82.0 | | | | | | | | | | | | | | | |
| 80 | 68.7 | 72.2 | 75.4 | 78.8 | 81.8 | 84.7 | 87.0 | | | | | | | | | | | | | | |
| 85 | 70.7 | 74.3 | 77.7 | 81.0 | 84.2 | 87.3 | 90.2 | 92.9 | | | | | | | | | | | | | |
| 90 | 72.6 | 75.1 | 79.9 | 83.3 | 86.6 | 89.7 | 92.7 | 95.6 | 98.4 | | | | | | | | | | | | |
| 95 | 74.4 | 78.3 | 82.0 | 85.5 | 88.9 | 92.1 | 95.2 | 98.2 | 101 | 104 | | | | | | | | | | | |
| 100 | 76.2 | 80.2 | 84.0 | 87.6 | 91.1 | 94.4 | 97.6 | 101 | 104 | 107 | 109 | | | | | | | | | | |
| 105 | 77.9 | 82.0 | 85.9 | 89.7 | 93.2 | 96.7 | 100 | 103 | 107 | 109 | 112 | | | | | | | | | | |
| 110 | 79.6 | 83.8 | 87.8 | 91.6 | 95.3 | 98.8 | 102 | 106 | 108 | 112 | 114 | 120 | | | | | | | | | |
| 115 | 81.2 | 85.5 | 89.6 | 93.2 | 97.3 | 101 | 104 | 108 | 111 | 114 | 117 | 123 | | | | | | | | | |
| 120 | 82.7 | 87.2 | 91.4 | 95.5 | 99.3 | 103 | 107 | 110 | 113 | 117 | 119 | 125 | 131 | | | | | | | | |
| 125 | 84.3 | 88.8 | 93.1 | 97.3 | 101 | 105 | 109 | 112 | 116 | 119 | 122 | 128 | 134 | | | | | | | | |
| 130 | 85.8 | 90.4 | 94.8 | 99.0 | 103 | 107 | 111 | 114 | 118 | 120 | 124 | 130 | 136 | 142 | | | | | | | |
| 135 | 87.2 | 91.9 | 96.4 | 101 | 105 | 109 | 113 | 116 | 120 | 123 | 127 | 133 | 139 | 145 | | | | | | | |
| 140 | 88.6 | 93.4 | 98.0 | 102 | 107 | 111 | 115 | 118 | 122 | 126 | 129 | 135 | 142 | 147 | 153 | | | | | | |
| 145 | 90.0 | 94.9 | 99.6 | 104 | 108 | 113 | 116 | 120 | 124 | 128 | 131 | 138 | 144 | 150 | 156 | | | | | | |
| 150 | 91.3 | 96.3 | 101 | 106 | 110 | 114 | 118 | 122 | 126 | 130 | 133 | 140 | 146 | 153 | 158 | 164 | | | | | |
| 160 | 93.9 | 99.1 | 104 | 109 | 114 | 118 | 122 | 126 | 130 | 134 | 137 | 144 | 151 | 157 | 163 | 169 | 175 | | | | |
| 170 | 96.5 | 102 | 107 | 112 | 117 | 121 | 125 | 130 | 134 | 138 | 141 | 149 | 155 | 161 | 168 | 174 | 180 | 186 | | | |
| 180 | 98.9 | 104 | 110 | 115 | 119 | 124 | 129 | 133 | 137 | 141 | 145 | 153 | 160 | 166 | 173 | 179 | 185 | 191 | 197 | | |
| 190 | 101 | 107 | 112 | 117 | 122 | 128 | 132 | 136 | 141 | 145 | 149 | 156 | 164 | 171 | 178 | 184 | 190 | 196 | 202 | 208 | |
| 200 | 103 | 109 | 115 | 120 | 125 | 130 | 135 | 139 | 144 | 148 | 152 | 159 | 168 | 175 | 182 | 188 | 195 | 201 | 207 | 213 | 219 |
| 210 | 106 | 111 | 118 | 123 | 128 | 133 | 138 | 143 | 147 | 152 | 156 | 163 | 172 | 179 | 187 | 193 | 200 | 206 | 212 | 218 | 224 |
| 220 | 108 | 114 | 120 | 125 | 131 | 136 | 141 | 146 | 150 | 155 | 159 | 167 | 176 | 183 | 191 | 197 | 204 | 210 | 217 | 223 | 229 |
| 230 | 110 | 116 | 122 | 128 | 133 | 138 | 143 | 150 | 153 | 158 | 162 | 171 | 179 | 187 | 195 | 202 | 209 | 216 | 222 | 228 | 234 |
| 240 | 112 | 119 | 124 | 130 | 136 | 141 | 146 | 151 | 156 | 161 | 165 | 174 | 183 | 191 | 199 | 206 | 213 | 220 | 227 | 233 | 239 |
| 250 | 114 | 120 | 126 | 132 | 138 | 143 | 149 | 154 | 159 | 164 | 168 | 178 | 186 | 194 | 202 | 210 | 217 | 224 | 233 | 238 | 244 |
| 260 | 115 | 122 | 128 | 134 | 140 | 146 | 151 | 156 | 162 | 166 | 171 | 181 | 190 | 199 | 206 | 214 | 221 | 228 | 236 | 242 | 249 |
| 270 | 117 | 124 | 130 | 137 | 143 | 148 | 154 | 159 | 164 | 169 | 174 | 184 | 193 | 201 | 210 | 218 | 225 | 233 | 240 | 247 | 253 |
| 280 | 119 | 126 | 132 | 139 | 145 | 151 | 156 | 162 | 167 | 172 | 177 | 186 | 196 | 205 | 213 | 221 | 229 | 237 | 244 | 251 | 258 |
| 290 | 121 | 128 | 134 | 141 | 147 | 153 | 159 | 164 | 170 | 175 | 180 | 190 | 199 | 208 | 217 | 225 | 233 | 241 | 248 | 255 | 262 |
| 300 | 122 | 129 | 136 | 143 | 149 | 155 | 161 | 167 | 172 | 177 | 183 | 193 | 202 | 211 | 220 | 229 | 237 | 244 | 252 | 259 | 266 |

## 7.8 반송속도의 수정

이상의 순서대로 송풍관 크기가 결정되었지만 표에 있는 가까운 값을 채용했기 때문에 최종적으로 결정된 송풍관의 단면적은 식 (7.2)로 계산했을 때의 값과는 다른 것이 보통이다. 그래서 최종적으로 송풍관의 단면을 결정하였으면 그 치수로 다시 한 번 단면적과 반송속도를 계산하여야 한다. 압력손실의 계산에는 그 값을 사용한다. 직경 또는 상당직경에 의해 단면적을 구하려면 표 7.4를 이용하면 편리하다.

표 7.4 • 원의 직경-면적-원둘레

| 직경 (cm) | 면적 ($m^2$) | 원둘레 (m) | 직경 (cm) | 면적 ($m^2$) | 원둘레 (m) | 직경 (cm) | 면적 ($m^2$) | 원둘레 (m) |
|---|---|---|---|---|---|---|---|---|
| 1 | 0.000079 | 3.142 | 42 | 0.1385 | 131.9 | 122 | 1.169 | 383.3 |
| 2 | 0.000314 | 6.283 | 44 | 0.1521 | 138.2 | 124 | 1.208 | 389.6 |
| 3 | 0.000707 | 9.425 | 46 | 0.1662 | 144.5 | 126 | 1.247 | 395.8 |
| 4 | 0.001257 | 12.57 | 48 | 0.1810 | 150.8 | 128 | 1.287 | 402.1 |
| 5 | 0.001963 | 15.71 | 50 | 0.1963 | 157.1 | 130 | 1.327 | 408.4 |
| 6 | 0.002827 | 18.85 | 52 | 0.2124 | 163.4 | 132 | 1.368 | 414.7 |
| 7 | 0.003838 | 21.99 | 54 | 0.2290 | 169.6 | 134 | 1.410 | 421.0 |
| 8 | 0.005027 | 25.13 | 56 | 0.2463 | 175.9 | 136 | 1.453 | 427.3 |
| 9 | 0.006362 | 28.27 | 58 | 0.2642 | 182.2 | 138 | 1.496 | 433.5 |
| 10 | 0.007854 | 31.42 | 60 | 0.2827 | 188.5 | 140 | 1.539 | 439.8 |
| 11 | 0.009503 | 34.56 | 62 | 0.3019 | 194.8 | 142 | 1.584 | 446.1 |
| 12 | 0.01131 | 37.70 | 64 | 0.3217 | 201.1 | 144 | 1.629 | 452.4 |
| 13 | 0.01327 | 40.84 | 66 | 0.3421 | 207.3 | 146 | 1.674 | 458.7 |
| 14 | 0.01539 | 43.98 | 68 | 0.3632 | 213.6 | 148 | 1.720 | 465.0 |
| 15 | 0.01767 | 47.12 | 70 | 0.3848 | 219.9 | 150 | 1.767 | 471.2 |
| 16 | 0.02011 | 50.27 | 72 | 0.4071 | 226.2 | 152 | 1.815 | 477.5 |
| 17 | 0.02270 | 53.41 | 74 | 0.4301 | 232.5 | 154 | 1.863 | 483.8 |
| 18 | 0.02545 | 56.55 | 76 | 0.4536 | 238.8 | 156 | 1.911 | 490.1 |
| 19 | 0.02838 | 59.69 | 78 | 0.4778 | 245.0 | 158 | 1.961 | 496.4 |
| 20 | 0.03142 | 62.83 | 80 | 0.5027 | 251.3 | 160 | 2.011 | 502.7 |
| 21 | 0.03464 | 65.97 | 82 | 0.5281 | 257.6 | 162 | 2.061 | 508.9 |
| 22 | 0.03801 | 69.11 | 84 | 0.5542 | 263.9 | 164 | 2.112 | 515.2 |
| 23 | 0.04155 | 72.26 | 86 | 0.5809 | 270.2 | 166 | 2.164 | 521.5 |
| 24 | 0.04524 | 75.40 | 88 | 0.6082 | 276.5 | 168 | 2.217 | 527.8 |
| 25 | 0.04909 | 78.54 | 90 | 0.6362 | 282.7 | 170 | 2.270 | 534.1 |
| 26 | 0.05309 | 81.68 | 92 | 0.6648 | 289.0 | 172 | 2.324 | 540.4 |
| 27 | 0.05726 | 84.82 | 94 | 0.6940 | 295.3 | 174 | 2.378 | 546.6 |
| 28 | 0.06158 | 87.96 | 96 | 0.7238 | 301.6 | 176 | 2.433 | 552.9 |
| 29 | 0.06606 | 91.11 | 98 | 0.7543 | 307.9 | 178 | 2.488 | 559.2 |
| 30 | 0.07069 | 94.25 | 100 | 0.7854 | 314.2 | 180 | 2.545 | 565.5 |

| 직경 (cm) | 면적 ($m^2$) | 원둘레 (m) | 직경 (cm) | 면적 ($m^2$) | 원둘레 (m) | 직경 (cm) | 면적 ($m^2$) | 원둘레 (m) |
|---|---|---|---|---|---|---|---|---|
| 31 | 0.07548 | 97.39 | 102 | 0.8171 | 320.4 | 182 | 2.602 | 571.8 |
| 32 | 0.08042 | 100.5 | 104 | 0.8495 | 326.7 | 184 | 2.659 | 578.1 |
| 33 | 0.08553 | 103.7 | 106 | 0.8825 | 333.0 | 186 | 2.717 | 584.3 |
| 34 | 0.09079 | 106.8 | 108 | 0.9161 | 339.3 | 188 | 2.776 | 590.6 |
| 35 | 0.09621 | 110.0 | 110 | 0.9503 | 345.6 | 190 | 2.835 | 596.9 |
| 36 | 0.1018 | 113.1 | 112 | 0.9852 | 351.9 | 192 | 2.895 | 603.2 |
| 37 | 0.1075 | 116.2 | 114 | 1.021 | 358.1 | 194 | 2.956 | 609.5 |
| 38 | 0.1134 | 119.4 | 116 | 1.057 | 364.4 | 196 | 3.017 | 615.8 |
| 39 | 0.1195 | 122.5 | 118 | 1.094 | 370.7 | 198 | 3.079 | 622.0 |
| 40 | 0.1257 | 125.7 | 120 | 1.131 | 377.0 | 200 | 3.142 | 628.3 |

## 7.9 송풍관 크기의 결정 연습문제

송풍관의 길이 결정에 대한 연습문제를 풀어보기로 한다.

### 계산 연습 1

자동칭량기(auto balance)의 투입구에 스테아린산납을 함유한 염화비닐 안정제를 투입하는 작업에서 안정제의 비산을 방지하기 위해서 투입구를 포위식 건축부스형 후드로 하였다. 이 후드에 접속하는 원형의 직경을 구하시오. 투입구의 크기는 0.4 m×0.5 m, 제어속도는 0.5 m/s, 기류분포의 불균일에 대한 안전계수는 1.5로 한다.

Q&A 해설

필요송풍량은 다음과 같다.

$$Q = 60 \times A \times V_c \times k = 60 \times 0.2 \times 0.5 \times 1.5 = 9\ \mathrm{m^3/min}$$

대상물질은 스테아린산납을 함유한 염화비닐 안정제이지만 일반 공업분진으로 생각해서 반송속도 $V_T$는 20 m/s로 하여 계산한다. 따라서 송풍관 단면적 $A_d$는

$$A_d = Q \div 60 \div V_T = 9 \div 6 \div 20 = 0.0075\ \mathrm{m^2}$$

원형 송풍관의 직경 $D$는 다음과 같다.

$$D = 1.13 \times \sqrt{A_d} = 0.09786\ \mathrm{m}$$

이것을 10 cm로 반올림하는가 9 cm로 하는가는 분진의 막힘과 압력손실의 균형을 생각해서 결정해야 한다.

**Note** $D$를 10 cm로 하면 $A_d$는 0.00785 $m^2$, $V_T$는 19.1 m/s로 된다. $D$를 9 cm로 하면 $A_d$는 0.00636 $m^2$, $V_T$는 23.6 m/s로 되어 압력손실은 $D$를 10 cm로 하였을 때의 약 1.5배가 된다. 실제로 계산시에는 송풍관의 길이, 곡관 등을 결정하고 나서 압력손실을 계산해서 사용하는 송풍기의 특성을 조사하여 압력손실이 커도 지장이 없으면 $D$를 9 cm, 압력손실이 작은 것이 좋으면 $D$를 10 cm로 한다.

## 계산 연습 2

스프레이 도장작업을 행하기 위해서 세로 1 m, 가로 2 m의 개구면을 갖는 포위식 건축부스형 후드를 설치하였다. 이 후드에 접속되는 송풍관의 단면을 결정하시오. 단, 기류분포의 불균일에 대한 안전계수는 1.1, 제어속도($V_c$)는 0.4 m/s로 하고 송풍기는 가능하면 설치공간이 없는 축류식 송풍기를 사용하는 것으로 한다.

Q&A **해설**

필요송풍량은 다음과 같다.

$$Q = 60 \times A_0 \times V_c \times k = 60 \times 2 \times 0.4 \times 1.1 = 53 \text{ m}^3/\text{min}$$

반송속도 $V_T$는 유해물질이 유기용제이므로 압력손실을 적게 하기 위해 5 m/s로 계산하면 송풍관의 단면적 $A_d$는

$$A_d = Q \div 60 \div V_T = 53 \div 60 \div 5 = 0.177 \text{ m}^2$$

따라서 원형 송풍관의 직경 $D$는

$$D = 1.13 \times \sqrt{A_d} = 1.13 \times \sqrt{0.177} = 0.4754 \text{ m}$$

따라서 원형 송풍관의 직경은 45~50 cm 사이로 하여 사용하는 축류식 송풍기의 직경에 맞추어서 결정하면 좋을 것이다.

## 계산 연습 3

계산 연습 2의 사각형 송풍관의 앞단을 건물의 대들보 위를 통과시켜 설치하려고 하였으나 대들보의 부재간 간격이 0.3 m 밖에 안된다. 그 사이를 지나서 설치할 수 있는 사각형 송풍관의 단면을 결정하시오.

Q&A 해설

표 7.3에서 짧은 변 30 cm일 때를 찾아보시오. 상당직경 $D_e$를 45.0 cm로 하면 긴 변은 58 cm, $D_e$를 50.0 cm로 하면 긴 변은 74 cm가 된다. 따라서 사각형 송풍관의 짧은 변은 설치 공간에 맞추어 30 cm로 하고 긴 변은 설치하는 원형 송풍관의 직경에 맞추어 58~74 cm 사이에서 결정하면 된다.

## 7.10 송풍관의 배치

송풍관의 배치를 결정하려면 우선 공기청정장치, 송풍기 등의 설치장소를 결정해야 한다. 점검, 청소, 보수 등을 안전하게 할 수 있고 후드의 설치장소에 되도록 가까운 장소를 선택한다. 또 송풍기의 소음이 문제가 되기도 하므로 이 점에도 주의하기 바란다. 이것의 설치장소가 결정되면 다음에 송풍관의 설치방법을 생각한다. 송풍관은 후드와 접속하여 천장에 가까운 곳을 지나든가 밑으로 바닥을 지나는 것이 보통이지만 때로는 바닥 밑을 지나가기도 하고 도랑을 파서 그 안에 넣기도 한다. 송풍관의 배치를 결정하는 때에는 다음 사항을 유의해야 한다.

① 압력손실을 적게 하기 위해서 가능한 한 짧게 배치한다.
② 곡관(bend)의 수는 되도록 적게 한다.
③ 길게 옆으로 된 송풍관은 분진의 퇴적을 방지하기 위하여 1/100 정도 하향 구배를 만든다.
④ 곡관부의 전후나 긴 직관부의 도중에는 적당한 간격으로 청소구를 설치한다.
⑤ 곡관(bend)은 되도록 곡률반경을 크게 하여 부드럽게 구부린다.
⑥ 송풍관 단면은 되도록 급격한 변화를 피한다.

## 7.11 송풍관의 재료와 구조

송풍관의 재료 중 유기용제 등의 부식, 마모의 우려가 없는 것으로는 아연도금 강판(함석판)을, 염산, 황산과 같은 강산이나 트리클로로에틸렌, 테트라클로로에틸렌과 같이 염산이 유리되는 염소계 용제에는 스테인레스강판이나 경질염화 비닐판을, 수산화소듐 등의 알칼리에는 철강판을, 주물사과 같이 마모의 우려가 있는 입자나 고온가스의 배기에는 흑피강판을 사용한다. 또한 특수한 예로서 전리방사성물질의 배기용에는 중질 콘크리트 송풍관을 사용하기도 한다. 함석판이나 철강판으로 송풍관을 만드는 경우 사용하는 판의 두께는 표 7.5에 나타낸 수치 이상인 것을 선택한다.

표 7.5 • 송풍관 재료의 최소 판두께

| 단면의 형태 | 크기 | 번호(No.) | 판두께(mm) |
|---|---|---|---|
| 원 형 | 직경(cm) 20 이하 | 24 | 0.6 |
| | 20 ~ 45 | 22 | 0.8 |
| | 45 ~ 75 | 18 | 1.2 |
| | 75 이상 | 16 | 1.5 |
| 사각형 | 긴변(cm) 45 이하 | 22 | 0.8 |
| | 45 ~ 120 | 18 | 1.2 |
| | 120 이상 | 16 | 1.5 |

송풍관은 보강을 위하여 적당한 간격으로 산형강(앵글)을 감기도 하고 지지대, 플랜지 심(그림 7.4)을 넣는다. 보강간격은 원형 송풍관인 경우 직경 25 cm 이하이면 약 2 m 간격, 그 이상은 약 1 m 간격으로 하지만, 이 간격은 오히려 재료판의 크기에 의해 자연스럽게 정하고 있다. 사각형 송풍관인 경우에는 판의 각도에서 직각으

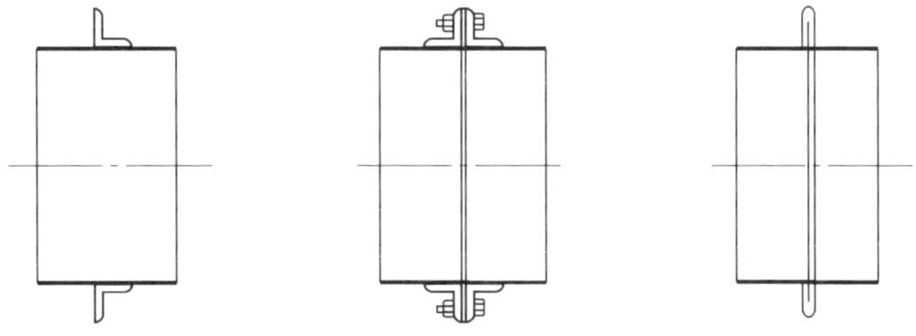

(a) 앵글(angle) (b) 플랜지(Flange) (c) 지지대

그림 7.4 송풍관의 보강

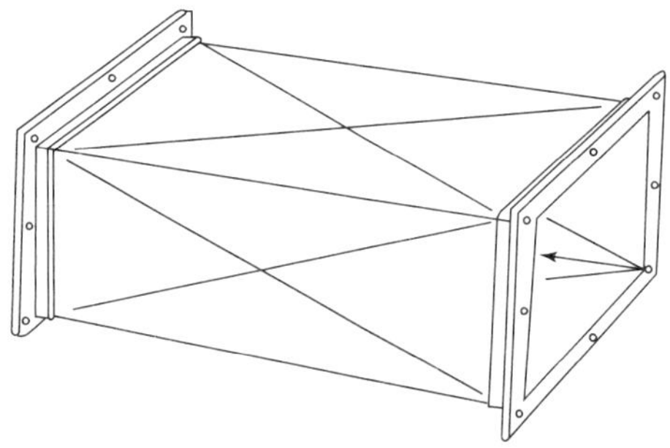

그림 7.5 다이아몬드 프레스

로 구부려 역근(diamond press)을 넣거나 프레스로 눌러서 양각(emboss)을 넣으면 좋다(그림 7.5)

보강이 부족하면 시공할 때에 송풍관이 변형되어 누수가 생기기도 하고 흡인송풍관의 경우에는 송풍관 내의 감압 때문에 찌그러지는 일도 있다. 후드 위치가 고정되지 않는 등의 이유로 주관(main duct)과의 접속시 플렉시블 송풍관(flexible duct, duct hose : 신축형 송풍관)을 사용해야 하는 일도 있다. 신축형 송풍관은 내구력이 약하고 압력손실도 크므로 사용은 최소한으로 하고 가능한 한 완만한 커브가 되도록 하여 사용하도록 한다.

분진을 흡인하는 송풍관은 반송속도를 충분히 유지한 것 같아도 위로 세워진 곡관부위 밑에 먼지가 퇴적해서 막힐 때가 있다. 한번 어딘가 막히게 되면 그 저항 때문에 송풍량이 줄어서 송풍관 내의 기류속도가 떨어지고 막히지 않는 부분까지 분진의

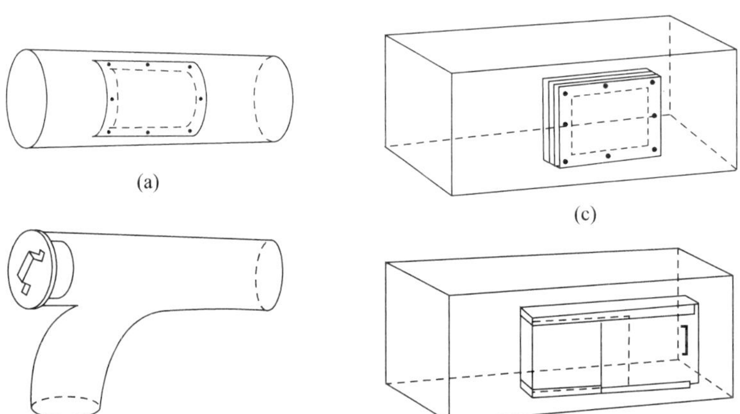


그림 7.6 청소구의 형태

퇴적이 시작된다. 송풍기의 성능저하, 집진기의 막힘, 댐퍼(damper)의 조절 불량, 메이크업 에어(make up air)의 부족 등 각종 송풍관 내의 기류속도를 저하시키는 등 막히는 원인은 많이 있다. 그래서 반송속도는 충분히 유지한 것 같아도 밴드, 합류, 위쪽으로 설치한 곳 등의 전후에는 반드시 커다란 청소구를 부착해야 한다. 또 긴 수평 송풍관에도 내부 청소가 가능하도록 일정 간격으로 청소구를 설치할 필요가 있다(그림 7.6)

## 7.12 곡관, 합류, 접속

곡관(송풍관의 구부러지는 부분, 밴드(bend), 또는 엘보(elbow)라고도 함), 합류(branch), 접속(송풍관을 송풍기, 공기청정장치와 접속하거나 사각형 송풍관과 원형 송풍관을 접속하기 위하여 송풍관의 단면을 변형시키는 것을 말함) 등은 되도록 기류 방향이나 속도가 급격하게 변화하지 않도록 완만하게 제작한다. 급격한 변화는 압력손실이나 분진 퇴적의 원인이 된다. 곡관은 되도록 곡선을 부드럽게 하며 곡률반경을 송풍관 직경의 2배 이상으로 하는 것이 이상적이다.

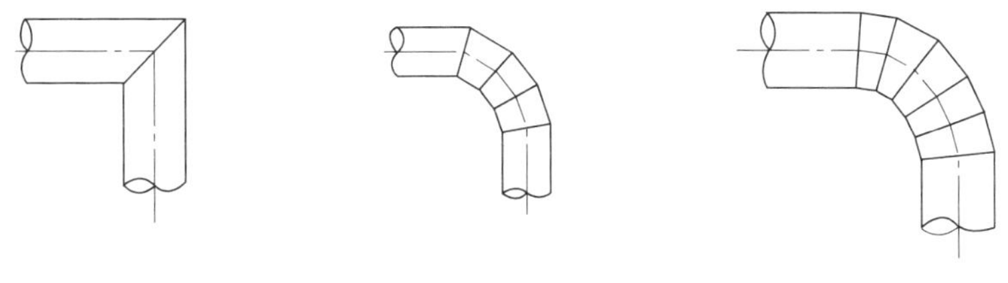

(a) 불량 (b) D ≦ 15cm일때 3개 이상 (c) D > 15cm일때 5개 이상

그림 7.7 곡관의 형태

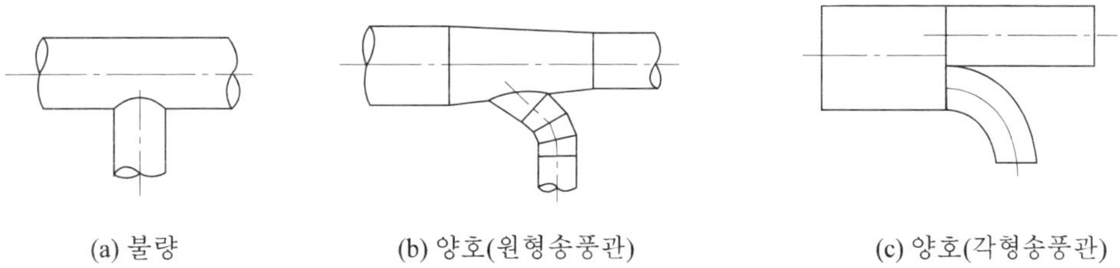

(a) 불량 (b) 양호(원형송풍관) (c) 양호(각형송풍관)

그림 7.8 합류형태

새우등 곡관연결로서 곡관을 만들 경우, 직경 15 cm 이상의 송풍관에는 새우등 곡관을 3개 이상, 직경 15 cm보다 클 때에는 5개 이상으로 한다(그림 7.7). 합류도 가능한 한 기류의 방향이나 속도가 급격하게 변화하지 않는 완만형으로 한다(그림 7.8).

## 7.13 배기구, 입기구

배기구에도 특히 정해진 형식이 있는 것은 아니다. 비가 송풍기 쪽으로 들어오지 않게 배기가 가능한 대기 중에 잘 확산되고 배기소음이 나오지 않도록 배기저항이 크지 않은 형태가 바람직하다(그림 7.9).

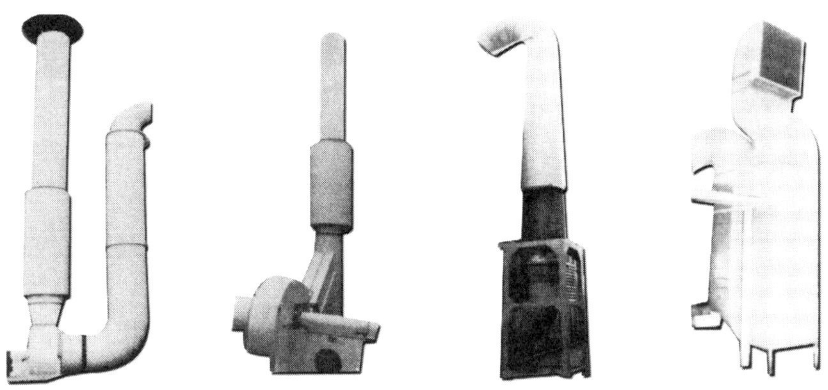

(a) 비마개(Weather cap) (b) 직관 (c) 엘보우(Elbow) (d) 루버(louver)

그림 7.9 여러 가지 배기구의 형태

비마개(weather cap, 삿갓)는 이전부터 흔히 사용되어 왔으나 배기가 밑으로 강하되어서 최근에는 쓰이지 않는다.

직관의 경우에 배기의 확산은 양호하나 빗물이 들어오기 쉬워서 도중에 비를 막는 장치를 설치해야 한다. 엘보우는 비교적 구조가 간단하여서 사용하기 쉬우나 바람을 정면에서 받으면 배기가 방해되는 결점이 있다. 힘들여서 국소배기로 운반된 더러운 공기가 다시 들어오면 안되기 때문에 복잡한 형태는 피하는 편이 좋다.

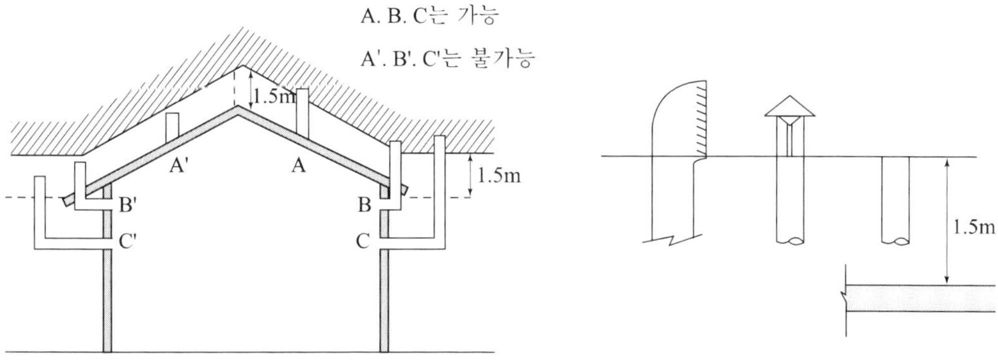


(a) 밑금친 부분이 '지붕에서 1.5m 이상'에 해당된다. (b) 개구부의 최하부에서 1.5m 이상

**그림 7.10** 배기구의 위치

배기구는 성능이 좋은 공기청정장치를 부착할 경우에는 어디에 설치해도 좋으나 그렇지 않은 경우에는 가능한 높은 위치로 배출시켜서 오염물질이 다시 들어오지 않게 해야 한다. 공기청정장치를 사용하지 않는 경우에 배기구의 위치는 지붕보다 1.5 m 이상 높게 설치하는 것이 바람직하다(그림 7.10).

배기소음이 문제되는 경우에는 배기구에 소음기(silencer)를 설치하는 것도 필요하다. 국소배기가 성능을 충분히 발휘하기 위해서는 배기되는 것과 같은 양의 신선한 공기 즉, 메이크업 에어(make up air)를 밖에서 보급해야 한다. 후드나 송풍관이 아무리 잘 설계되어도 충분한 입기가 없다면 실내의 압력은 점점 마이너스가 되며 나중에는 송풍기의 정압과 균형이 맞는 곳에서 더 이상 공기가 움직이지 않게 된다.

최근 알루미늄 샤시 등에는 거의 틈새가 없으므로 전용 입기구를 설치하지 않으면 국소배기의 성능이 발휘될 수 없을 때가 있다. 입기구는 압력손실을 적게 하기 위해 입기 속도가 가능한 0.5 m/s 이하가 되는 크기로 하고 고온작업장에서 외기에 의한 냉각효과를 구하는 특별한 경우를 제외하고 일반적으로 밖에서 들어오는 기류가 직접 작업자의 신체에 부딪히지 않는 위치에 설치해야 한다.

정밀공업, 식품공업, 의약품공업, 기타 먼지를 피해야 하는 작업장에서는 입기구에 집진을 위해 여과장치(filter)를 설치하기도 하고 건물 외부의 공기가 오염되어 있을 때에는 깨끗한 공기가 들어오는 장소까지 입기 송풍관을 설치하는 경우도 있다.

깨끗하게 처리된 공기를 외부로 배출할 때 고려해야 할 사항은 다음과 같다.

① 비가 송풍기로 들어오지 않도록 웨더캡을 사용하되 배기저항이 크지 않도록 해야 하며,

② 배기된 공기가 작업장으로 다시 유입되지 않도록 배출구의 설치규칙을 지키는 것이 좋다. 즉, 배출구는 실내로 유입하는 시설의 유입구로부터 15 m 이상 떨어져서 설치하고 지붕 꼭대기보다 3 m 정도 높게, 배출속도는 15 m/s 이상이 되도록 하는 '15-3-15' 규칙을 지켜야 한다.

③ 배기소음이 크지 않도록 배기부분에 캔버스를 설치한다.

CHAPTER

# 8 국소배기장치의 설계

## 8.1 국소배기장치의 배치도와 계통선도

후드, 송풍관 등의 형식, 크기, 설치위치가 결정되면 설계서에 필요한 국소배기장치의 배치도와 송풍관 계통선도를 만든다. 이 그림들은 필요송풍량과 압력손실을 정확히 계산하고 꼭 알맞은 능력의 송풍기를 선정하기 위한 기초자료가 되는 것으로, 이른바 후드와 송풍관의 제작도와는 전혀 다르다.

장치의 세부설계나 시공을 전문업자에게 맡길 경우에는 업자로부터 제출된 도면을 사용해도 물론 지장이 없으나 필요송풍량과 압력손실의 계산에 필요한 길이, 데이터가 전부 들어있지 않으면 곤란하다. 반대로 제작에 필요한 숫자는 이 그림 안에는 들어있지 않는 것이 혼란을 방지한다. 국소배기장치의 배치도와 계통선도는 국소배기장치 적요서의 일부로서 적요서에 기재되어 있는 송풍량과 압력손실, 사용하는 송풍기의 사양 등 산출근거를 설명하기 위한 도면이다.

배치도 쪽은 후드, 송풍관, 공기청정장치, 송풍기, 배기 송풍관, 배기구와 함께 입기구나 입기송풍관, 급기 송풍기 등을 설치하는 경우에는 그것도 포함해서 국소배기장치 전체의 형태, 길이, 배치를 알 수 있는 도면으로서 평면도와 측면도를 적당한 축척으로 그린다.

계통선도는 후드에서 배기구까지 포함한 송풍관 계의 연결방식을 알기 쉽게 선으로 표시한 그림으로 압력손실을 계산할 때 기본 데이터가 된다. 배치도는 CAD를 사용하여 정확히 그려야 하지만, 계통선도의 제작방법은 각 부분의 연결을 알 수 있으면 정확한 축척은 필요 없으므로 보기 쉽게 교정해서 그린다.

예를 들어 말하면, 배치도는 국토지리원 발행의 5만분의 1 지형도이고 계통선도는 지하철의 벽에 붙어있는 지하철선로와 같은 것이다.

## 8.2 배치도, 계통선도를 그리는 방법

그림 8.1은 국소배기장치 실체도의 예이다. 실체도라는 것은 눈으로 본 그대로를 그림으로 그린 것으로 이와 같이 간단한 장치인 경우에는 실체도에 길이 등을 기입해서 배치도로 할 수도 있다. 실체도는 특별한 제도지식이 없어도 그릴 수가 있지만 장치가 복잡하게 되면 손이 많이 간다.

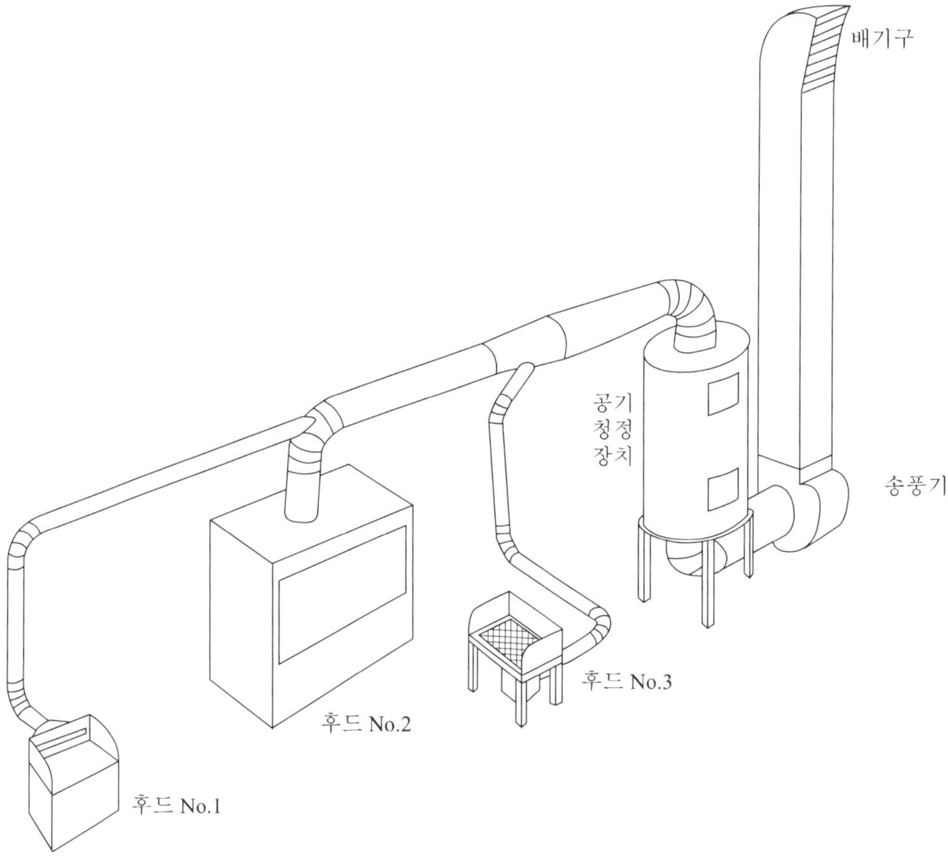


그림 8.1 국소배기장치의 실체도

그림 8.2는 CAD로 작성한 정식 배치도이다. 제도지식이 있는 사람은 실체도보다 이쪽이 그리기 쉽다. 복잡한 장치인 경우에는 실체도보다 투영도를 그리는 것이 편할 것이다. 계통선도를 그리는 방법에는 특별히 결정된 방법이 있는 것이 아니다.

그림 8.3은 계통선도와 같이 그리는 방법으로 보면 알기 쉬운 장점이 있으나 그리는 데 시간이 꽤 걸린다.

그림 8.4는 단순한 그림으로 이 방법은 간단하게 그릴 수 있다. 계통선도는 나중에 압력손실의 계산시에 편리함을 위해서 송풍관 계의 각 부분의 형태, 길이, 연결방법을 보기 쉽게 정리한 것으로 간단하게 그리는 것이 좋다. 계통선도는 곡관을 그 각도로 구부려서 그리기도 하고 수평송풍관을 횡선으로, 수직송풍관을 종선으로 그릴 필요도 없으므로 가능한 한 직선에 가깝게 그림 8.5와 같이 그려도 지장이 없다. 선도가 그어졌으면 후드의 테이크 오프(take off), 곡관, 합류, 확대, 축소관(taper관), 취합 등 송풍관의 단면적이나 형태가 변화하는 부분을 구획하여 번호를 붙인다. 번호는 계통의 밖을 0번으로 해서 송풍기로부터 가장 먼 후드의 테이크 오프를 1번, 거기에서 주송풍관(main duct)을 따라서 송풍기, 배기구 순으로 순서대로 매기고 배기구의 밖으로 나왔을 때부터 다시 0번으로 한다. 주송풍관 계통의 번호를 붙이는 것이 끝나면 마찬가지로 해서 가지송풍관의 계통에 번호를 붙인다.

번호와 번호 사이에는 그 부분의 명칭, 직경, 길이, 곡관의 곡률, 합류각도 등 나중에 그 부분의 압손계수를 구하기에 필요한 데이터를 함께 써넣어 둔다. 이러한 방법은 나중에 압력손실의 계산을 할 때에 혼란이나 잘못을 방지하기 위한 것이다.

| | | |
|---|---|---|
| 1 | 후드 No.1 | 외부식 측방흡인 |
| 2 | 후드 No.2 | 포위식 부스형 |
| 3 | 후드 No.3 | 외부식 |
| 4 | 공기청정장치 | 활성탄흡착방식 |
| 5 | 송풍기 | |

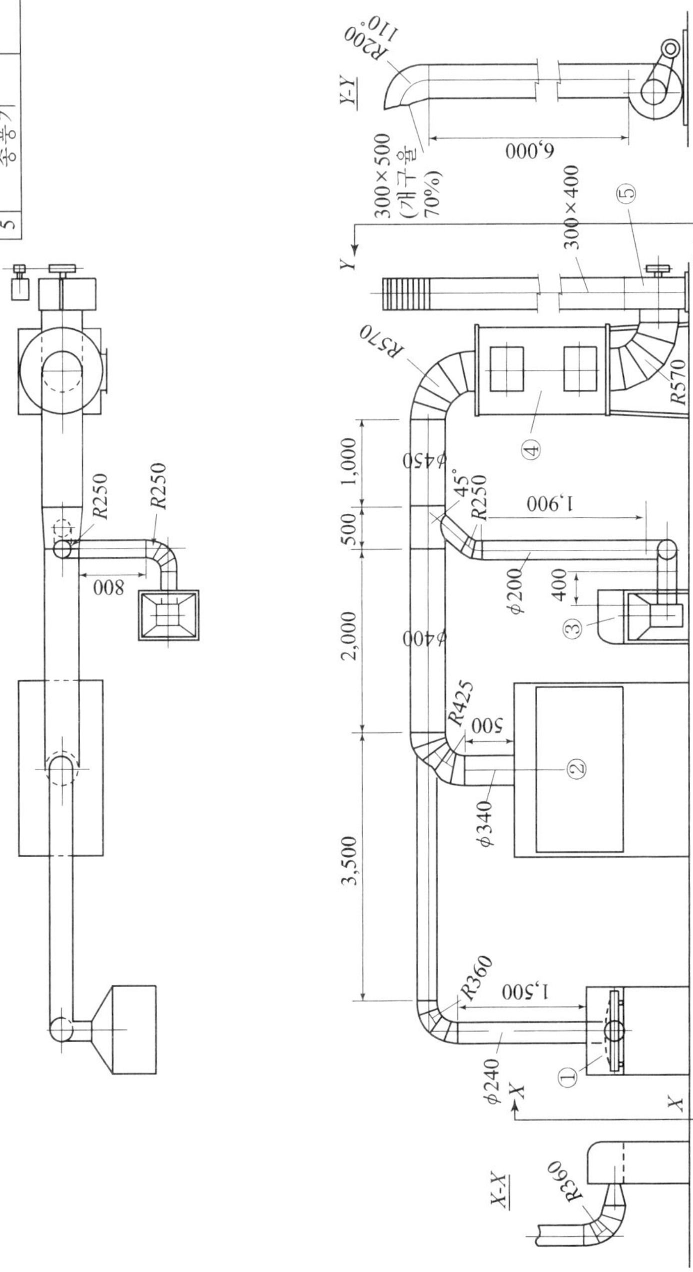


그림 8.2 국소배기장치의 배치도

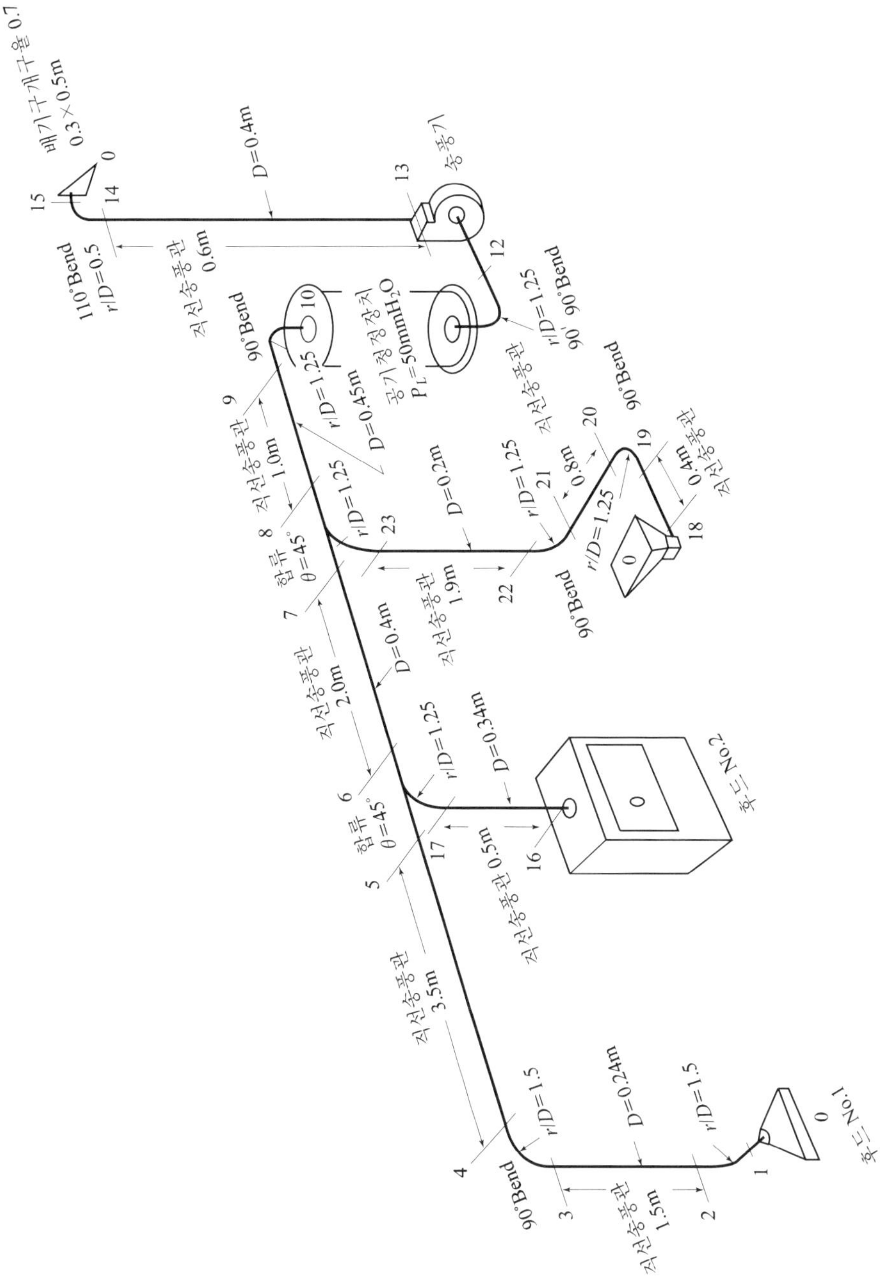


그림 8.3 국소배기장치의 계통선도(1)

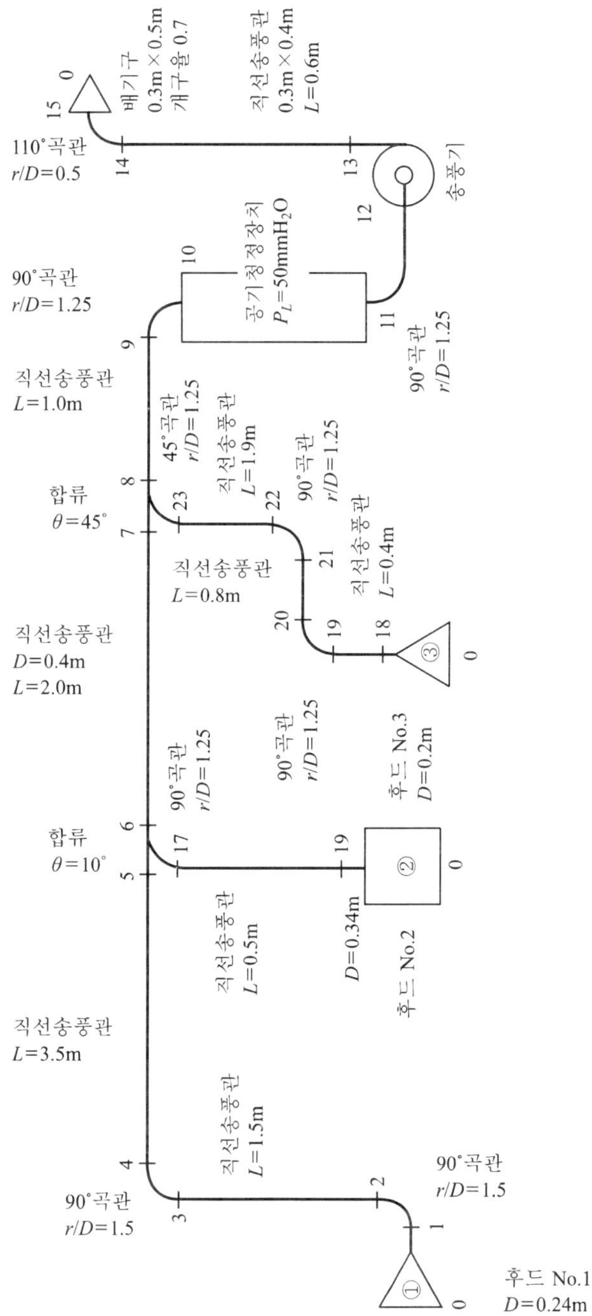


그림 8.4 국소배기장치의 계통선도(2)

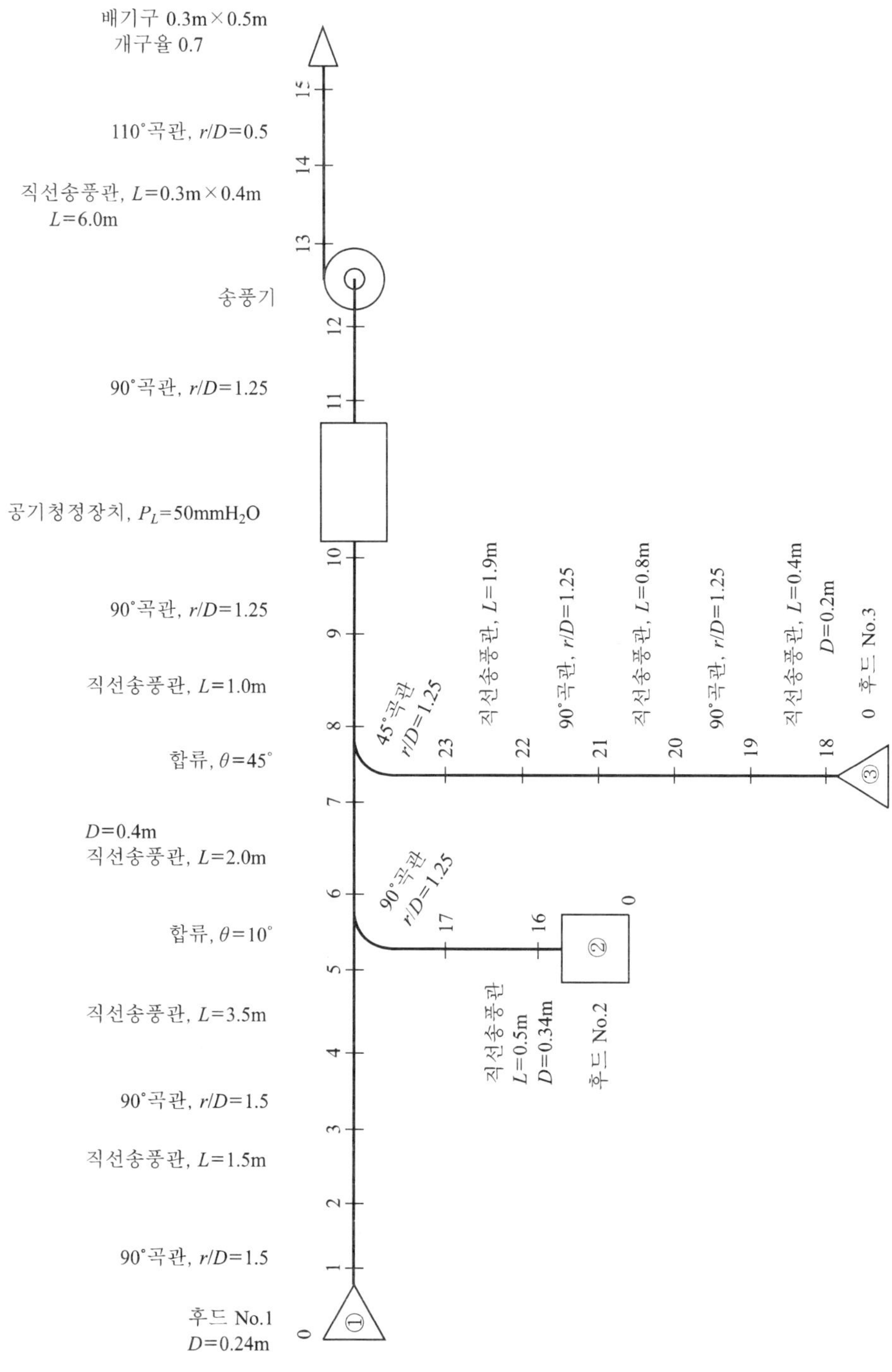


그림 8.5 국소배기장치의 계통선도(3)

## 8.3 설계서의 기재 방법

그림 8.6, 8.7은 서식의 예로 유기용제 규칙의 설계서와 관계서류 서식으로 법적 양식대로 작성해야 한다. 설계신고에 대해서는 설명할 필요도 없을 것이다. 사용하고 있는 물건과 유해업무의 내용을 알 수 있도록 간결하게 기재하고 공란 내에 기입할

### 유기용제 설비등 설치(신설 서식)

양식 제5호

<table>
<tr><td>사업의 종류</td><td colspan="2">사업장의 명칭</td><td colspan="4">근로자수</td></tr>
<tr><td rowspan="2">금속제품 제조업</td><td colspan="2" rowspan="2">중앙기계공업주식회사</td><td>남</td><td>여</td><td>년소자</td><td>계</td></tr>
<tr><td>150</td><td>40</td><td>0</td><td>190</td></tr>
<tr><td>사업장의 소재지</td><td colspan="6"></td></tr>
<tr><td>신고의 요지</td><td colspan="6">제2종 유기용제함유물의 취급에 관계된 국소배기장치의 신설</td></tr>
<tr><td rowspan="2">제조시 또는 취급하는 유기용제 등</td><td>종류</td><td>명칭</td><td colspan="4">취급량(kg/월)</td></tr>
<tr><td>제2종<br>유기용제 함유물</td><td>폴리코드신너 50번<br>(톨루엔, 크실렌함유)</td><td colspan="4">250</td></tr>
<tr><td rowspan="2">유기용제업무의 개요 및 이에 종사하는 근로자수</td><td colspan="2" rowspan="2">(1) 금속도장용 락카의 혼합<br>(2) 금속제 기계부품의 스프레이도장<br>(3) 기계가공시에 부품의 도장전의 기름 낙하</td><td rowspan="2">근로<br>자수</td><td>남</td><td>여</td><td>계</td></tr>
<tr><td>3</td><td>0</td><td>3</td></tr>
<tr><td>유기용제의 증기발산원으로 되는 기계 또는 설비의 개요</td><td colspan="6">락카스프레이 도장 설비 1대</td></tr>
</table>

년 월 일

사업자 중앙기계공업주식회사
대표이사 (인)

비고 1. 표제중 '신설' '이전' 및 '변경'중 해당되지 않는 문자는 지울 것
2. '사업의 종류'의 란은 한국표준산업분류의 중분류로 기입할 것
3. '제출의 요지'의 란은 신설, 이전, 변경의 개요를 기입할 것
4. '종류'의 란은 유기용제 중독예방을 위한 산업안전보건법에 의거해 제시한 유기용제 등의 구분으로 기입할 것
5. '유기용제 업무의 개요' 및 '유기용제 증기의 발생원 등 기계 또는 설비의 개요'의 란은 구체적으로 기입할 것
6. 국소배기장치를 설치하는 때는 유기용제설비 등 국소배기장치 구비서류를 첨부할 것
7. 이 서류에 기재한 사항은 별지로 기재해서 첨부할 것

그림 8.6 유기용제규칙의 설계 서식

수 없을 때는 별지(또는 붙임)로 해서 첨부한다. 단, 전체환기장치라도 양호하다고 규정되어 있는 곳에 전체환기장치 대신에 국소배기를 설치하는 경우에는 성능 등의 규정이 약간 다를 수 있으므로 전체환기장치를 대신해 설치하는 국소배기라는 것을 알 수 있도록 「제출 요건」에 기입할 필요가 있다.

양식 제6호

## 유기용제설비 등 국소배기장치 적요서

<table>
<tr><td colspan="3">대상작업공정명 ①</td><td colspan="9">금속제 기계부품의 스프레이 도장공정</td></tr>
<tr><td colspan="3">국소배기를 행하여야 할 유기용제등의 명칭 ②</td><td colspan="9">제2종 유기용제 함유물질(톨루엔, 크실렌)</td></tr>
<tr><td colspan="3">국소배기장치의 배치도 및 배기계통을 나타내는 선도 ③</td><td colspan="9">별첨 도면과 같다.</td></tr>
<tr><td colspan="2" rowspan="5">후드</td><td>번 호 ④</td><td colspan="2">1</td><td colspan="2">2</td><td colspan="2">3</td><td></td><td colspan="2"></td></tr>
<tr><td>형 식 ⑤</td><td colspan="2">외부식<br>(측방흡인)</td><td colspan="2">포위식<br>(부스형)</td><td colspan="2">외부식<br>(하방흡인)</td><td></td><td colspan="2"></td></tr>
<tr><td>송풍량($m^3$/min) ⑥</td><td colspan="2">24</td><td colspan="2">53</td><td colspan="2">20</td><td></td><td colspan="2"></td></tr>
<tr><td>제어속도(m/sec) ⑦</td><td colspan="2">0.5</td><td colspan="2">0.4</td><td colspan="2">0.5</td><td></td><td colspan="2"></td></tr>
<tr><td>후드의 평면도 및 측면도와 그 설치위치를 나타내는 평면도 및 측면도 ⑧</td><td colspan="2"></td><td colspan="4">(별첨도면과 같다)</td><td></td><td colspan="2"></td></tr>
<tr><td colspan="2" rowspan="2">국소배기<br>장치<br>설계값</td><td>장치전체의 압력손실 ($mmH_2O$) 및 설계방법 ⑪</td><td colspan="9"></td></tr>
<tr><td>송풍기 전후의 정압차 ($mmH_2O$) ⑩</td><td colspan="4"></td><td colspan="2">송풍기 전압<br>($mmH_2O$)</td><td></td><td colspan="2"></td></tr>
<tr><td rowspan="5">설치<br>송풍기<br>등의<br>사양</td><td rowspan="3">송풍기</td><td>송풍기전압($mmH_2O$) ⑫</td><td colspan="4"></td><td colspan="2" rowspan="3">송풍기<br>형식 ⑮</td><td colspan="3" rowspan="3">레이디얼, 터보,<br>리미트로드,<br>에어포일,<br>엑시얼가이드밴<br>(유무)</td></tr>
<tr><td>송풍기정압($mmH_2O$) ⑬</td><td colspan="4"></td></tr>
<tr><td>송풍량($m^3$/min) ⑭</td><td colspan="4"></td></tr>
<tr><td colspan="2" rowspan="2">송풍기를 구동하는 전동기</td><td rowspan="2">형식</td><td rowspan="2"></td><td rowspan="2">정격<br>출력<br>(kW)</td><td rowspan="2"></td><td>상</td><td>전압<br>(V)</td><td colspan="2">정격주파수<br>(Hz)</td><td>회전수<br>(rpm)</td></tr>
<tr><td></td><td></td><td colspan="2"></td><td></td></tr>
</table>

비고 1. 후드의 평면도 및 측면도 아울러 그 설치위치를 나타내는 평면도 및 측면도에는 길이를 기입할 것
2. '송풍기 형식'의 란은 해당하는 것에 ○을 할 것
3. 이 서식에 기재할 수 없는 사항은 별지에 기재해서 첨부할 것

그림 8.7 유기용제설비의 관계서류

## 8.4 구비서류에 기재하는 방법

구비서류는 국소배기장치의 설계 결과의 개요를 기재하는 것으로 도면과 설계 계산서를 별지로 해서 첨부한다. 이번은 우선 후드의 설계까지 기재 방법을 알아본다.

그림 8.7의 ①란에는 작업공정의 명칭을 기입한다. 제3종 유기용제업무인 경우에는 유기용제 규칙 중 산업안전보건법의 규정에 의해 탱크 등의 내부에 스프레이 작업을 행하는 경우에는 국소배기설치의 의무가 있고 규정에 정해진 제어속도를 확보할 필요가 있으나, 스프레이 이외의 작업에 대해서 국소배기를 설치할 경우에는 전체환기장치의 환기량에 상당하는 성능을 확보하면 되므로 그 사실을 알 수 있도록 기입한다. 임시 혹은 단시간 유기용제업무를 행하는 경우도 마찬가지이다. 먼저 분진작업인 경우에는 발생원에 따라 설치해도 좋은 후드의 형식과 제어속도의 규정이 다르므로 발생원의 종류가 분진에 대한 규칙 어디에 해당하는가를 명확히 알 수 있도록 기입해야 한다.

②란에는 국소배기의 대상이 되는 유기물질의 명칭을 기입하지만 유기용제, 특정화학물질은 물질에 따라 제어속도 등의 규정이 다르므로 상품명이 아닌 규칙에 있는 종류별 명칭을 알 수 있도록 기입한다.

③란의 국소배기장치의 배치도는 전에 설명한 것과 같이 후드, 송풍관, 공기청정장치, 송풍기, 배기 송풍관, 배기구를 포함한 국소배기장치 전체의 형태, 길이, 배치를 알 수 있는 도면으로 보통 이 란에는 다 들어가지 않으므로 별지로 해서 첨부한다. 배기계통을 나타내는 계통선도는 상기의 배치도를 송풍관 계의 압력손실 등의 계산에 편리하도록 바꾸어 쓴 것으로 이것도 별지로 해서 첨부한다.

후드의 ④란에는 한 가지의 국소배기계통에 두 가지 이상의 후드가 연결되어 있는 경우에 잘못되지 않도록 번호를 붙여서 기입한다. 물론 이 번호는 상기의 배치도, 계통선도 안에서 후드에 붙인 번호로 맞추는 것이 필요하다.

⑤란에는 후드의 형식, 흡인방향 등을 기입하지만 이것은 ⑦란의 제어속도를 결정하는 근본이 되는 것이므로 규칙의 규정 등에 맞추는 형식 분류와 흡인방향을 기입한다.

다음에 ⑥란은 건너뛰고 ⑦란에 제어속도의 설계값을 기입한다. 이 값은 ①, ②, ③, ⑤란에 기입한 작업, 유해물질의 종류, 후드의 형식, 흡인방향 등에 바탕을 두고 규칙에서 정해진 제어속도 이상이 되어야 한다. 납화합물, 특정화학물질 등에서 국소배기의 성능은 제어속도가 아니고 이른바 노출기준에 규정되어 있는 경우에는 유해물질의 발생과 주위 기류의 조건을 고려해서 정한다.

⑧란의 후드와 그 설치위치를 나타내는 도면은 후드의 개구면적 $A_0$, 외부식 후드의 경우에는 개구면과 제어속도를 주어야 할 발생원과의 거리 $x$ 등, ⑦란에 기입한 제어속도 $V_c$에서 필요송풍량 $Q$를 계산하는 데에 필요한 수치를 명시한 것이어야 하지만 기재란 내에 기입할 수 없으면 별지로 해서 첨부한다. 이것은 ③란의 배치도 내의 후드 도면으로도 대용되지 않는 것은 아니지만 송풍량 계산의 근거를 분명히 하기 위하여 후드 부분만을 간단한 실체도로 바꾸어 써서 흡인기류의 방향을 백색 화살표, 오염기류를 흑색 화살표, 개구면을 색으로 칠하는 등의 연구를 하여 별도로 하는 편이 좋을 것이다.

취급업체에서는 설계신고서, 구비서류에 필요한 도면과 함께 설계 계산의 내용이 한 눈에 이해될 수 있게 연구한 국소배기장치 계산서라는 서식을 만들어 첨부하고 있지만 그림 8.8, 8.9는 그 1항과 2항으로(3항 이하는 송풍관 계의 압력손실의 계산), 거기에 ⑧란의 후드와 그 설치 위치를 나타낸 도면, 송풍량의 계산을 기입하고 있다.

마지막으로 ⑥란에는 여기서 계산해 얻은 필요송풍량의 값을 기입한다. 국소배기 설계 신고서에는 지금 설명한 기재내용, 계산서, 국소배기의 도면과 함께 국소배기의 대상이 되는 유해업무를 행하는 설비 등의 도면, 그 유해업무를 행하는 작업장소의 도면(그 작업 실내의 설비 등의 배치를 알 수 있는 도면), 부지 내에 건물이 얼마나 있는가를 알 수 있는 배치도, 작업장과 인근 주민과의 관계, 주위의 상황을 알 수 있는 도면(작업장 주변의 안내도라고 생각하면 좋다) 및 유해물질의 발생을 제어하는 방법을 기록한 서면을 첨부한다. 또 건축물이나 다른 기계 등의 설치신고와 함께 국소배기설치신고를 제출하는 경우에는 첨부 서류 중 중복되는 것에 대해서는 어느 쪽이든 한 쪽에 첨부하는 것으로 한다.

<table>
<tr><td>사업소명</td><td colspan="4"></td><td>적요법령</td><td colspan="3">유기용제 중독 예방 규칙</td></tr>
<tr><td>소재지</td><td colspan="4"></td><td rowspan="2">작업공정</td><td colspan="3" rowspan="2">(1) 금속도장용 락카의 혼합<br>(2) 금속기계부품 스프레이도장<br>(3) 기계가공시에 부품의 세정탈지</td></tr>
<tr><td>설치장소</td><td colspan="4"></td></tr>
<tr><td>유해물질</td><td colspan="4">제2종 유기용제(톨루엔, 자일렌)</td><td>설계자</td><td></td><td>설계년월일</td><td></td></tr>
<tr><td rowspan="3">후드의<br>형식치수<br>설치치수<br>흡인방향</td><td>No.</td><td>1</td><td>형식</td><td>외부식(슬로트형)</td><td>흡인방향</td><td>측방</td><td>제어속도</td><td>$V_c$ : 0.5 m/s</td></tr>
<tr><td colspan="4" rowspan="2">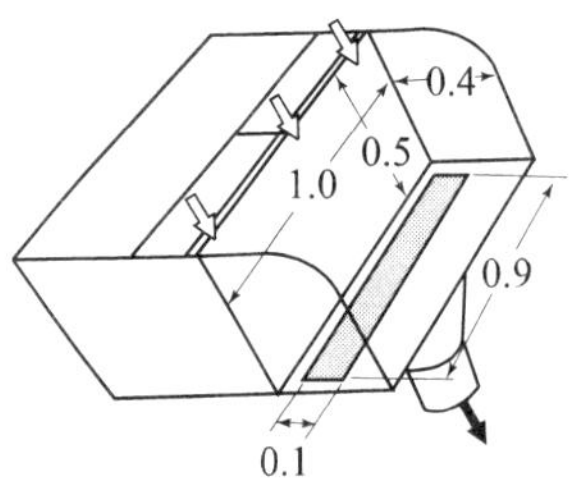</td><td>흡인거리</td><td>$x$ : 0.5m</td><td>개구면적</td><td>$A_0$: 0.09m$^2$</td></tr>
<tr><td colspan="4">송풍량의 계산<br>풍속의 불균일에 대한 보정계수 $k$<br>$W$=0.1m, $L$=1.0m<br>$Q = 60 \times 1.6 \times L \times x \times V_c$<br>$= 60 \times 1.6 \times 1.0 \times 0.5 \times 0.5$<br>$= 24\ \mathrm{m^3/min}$</td></tr>
</table>

그림 8.8 국소배기장치 계산서(1항)

<table>
<tr><td rowspan="6">후드의<br>형식치수<br>설치치수<br>흡인방향</td><td>No.</td><td>2</td><td>형식</td><td>포위식(건축부스형)</td><td>흡인방향</td><td>/</td><td>제어속도</td><td>$V_c$ : 0.4 m/s</td></tr>
<tr><td colspan="4" rowspan="2">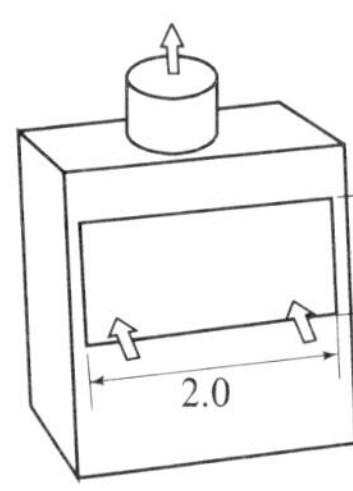</td><td>흡인거리</td><td>/</td><td>개구면적</td><td>$A_0$: 2.0m$^2$</td></tr>
<tr><td colspan="4">송풍량의 계산<br>풍속의 불균일에 대한 보정계수 $k$ : 1.1<br>$W$=0.1m, $L$=1.0m<br>$Q = 60 \times A_o \times V_c \times k$<br>$= 60 \times 2.0 \times 0.4 \times 1.1$<br>$= 52.8 \fallingdotseq 53\ \mathrm{m^3/min}$</td></tr>
<tr><td>No.</td><td>3</td><td>형식</td><td>외부식(환기작업대)</td><td>흡인방향</td><td>하방</td><td>제어속도</td><td>$V_c$ : 0.5 m/s</td></tr>
<tr><td colspan="4" rowspan="2">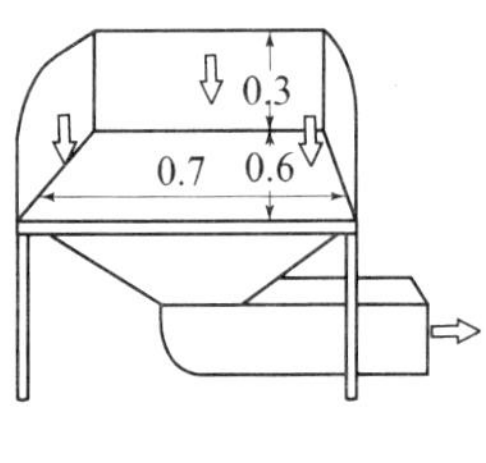</td><td>흡인거리</td><td>$x$ : 0.3m</td><td>개구면적</td><td>$A_0$: 0.42m$^2$</td></tr>
<tr><td colspan="4">송풍량의 계산<br>풍속의 불균일에 대한 보정계수 $k$ : 1<br>$W$=0.1m, $L$=1.0m<br>$Q = 60 \times 0.5 \times V_c \times (10x^2 + A)$<br>$= 60 \times 0.5 \times 0.5 \times (10 \times 0.09 + 0.42)$<br>$= 19.8 \fallingdotseq 20\ \mathrm{m^3/min}$</td></tr>
</table>

그림 8.9 국소배기장치 계산서(2항)

## 8.5 국소배기장치 계산서의 작성방법(1. 후드의 필요송풍량)

그림 8.10, 8.11, 8.12는 설계신고서(그림 8.6)의 유해업무 란에 기재되어 있는 작업 (1), (2) (3)에 상당하는 것이다. 계산서 1항 위의 4행은 설명할 필요는 없다. 락카의 혼합작업(그림 8.10)의 작업대에는 외부식 슬로트형 후드와 주위에 칸막이가 설치되어 있다. 이것을 기류 방향과 송풍량 계산의 수치를 포함한 알기 쉬운 실체도로 고쳐서 왼쪽 밑에, 송풍량 $Q$의 계산방법을 오른쪽 아래에 기입한다.

나머지 2개의 후드에 대해서도 마찬가지이다.

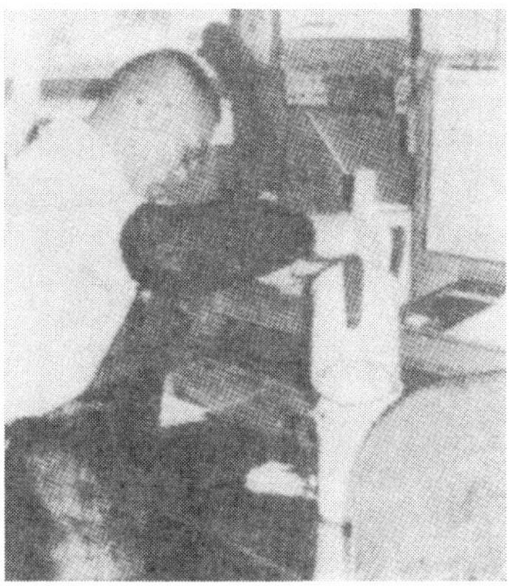

그림 8.10 락카의 혼합용 작업대

그림 8.11 스프레이 도장용 부스

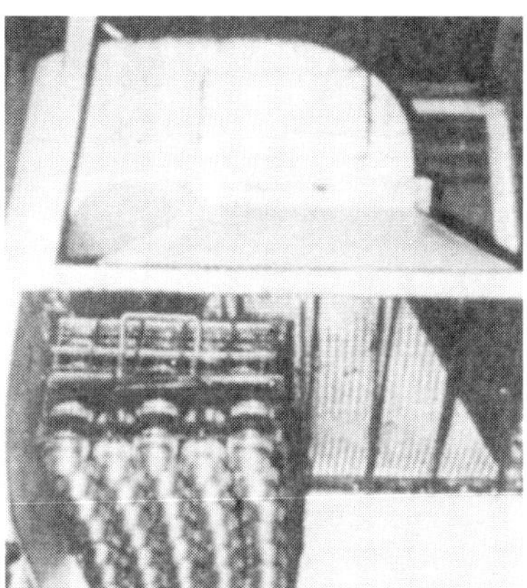

그림 8.12 기름낙하용 환기작업대

## 8.6 국소배기장치 계산서의 작성방법 (2. 압력손실계산의 준비)

국소배기장치 계산서의 3항(그림 8.13)은 전에 설명한 송풍관 계통선도의 기입 서식이다. 계통선도는 서식 ③란에 기입하여야 하는 것이지만 ③란에 적어 넣을 수 없으므로 압력손실의 계산시 편리함을 생각해서 국소배기장치 계산서 3항에 기입해서 첨부한다. 다음에 국소배기장치 계산용지의 4항, 5항(그림 8.14)은 송풍관 계의 압력손실의 계산용지로 나중에 압력손실의 계산을 할 때에 편리하도록 3항의 계통선도를 보면서 필요한 수치를 기입하여 둔다.

우선 왼쪽으로부터 제1란에는 먼저 계통선도상에서 송풍관에 붙인 번호에 따라 번호와 그 부분의 명칭을, 예를 들면 0~1 후드 No. 1로 기입한다. $P_{L1}$이라 하면 이 부분의 압력손실을 표시하는 기호이다. 제2란에는 송풍관의 직경 $D$(사각형 송풍관인 경우에는 가로×세로의 길이와 상당직경 $D_e$인 원의 면적을 기입한다. 흔히 가로×세로로 구한 진짜 면적을 기입하는 사람이 있으나 이것은 틀린 것이다. 왜 진짜의 면적이 아니고 상당직경의 원 면적을 사용해야 하는가, 그 이유를 알 수 없으면 다시 한 번 상당직경(7.6 참조)의 부분을 읽어보기 바란다.

$$\begin{aligned} &\text{송풍관 단면적}\ (A_d)\ (\mathrm{m}^2) \\ &= [\text{송풍관의 직경}\ (D)\ (\mathrm{m})]^2 \times 3.14 \div 4 \end{aligned} \tag{8.1}$$

단면적을 구하는 데는 표 7.4를 이용하면 편리하다. 제4란에는 그 부분을 흐르는 송풍량 $Q$를, 제5란에는 그 송풍량 $Q$와 송풍관 단면적 $A_d$에서 계산한 반송속도 $V_T$를 기입하여 둔다.

$$\begin{aligned} &\text{반송속도}\ (V_T)\ (\mathrm{m/s}) \\ &= \text{송풍량}(Q)\ (\mathrm{m^3/min}) \div 60 \div \begin{pmatrix} \text{송풍관 단면적} \\ (A_d)\ (\mathrm{m}^2) \end{pmatrix} \end{aligned} \tag{8.2}$$

직선 송풍관의 부분에 대해서는 8란에 그 부분의 길이 $L$을 기입한다. 곡관의 곡률 $r/D$, 합류 부분의 합류각도 $\theta$, 확대관, 축소관의 테이퍼 $\theta$ 등도 이 란에 기입해 두면 나중에 압손계수를 결정하는 데 편리하다.

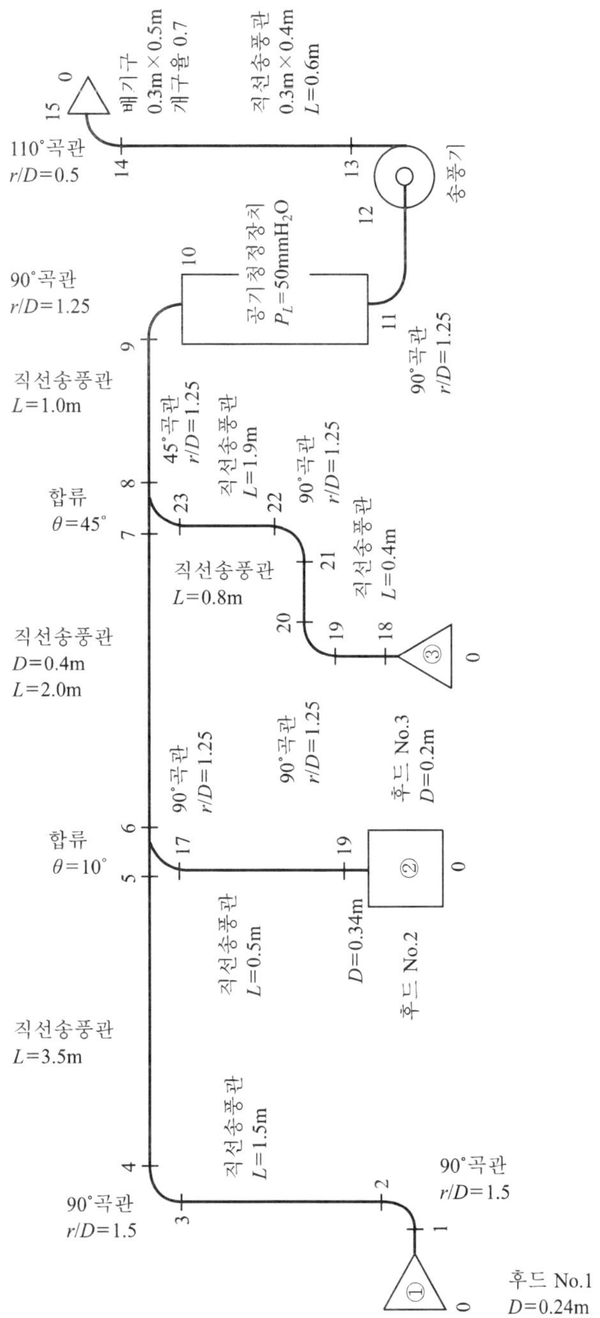


그림 8.13 국소배기장치 계산서(3항)

| 1 | 2 | 3 | 4 | 5 | 6 | 7 | 8 | 9 | 10 | | 11 |
|---|---|---|---|---|---|---|---|---|---|---|---|
| 계통<br>선도<br>번지 | 송풍관직경 $D$<br>또는<br>상당직경 $D_e$<br>(m) | 송풍관<br>단면적<br>$A$<br>($m^2$) | 송풍량<br><br>$Q$<br>($m^3$/min) | 반송<br>속도<br>$V_T$<br>(m/s) | 속도압<br><br>$P_V$<br>($mmH_2O$) | 직관<br>압손<br>$\Delta P_L$<br>($mmH_2O$/m) | 송풍관<br>각부의<br>형상<br>치수 | 압손<br>계수<br>$\xi$ | 압력손실 $P_L$<br>($mmH_2O$) | | 정압<br><br>$P_S$<br>($mmH_2O$) |
| | | | | | | | | | 부분 | 누계 | |
| 0~1<br>후드 No.1<br>$P_{L1}$ | 0.24 | 0.045 | 24 | 8.8 | | | | | | | |
| 1~2<br>90° 곡관<br>$P_{L2}$ | 〃 | 〃 | 〃 | 〃 | | | $r/D$=1.5 | | | | |
| 2~3<br>직선송풍관<br>$P_{L3}$ | 〃 | 〃 | 〃 | 〃 | | | $L$=1.5m | | | | |
| 3~4<br>90° 곡관<br>$P_{L4}$ | 〃 | 〃 | 〃 | 〃 | | | $r/D$=1.5 | | | | |
| 4~5<br>직선송풍관<br>$P_{L5}$ | 〃 | 〃 | 〃 | 〃 | | | $L$=3.5m | | | | |
| 5~6<br>합류<br>$P_{L6}$ | 〃 | 〃 | 〃 | 〃 | | | $\theta$=45° | | | | |
| 6~7<br>직선송풍관<br>$P_{L7}$ | 0.4 | 0.126 | 77 | 10.2 | | | $L$=2.0m | | | | |
| 7~8<br>합류<br>$P_{L8}$ | 〃 | 〃 | 〃 | 〃 | | | $\theta$=45° | | | | |
| 8~9<br>직선송풍관<br>$P_{L9}$ | 0.45 | 0.159 | 97 | 10.2 | | | $L$=1.0m | | | | |
| 9~10<br>90° 곡관<br>$P_{L10}$ | 〃 | 〃 | 〃 | 〃 | | | $r/D$=1.25 | | | | |
| 10~11<br>공기청정장치<br>$P_{L11}$ | 〃 | 〃 | 〃 | 〃 | | | | | | | |

그림 8.14 국소배기장치 계산서(4항)
제1단계 : 계통선도번호에서 반송속도까지

CHAPTER

# 9 압력손실계산의 기초지식

## 9.1 공기의 흐름과 압력손실

압력손실의 계산에 있어서는 공기의 성질에 관하여 두세 가지의 원리적인 것을 이해해 두어야만 한다. 압력손실의 계산은 어렵다고 처음부터 그렇게 알고 있는 사람도 있는 것 같은데 원리를 잘 이해해 두면 절대로 어려운 것은 아니다. 송풍관 안의 공기 흐름은 도로를 달리는 자동차의 흐름과 같다. 곧고 넓은 도로에서는 차가 많아도 서로 충돌할 걱정없이 안전하게 달릴 수 있으나 도중에 한 차선이라도 막혀 있거나 도로 폭이 좁은 곳이 있으면 차의 흐름은 몹시 나빠져 속력을 낮추어야 한다. 도로폭은 같아도 급한 커브나 교차로에서는 당연히 속력을 낮출 수밖에 없다. 경사가 급한 언덕을 오를 때에도 당연히 속력이 떨어진다. 차의 흐름과 마찬가지로 송풍관의 내부를 흐르는 공기 흐름이 좋건 나쁘건 그것은 흐르는 장소의 크기와 형태에 따라 다르다. 송풍관의 내부를 흐르는 공기 흐름이 어려운 것을 송풍관의 통기저항(flow resistance)이라 부른다.

통기저항이 있는 송풍관 안에 저항에 역행해서 공기를 흐르게 할 때는 그 저항을 이겨내는 에너지가 필요하다. 마치 차가 달리는데 에너지가 필요한 것과 같은 것이다. 차가 길을 달릴 때에 필요한 에너지는 연료의 형태로 엔진에 공급되지만 기류에너지는 송풍기(환풍기)에 의하여 압력의 형태로 공급된다. 송풍관 내의 기류는 「압력」이라는 연료를 사용하여 달리고 있다고 말할 수 있다. 송풍관의 통기저항이 클수록 압력은 더 소비된다. 이것을 압력손실(pressure loss)이라고 말한다.

## 9.2 공기가 갖는 압력의 표현방법

공기의 압력단위에는 기압(atm), kg/cm$^2$, millibar, mmHg, Pascal 등 여러 가지가 있지만 국소배기의 설계시 취급하는 공기 압력은 매우 작은 것이므로, 보통 mm$H_2O$라 하는 단위를 사용한다. $H_2O$가 물의 화학식이라는 것은 잘 알려져 있지만 왜 공기 압력을 표시하는 단위에 물이 나오는 것일까? 압력을 측정하는 방법 중 수주마노미터로 측정하는 방법이 있다. U자형의 유리관(또는 투명한 비닐관)에 중간까지 물을 넣으면 오른쪽과 왼쪽의 수면은 같은 높이가 된다(그림 9.1(a)). 그러나 그 한쪽의 끝에 호스를 연결해서 불면 압력이 걸린 쪽의 수면은 밀려 내려가서 그 부분만큼 반대측의 수면이 밀려 올라간다(그림 9.1(b)).

그래서 강하게 불수록 좌우 수면높이의 차이는 커진다. 그것은 강하게 불수록 그림의 오른쪽 수면에 걸리는 압력이 커지기 때문이다. 이때 압력은 수면 높이의 차이에 비례하므로 그 차이가 몇 mm인가를 측정하여 압력으로 표시할 수가 있다. 이것을 수주밀리미터라 부르며 mm$H_2O$, mm수주, mmAq 등으로 쓴다(Aq라고 하는 말은 라틴어로 물을 표시하는 'aqua'의 약자이다. 잠수에 사용하는 'aquanaut'는 물의 폐, 즉 수중호흡기를 뜻한다).

이번에는 반대로 마노미터의 오른쪽에 있는 호스의 끝을 빨면 오른쪽 수면이 빨려 올라가고 왼쪽 수면은 그만큼 내려간다(그림 9.1(c)).

그림 9.1에서는 마노미터의 호스를 연결하지 않은 왼쪽의 수면은 대기압에 개방되어져 있고 (b)와 같이 호스를 연결한 오른쪽의 수면이 왼쪽의 수면보다 낮다고 하는 것은 호스를 통하여 수면에 가해진 압력이 대기압보다 크다는 것을 표시한다. 이와

(a) 압력　(c) 압력 : +P(mm$H_2O$) (가압, 정압)　(c) 압력 : −P(mm$H_2O$) (감압, 부압)

그림 9.1 수주마노미터에 의한 압력의 측정방법

같이 대기압보다 큰 압력을 가압 또는 정압이라 하고 (+) 기호로 나타낸다. 반대로 (c)의 경우에는 수면에 가해진 압력이 대기압보다 적으므로 감압 또는 부압이라 하고 (−) 기호로 나타낸다.

## 9.3 정압, 속도압(동압), 전압

유체역학의 전문서적 중에는 공기(유체)가 갖는 압력(pressure)을 수두(head)로 나타낸 것이 있는데 이것은 마노미터의 물을 의인화해서 수면을 사람의 머리에 비유한 것이다.

그림 9.1(b), (c)에서 마노미터의 오른쪽, 호스를 연결한 쪽의 수면에는 압력이 걸려 있으나 공기는 흐르고 있지 않다. 이와 같이 공기 흐름에 관계없는 압력을 정압(static pressure)이라 부르고 $P_S$라고 하는 기호로 표시한다.

고무풍선을 공기로 가득 채웠을 때 그 안의 공기는 압력을 갖고 있지만 이 압력은 흐름과는 관계가 없으므로 정압이라고 한다(그림 9.2(a)). 그러나 풍선을 바늘로 찔러 작은 구멍을 내면 거기에서 공기가 '슛' 소리를 내며 흘러나가 내부 압력은 그 만큼 감소한다. 공기가 작은 구멍으로 빠져나오기 위해서는 당연히 그 만큼의 에너지가 필요하지만 이 경우에는 풍선 내의 정압이 감소한다. 그래서 풍선에서 불어나오는 기류를 손바닥으로 받으면 손바닥에 바람을 느끼게 된다(그림 9.2(b)).

이것은 손바닥에 기류가 부딪혀서 기류가 갖고 있는 운동에너지에 상당하는 압력이 생성하였기 때문이다. 이 압력은 기류속도와 관계되므로 기류의 동압 혹은 속도압(velocity pressure)이라 부르며 $P_V$라고 하는 기호로 표시한다. 한 번 더 정리하

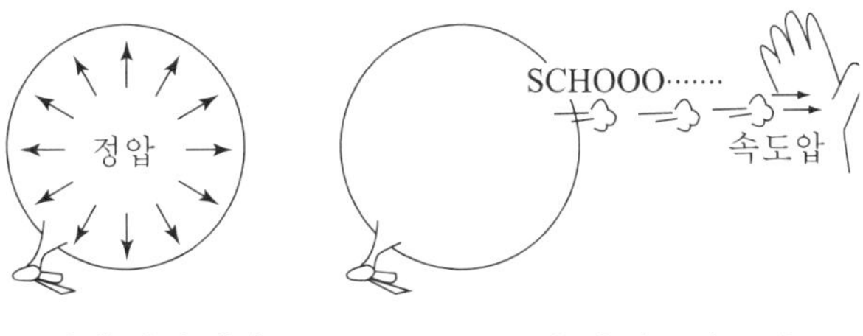


(a) 풍선 안의 정압　　(b) 토출된 기류 속도압

그림 9.2 정압은 기류에너지로 변한다.

면 풍선 내부에 정지하고 있는 공기는 정압 $P_S$를 갖고 있고 이 정압 $P_S$는 기류의 운동에너지인 속도압 $P_V$로 변할 수가 있다는 것이다. 좀더 이해하기 쉽게 말하면 풍선 안에서 정지하고 있는 공기는 정압이라고 하는 가솔린을 넣은 채 정지하고 있는 자동차로서 이것이 출발할 때에는 속도압이라고 하는 에너지가 나오지만 그만큼 정압이라고 하는 가솔린이 사용된다는 것이다.

다음으로 달리고 있는 자동차가 갖고 있는 모든 에너지는 얼마 만큼인가에 대하여 생각해 보자. 달리고 있는 자동차의 속도에 관계되는 운동에너지는 연료탱크 내의 가솔린이 소비되면서 발생되는 것이다. 이것 외에 연료 탱크에 남아있는 가솔린도 있다. 이 양쪽의 합계가 달리고 있는 자동차가 갖고 있는 전체 에너지일 것이다. 기류의 경우에는 정압과 속도압의 합계가 전체에너지로 이것을 전압(total pressure)이라 부르고 $P_T$라는 기호로 나타낸다. 이 압력들 사이에는 다음 관계가 있다.

$$\text{정압}(P_S)(\text{mmH}_2\text{O}) + \text{속도압}(P_V)(\text{mmH}_2\text{O}) = \text{전압}(P_T)(\text{mmH}_2\text{O}) \tag{9.1}$$

## 9.4 송풍관 내 기류의 정압, 속도압(동압), 전압

송풍관 안을 흐르는 기류의 정압, 속도압, 전압을 수주마노미터를 사용하여 측정해 본다. 우선 정압을 측정할 때는 송풍관의 벽에 작은 구멍을 뚫어 여기에 마노미터의 한쪽을 연결하고 마노미터의 다른 한쪽은 그대로 대기 중에 개방해 둔다(그림 9.3). 흡인송풍관에서 송풍관 내는 감압, 즉 정압 $P_S$는 (−), 배기송풍관 내에서 정압 $P_S$는 (+)이다.

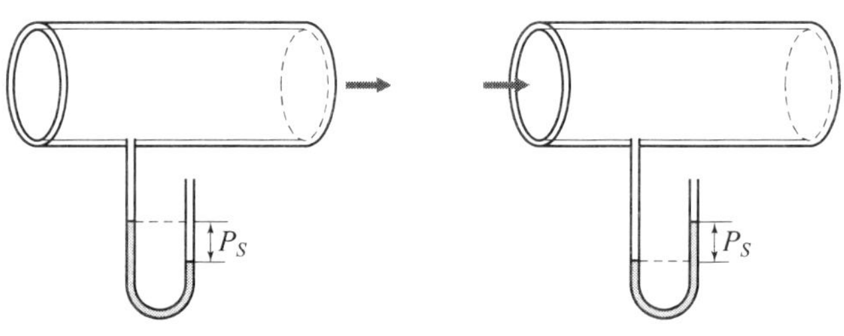


(a) 흡인송풍관 내의 정압 $P_S$는 (−)　　(a) 배기송풍관 내의 정압 $P_S$는 (+)

그림 9.3　정압의 측정방법

다음에 속도압을 측정하기 위해서는 마노미터의 한 쪽을 송풍관 내 기류의 상류로 향해 부착된 파이프에 연결하고 다른 한 쪽은 송풍관 벽에 뚫린 구멍으로 연결한다(그림 9.4). 이렇게 하면 기류 방향으로 설치한 파이프의 끝에서는 기류의 운동에너지가 압력으로 변하여 마노미터의 수면을 밀어내린다. 이때 수면높이의 차이가 속도압 $P_V$이다. 속도압은 앞에서도 설명한 대로 기류속도에 관계되는 값으로 기류속도가 (−)로 되는 일은 없으므로 속도압도 (−)로 되는 일은 없다.

정압 $P_S$와 속도압 $P_V$를 합한 것이 전압 $P_T$라는 것은 식 (9.1)에서 설명했으나 전압을 측정할 때는 속도압을 측정할 때에 사용한 그림 9.4의 마노미터의 오른쪽을 송풍관 벽에 뚫린 구멍 안에 연결하지 않고 대기 중에 개방하면 된다. 그렇게 하면 좌측 파이프의 끝에는 기류의 운동에너지가 모양을 바꾼 속도압 $P_V$와 송풍관 내 정압 $P_S$ 모두가 걸린다. 그리고 우측의 수면에는 대기압이 걸리게 되므로 수면의 높이차가 송풍관 내 정압 $P_S$는 양쪽에 걸리고 우측의 수면에는 대기압이 걸리게 되므로 수면의 높이차가 송풍관 내 전압 $P_T$를 나타내는 것이다. 사실은 앞에서 속도압을 측정할 때에도 좌측에는 전압 $P_T$가 걸려 있었던 것인데 우측의 수면에 정압 $P_S$가 걸려 있었기 때문에 전압 $P_T$와 정압 $P_S$의 차이인 속도압 $P_V$가 수면의 높이차로 되어서 나타난 것이다.

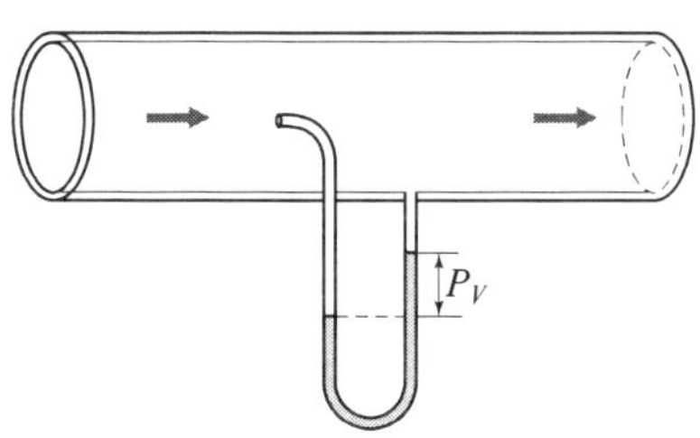


흡인송풍관에서도 배기송풍관에서도
속도압 $P_V$는 (+)

**그림 9.4 속도압의 측정방법**

이 관계를 정리한 것이 그림 9.5와 그림 9.6이다. 배기송풍관의 경우에는 정압 $P_S$도 속도압 $P_V$도 (+)이어서 전압 $P_T$도 당연히 (+)가 되지만 흡인송풍관의 경우에는 정압 $P_S$의 절대값이 속도압 $P_V$의 절대값보다 적을 때 전압 $P_T$는 (+), 반대로 $P_S$의 절대값이 $P_V$의 절대값보다 클 때에는 전압 $P_T$는 (−)로 된다.

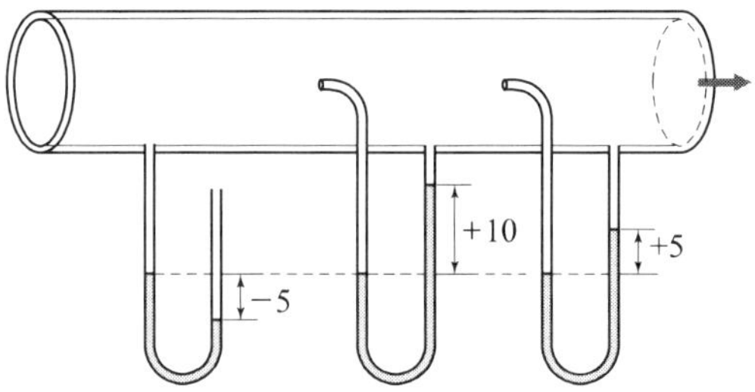


정압 $P_S$+ 속도압 $P_V$= 전압 $P_T$

−5+10=+5(mmH$_2$O)

그림 9.5 흡인송풍관의 정압, 속도압, 전압의 관계

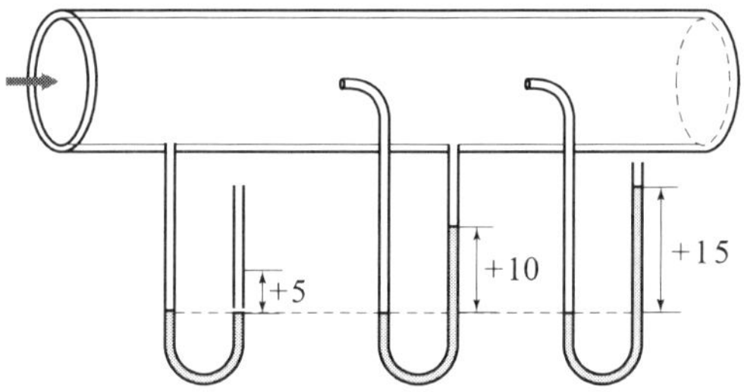


정압 $P_S$+ 속도압 $P_V$= 전압 $P_T$

+5+10=+15(mmH$_2$O)

그림 9.6 배기송풍관의 정압, 속도압, 전압의 관계

## 9.5 기류속도와 속도압

속도압은 기류의 운동에너지가 모양을 바꾼 것으로 풍속 $V$(m/s)와 속도압 $P_V$(mmH$_2$O)의 사이에는 다음의 관계가 성립한다.

$$속도압(P_V)(mmH_2O) = \left(\frac{속도(V)(m/s)}{4.04}\right)^2 \tag{9.2}$$

이 관계를 사용해 풍속에서 속도압을 계산하기도 하고 속도압을 측정해서 풍속을 구하기도 한다.

표 9.1 • 속도와 속도압의 관계

| V(m/s) | 0.0 | 0.1 | 0.2 | 0.3 | 0.4 | 0.5 | 0.6 | 0.7 | 0.8 | 0.9 |
|---|---|---|---|---|---|---|---|---|---|---|
| 0 | | | | | 0.01 | 0.02 | 0.02 | 0.03 | 0.04 | 0.05 |
| 1 | 0.06 | 0.07 | 0.09 | 0.10 | 0.12 | 0.14 | 0.16 | 0.18 | 0.20 | 0.22 |
| 2 | 0.25 | 0.27 | 0.30 | 0.32 | 0.35 | 0.38 | 0.41 | 0.45 | 0.48 | 0.52 |
| 3 | 0.55 | 0.59 | 0.63 | 0.67 | 0.71 | 0.75 | 0.79 | 0.84 | 0.88 | 0.93 |
| 4 | 0.98 | 1.03 | 1.08 | 1.13 | 1.19 | 1.24 | 1.30 | 1.35 | 1.41 | 1.47 |
| 5 | 1.53 | 1.59 | 1.66 | 1.72 | 1.79 | 1.85 | 1.92 | 1.99 | 2.06 | 2.13 |
| 6 | 2.21 | 2.28 | 2.35 | 2.43 | 2.51 | 2.59 | 2.67 | 2.75 | 2.83 | 2.92 |
| 7 | 3.00 | 3.09 | 3.18 | 3.26 | 3.35 | 3.45 | 3.54 | 3.63 | 3.73 | 3.82 |
| 8 | 3.92 | 4.02 | 4.12 | 4.22 | 4.32 | 4.43 | 4.53 | 4.64 | 4.74 | 4.85 |
| 9 | 4.96 | 5.07 | 5.18 | 5.30 | 5.41 | 5.53 | 5.65 | 5.76 | 5.88 | 6.00 |
| 10 | 6.13 | 6.25 | 6.37 | 6.50 | 6.63 | 6.75 | 6.88 | 7.01 | 7.15 | 1.28 |
| 11 | 7.41 | 7.54 | 6.68 | 7.82 | 7.96 | 8.10 | 8.24 | 8.39 | 8.53 | 8.68 |
| 12 | 8.82 | 8.97 | 9.12 | 9.27 | 9.42 | 9.57 | 9.73 | 9.88 | 10.04 | 10.20 |
| 13 | 10.35 | 10.51 | 10.67 | 10.84 | 11.00 | 11.17 | 11.33 | 11.50 | 11.67 | 11.84 |
| 14 | 12.01 | 12.18 | 12.35 | 12.53 | 12.70 | 12.88 | 13.06 | 13.24 | 13.42 | 13.60 |
| 15 | 13.78 | 13.97 | 14.15 | 14.34 | 14.53 | 14.72 | 14.91 | 15.10 | 15.30 | 15.49 |
| 16 | 15.68 | 15.88 | 16.08 | 16.27 | 16.48 | 16.68 | 16.88 | 17.09 | 17.29 | 17.50 |
| 17 | 17.70 | 17.91 | 18.12 | 18.33 | 18.55 | 18.76 | 18.98 | 19.19 | 19.41 | 19.63 |
| 18 | 19.85 | 20.07 | 20.29 | 20.51 | 20.74 | 20.97 | 21.20 | 21.42 | 21.65 | 21.88 |
| 19 | 22.12 | 22.35 | 22.59 | 22.82 | 23.06 | 23.30 | 23.54 | 23.78 | 24.02 | 24.26 |
| 20 | 24.51 | 24.75 | 25.00 | 25.25 | 25.50 | 25.75 | 26.00 | 26.25 | 26.51 | 26.76 |
| 21 | 27.02 | 27.28 | 27.50 | 27.80 | 28.06 | 28.32 | 28.59 | 28.85 | 29.12 | 29.39 |
| 22 | 29.65 | 29.92 | 30.20 | 30.47 | 30.74 | 31.02 | 31.29 | 31.57 | 31.85 | 32.13 |
| 23 | 32.41 | 32.69 | 32.98 | 33.26 | 33.55 | 33.84 | 34.12 | 34.41 | 34.71 | 35.00 |
| 24 | 35.29 | 35.59 | 35.88 | 36.18 | 36.48 | 36.78 | 37.08 | 37.38 | 37.68 | 37.99 |
| 25 | 38.29 | 38.60 | 38.91 | 38.22 | 39.53 | 39.84 | 40.15 | 40.47 | 40.78 | 41.10 |

표 9.1은 풍속과 속도압의 관계를 표로 나타낸 것이다. 예를 들면 풍속 $V$가 10.0 m/s일 때 속도압 $P_V$는 표 9.1의 좌측열의 10, 맨 위 란의 0.0과 마주치는 곳의 값 6.13 $mmH_2O$이다. 또 풍속 $V$가 20.5 m/s일 때 속도압 $P_V$는 표 9.1의 좌측열의 20, 맨위의 란 0.5가 마주치는 곳의 값 25.75 $mmH_2O$ 이다. 이상의 사실을 정리하면 다음과 같다.

① 송풍관 내의 기류는 정압, 속도압, 전압의 세 종류의 압력을 가지고 있다.

② 정압 $P_S$는 흡인송풍관 내에서는 (−) (감압상태), 배기송풍관 내에서는 (+) (가압상태)이고, 풍속과는 관계가 없다.

③ 정압 $P_S$는 기류의 운동에너지로 변환될 수가 있다.

④ 속도압 $P_V$는 기류의 운동에너지로서 풍속이 클수록 속도압도 커진다.

⑤ 속도압 $P_V$는 풍속 $V$를 알 수 있으면 $(V/4.04)^2$으로 계산된다.

⑥ 전압 $P_T$는 정압 $P_S$와 속도압 $P_V$의 합으로 기류가 갖고 있는 전체에너지에 상당한다.

**•Note•** 단순히 국소배기의 압력손실을 계산하기 위해서는 식 (9.2)로 속도압을 계산하는 것만으로도 충분하다. 만약 당신이 물리학을 조금 공부한 적이 있어서 어떻게 식 (9.2)가 만들어졌는가, 흥미가 있다면 조금 더 생각하기를 바란다.

질량 $m$인 물체가 속도 $V$로 움직이고 있는 때의 운동에너지 $E=\frac{1}{2}mV^2$로 나타내는 것은 물리교과서에 자세히 쓰여 있다. 그 물체의 중량을 $w$라 하면 질량 $m$은 $w/g$ ($g$는 중력가속도, 9.8 m/s$^2$)로 이 물체가 1 m$^3$의 공기라고 하면 그 무게 $w$는 공기의 비중 $\gamma$와 같다. 공기의 비중은 온도, 압력, 습도에 따라서 변화하지만 국소배기 설계시에는 특히 조건없는 한 20℃, 1기압, 상대습도 75%의 습한 공기(이것을 표준공기라 부른다)의 비중 1.2014 kg/m$^3$을 사용한다. 이 값을 대입하여 앞의 식을 고쳐 쓰면 기류의 운동에너지는 다음과 같이 구해진다.

$$E=\frac{\gamma \cdot V^2}{2 \cdot g}=\frac{1.2014(\text{kg/m}^3)\times[V(\text{m/s})]^2}{2\times 9.8(\text{m/s}^2)}$$

$$=\frac{V^2}{16.3143}=\left(\frac{V}{4.04}\right)^2(\text{kg/m}^2)$$

이것은 1 m$^3$의 공기가 $V$(m/s)의 속도로 움직일 때 운동에너지이다. 한편 물의 밀도는 1000 kg/m$^3$이므로 이 식의 $E$의 단위(kg/m$^2$)라는 것은 1 cm$^2$의 면적에 0.1 g의 물, 즉 mm$H_2O$에 상당한다.

## 9.6 압력손실과 전압, 정압, 속도압(동압)

압력손실과 기류가 갖는 압력에 대해 조금 설명하기로 한다. 압력손실이란 통기저항이 있는 송풍관 안에서 저항에 역행하여 공기를 흐르게 하기 위해 소비된 에너지이고, 기류에너지란 기류가 갖고 있는 압력이다. 또 기류에너지를 나타내는 압력에는 정압과 속도압이 있고 그 합계가 전압이 된다. 다시 말하자면 통기저항에 역행하여 송풍관 안에 공기를 흐르게 하면 압력손실만큼 기류의 전압이 감소하게 되는 것이다(그림 9.7).

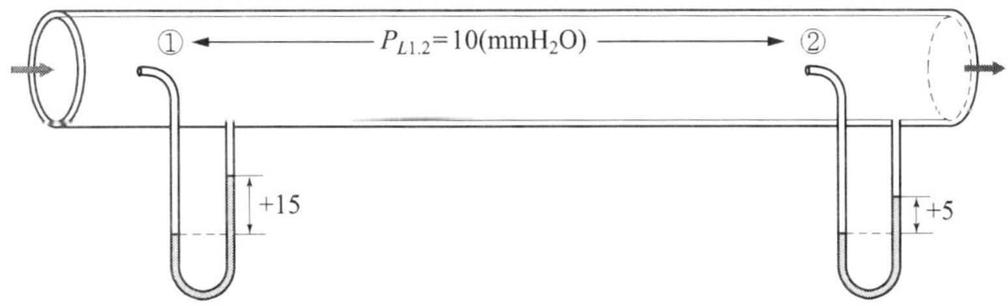


전압 $P_{T1}$=+15(mmH$_2$O) 전압 $P_{T2}$=+5(mmH$_2$O)

①점의 전압 $P_{T1}$－②점의 전압 $P_{T2}$=①, ②사이의 압력손실

+15－(+5)=10(mmH$_2$O)

그림 9.7 압력손실은 전압의 차이

이것을 식으로 나타내면 식 (9.3)과 같이 된다.

$$\text{①점의 전압}(P_{T1})(\text{mmH}_2\text{O}) - \text{②점의 전압}(P_{T2})(\text{mmH}_2\text{O}) = \text{①,②점 사이의 압력손실}(P_{L1,2})(\text{mmH}_2\text{O}) \tag{9.3}$$

또 전압은 정압과 속도압의 합계이므로 전압이 감소하면, 즉 압력손실이 있으면 정압이 감소하는 수도 있고 속도압이 감소하는 수도 있다. 때로는 정압, 속도압 모두 감소하는 일도 있다. 송풍관 중간에 구멍이 뚫리지 않는 한 송풍관 안을 흐르는 기류의 양이 많아진다거나 감소되는 일은 없다. 따라서 송풍관의 크기가 변화되지 않는 경우에는 ①, ②점의 기류속도는 같아서 속도압 $P_{V1}$과 $P_{V2}$도 같아진다. 이것은 기류속도에 변화가 없는 경우에 압력손실은 정압이 감소된다는 것을 나타내는 것이다(그림 9.8).

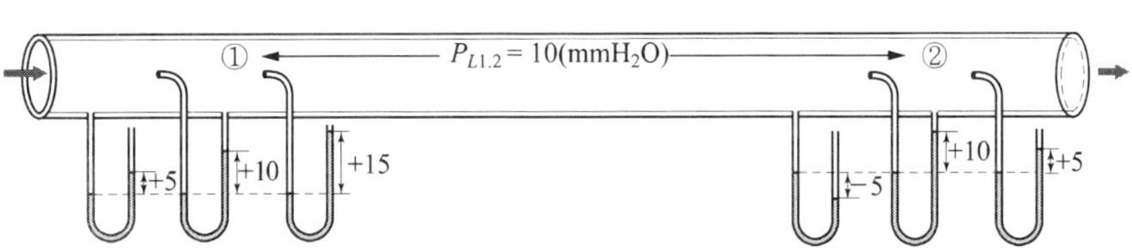


①점의 정압 $P_{S1}$+속도압 $P_{V1}$=전압 $P_{T1}$

+5+10=+15(mmH$_2$O)

②점의 정압 $P_{S2}$+속도압 $P_{V2}$=전압 $P_{T2}$

－5+10=+5(mmH$_2$O)

①점의 전압 $P_{T1}$－②점의 전압 $P_{T2}$=①, ②사이의 압력손실

=①점의 정압 $P_{S1}$－②점의 정압 $P_{S2}$

+5－(－5)=10(mmH$_2$O)

그림 9.8 반송속도에 변화가 없는 경우에 압력손실은 정압의 차이로 나타난다

$$①\text{점의 정압}(P_{S1})(\mathrm{mmH_2O}) - ②\text{점의 정압}(P_{S2})(\mathrm{mmH_2O}) = ①,②\text{점 사이의 압력손실}(P_{L1,2})(\mathrm{mmH_2O}) \tag{9.4}$$

이 사실은 도로를 계속 달리고 있는 자동차가 가지고 있는 에너지는 속력이 변하지 않으면 어디까지 달려도 언뜻 보기에는 변하지 않는 것 같이 보이지만 그것은 운동에너지가 변하지 않는 것이고 실제로는 연료 탱크내 가솔린이 줄어든 만큼 에너지가 없어지는 것과 같다. 그러면 도중에 기류속도가 변한 경우, 예를 들면 송풍관의 크기가 변하거나(확대관, 축소관), 합류 부분에서 반송속도가 변한 경우는 어떻게 되는 것일까? 그 경우에는 ①, ②점의 속도압에 차이가 생기므로 전압의 차 $P_{T1}-P_{T2}$에서 속도압의 차 $P_{V1}-P_{V2}$를 뺀 나머지가 정압의 차이가 된다.

기류의 양은 변하지 않고 송풍관의 지름이 커지는 확대관의 전후에서 확대 후 기류속도는 송풍관 단면적에 반비례하여 적어지고 속도압은 또 그 제곱에 비례해서 적어진다. 속도압 감소의 일부는 압력손실로서 소비되지만 나머지는 정압의 증가로 되어 나타난다. 이것을 확대관의 정압회복(regain of static pressure at expansion)이라고 부른다(그림 9.9). 이것을 식으로 표시하면 다음과 같다.

$$\text{속도압의 감소}(P_{V1}-P_{V2})(\mathrm{mmH_2O}) = \text{압력손실}(P_L)(\mathrm{mmH_2O}) + \text{정압의 회복}(P_{S2}-P_{S1})(\mathrm{mmH_2O}) \tag{9.5}$$

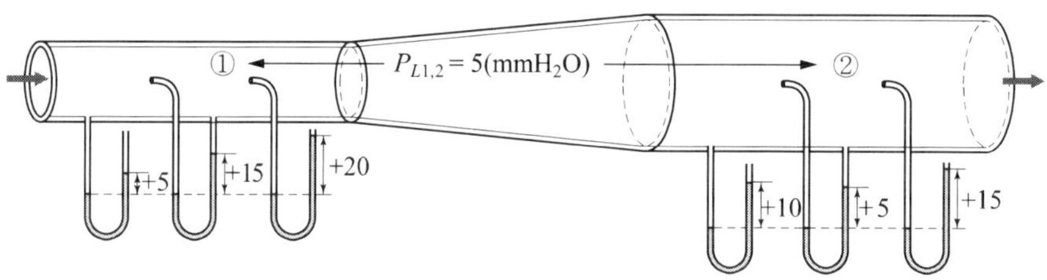


①점의 정압 $P_{S1}$ + 속도압 $P_{V1}$ = 전압 $P_{T1}$
+5+15=+20(mmH₂O)

②점의 정압 $P_{S2}$ + 속도압 $P_{V2}$ = 전압 $P_{T2}$
+10+5=+15(mmH₂O)

①점의 전압 $P_{T1}$ − ②점의 전압 $P_{T2}$ = ①, ②사이 압력손실 $P_{L1,2}$
+20 − 15=5(mmH₂O)

②점의 정압 $P_{S2}$ − ①점의 정압 $P_{S1}$ = ①, ②사이 정압의 회복
+10 − 5=5(mmH₂O)

그림 9.9 확대관의 정압회복

반대로 송풍관 중간에 축소관과 같이 반송속도가 증가하는 곳이 있으면 속도압이 커진 만큼 여분으로 정압이 감소한다.

$$\begin{aligned}&\text{속도압의 증가}(P_{V2}-P_{V1})(\mathrm{mmH_2O})\\&=\text{압력손실}(P_L)(\mathrm{mmH_2O})+\text{정압의 감소}(P_{S1}-P_{S2})(\mathrm{mmH_2O})\end{aligned} \tag{9.6}$$

이상을 정리하면 다음과 같다.

① 송풍관 내를 기류가 흐르면 압력손실만큼 전압이 감소한다.
② 반송속도에 변화가 없다면 압력손실만큼 정압이 감소한다.
③ 확대관과 같이 반송속도가 저하하는 부분의 전후에 속도압 감소의 일부는 압력손실로 되고, 나머지는 정압의 회복이 된다.
④ 축소관과 같이 반송속도가 증가하는 부분의 전후에 속도압의 증가분만큼 여분으로 정압이 감소한다.

### 피토우(Pitot)관

송풍관 내 기류속도압은 그림 9.4의 방법으로 측정되지만 실제로는 프랑스의 과학자 헨리 피토우(Henri Pitot)가 발명한 피토우관(pitot tube)이라고 부르는 도구가 사용되고 있다. 피토우관은 측정하는 장소에 따라 선정할 수 있도록 여러 가지 형태가 연구되어 있으며 시판품은 직경 8 mm의 내관을 삽입한 아래의 그림과 같은 것이 일반적이다.

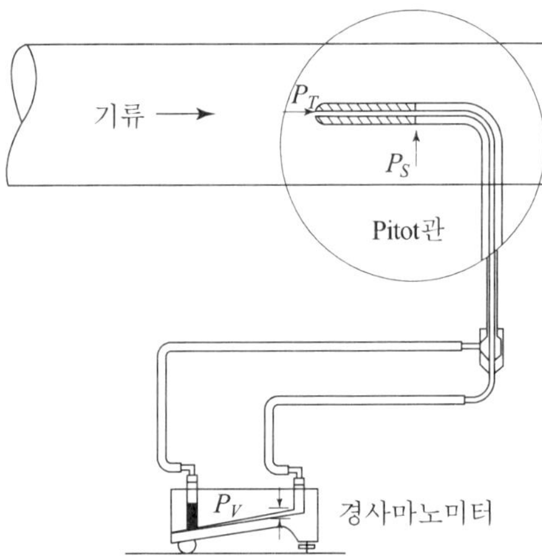


속도압을 측정할 때는 송풍관 안에 내관 끝의 구멍을 기류의 풍상측으로 향하도록 세트시킨다. 내관 안쪽에서는 기류로 인하여 전압 $P_T$가 걸리게 된다.

$$\text{속도압 } P_V + \text{정압 } P_S = \text{ 전압 } P_T$$

또 끝에서 65 mm 길이의 외관 주위에는 직경 1 mm의 구멍이 8개가 뚫려 있어서 여기서 외관 안에 정압 $P_S$가 걸린다. 외관과 내관의 접속구멍을 각각 마노미터의 양단에 연결하여 속도압 $P_V$를 읽는다. 보통의 마노미터에서는 미소한 압력차를 읽는 것이 어려우므로 정밀한 측정에서는 그림과 같은 경사마노미터를 사용한다.

## 연습문제

**9-1** 다음 그림은 송풍관 내의 압력을 측정한 결과를 나타낸 것이다. 이 그림에서 정압, 동압 그리고 전압을 찾아내시오.

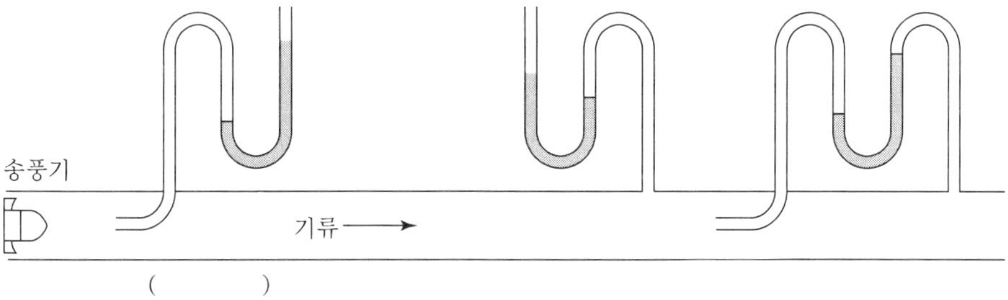


**9-2** 동압(속도압)을 구하는 공식을 쓰시오.

**9-3** 직경이 244 mm이고 유량이 340 $m^3$/min인 송풍관에서 유속(m/s)은?

**9-4** 제어속도(control velocity)란?

**9-5** 폭 380 mm, 길이 760 mm인 사각형관과 등가인 원형관의 직경은 몇 cm인가?

**9-6** 반송속도가 10 m/s일 때 이 송풍관 내의 속도압은?

**9-7** 유속이 8 m/s인 송풍관의 압력손실 즉, 동압은?

**9-8** 일반 공업분진의 반송속도( $V_T$)는 몇 m/s인가?

**9-9** 내경 380 mm의 얇은 강철판의 직관을 통하여 송풍량 150 $m^3$/min의 표준공기를 송풍할 때 Reynold수는 얼마인가? 단, 공기의 동점성계수 $\nu$는 $1.5\times10^{-5}$ $m^2$/s 이다.

**9-10** 반송속도( $V_T$)가 10 m/s일 때 오염물질 종류를 세가지 쓰시오.

**9-11** 송풍관 내의 유속을 측정하는 기구는 무엇이 있는가?

**9-12** 송풍관에 존재하는 압력의 세가지 종류를 쓰시오.

**9-13** 국소배기장치의 효율적인 유지관리를 위해 정압측정공을 설치하여야 한다. 그 설치지점을 아는 대로 쓰시오.

**9-14** 내경 350 mm의 강철판 직관을 통하여 90 $m^3$/min의 표준공기를 송풍할 때 송풍관 내 평균 풍속(m/s)은?

**9-15** 35 $m^3$/min의 공기를 20 cm 직경의 원형직관을 이용하여 이동시킬 경우 속도압($mmH_2O$)은 얼마인가? 단, 공기의 비중은 1.2 kg/$m^3$으로 한다.

**9-16** 어떤 송풍관에서 상온, 상압의 공기가 흐르고 있다. 이 유속은 피토우관으로 측정한 결과 동압이 10 mmHg이었다. 이때의 유속을 계산하시오. 단, 공기의 비중량은 1.3 kg/$m^3$, 수은의 비중은 13.6이고 $C=1$이다.

CHAPTER

# 10 압력손실의 계산

압력손실의 계산은 송풍관을 부분압손으로 분해하여 각 부분의 압력손실(부분손실)을 구하여 합계를 내어 전체의 압력손실을 구한다. 부분압손을 구하는 방법은 송풍관의 직선부분(직선송풍관)에 대해서는 길이 1 m 당 압력손실에 직선 부분의 길이를 곱하여 구하고 직선 이외 부분압손은 표에서 찾아낸 압손계수에 그 부분을 지나가는 기류속도압을 곱하여 구하는 매우 간단한 것이다. 압손계산이라고 하면 굉장히 어려울 것 같아 미리 겁을 먹을지도 모르겠으나 그것은 지금까지 가르치는 방법에 문제가 있었다고 보며 표의 선을 긋는 방법만 알고 나면 그 다음은 곱셈과 뺄셈만 하면 되는 실로 쉬운 계산방법이다.

## 10.1 직선 송풍관의 압력손실

앞에서 말했듯이 자동차가 도로를 달릴 때에 연료를 소비하는 것처럼 공기가 송풍관 내를 흐를 때에 압력을 소비하는 것, 그것을 압력손실이라고 말한다.

자동차가 언덕도 커브도 신호도 없는 넓고 곧바른 고속도로를 쾌적하게 달리고 있다고 생각해 보자. 주행함에 따라 연료계기의 바늘은 점점 내려간다. 이 경우 다른 조건이 같다면 연료소비는 주행거리에 비례한다. 기류의 경우도 이것과 같아서 다른 조건이 변하지 않는다면 에너지의 소비, 즉 압력손실은 송풍관의 길이에 비례한다. 아주 새로운 철판으로 만든 직선 송풍관은 마찰저항 등이 조금도 없을 것이라고 생각되지만 실제로는 그 벽면에는 육안으로는 볼 수 없는 요철이 있으므로 기류와 벽면의 마찰 때문에 저항이 생기는 것이다.

언덕이 없는 평탄한 도로에서도 요철이 심하면 달리는데 더 많은 연료가 소모되고

도로폭이 좁으면 정체 때문에 연비가 나빠지게 된다. 기류의 경우도 같아서 송풍관 내면이 거칠거나 송풍관의 직경이 작아지면 직경에 반비례해서 압력손실이 커진다. 똑같은 도로를 달려도 너무 많은 속력을 내면 연비는 높아진다. 기류의 압력손실도 속도가 커지면 속도의 제곱에 비례하여 커진다.

직선송풍관의 압력손실을 구하는 데는 일반적으로 페닝 달시(Fanning D'archy)의 실험식이 사용된다.

$$P_L = f \times \frac{S_d}{A_d} \times P_V \times L \qquad (10.1)$$

$P_L$ : 직선 송풍관의 압력손실(mmH$_2$O)

$f$ : 송풍관의 마찰계수

$S_d$ : 송풍관의 주장(m)

$A_d$ : 송풍관의 단면적(m$^2$)

$P_V$ : 속도압(mmH$_2$O)

$L$ : 송풍관의 길이(m)

이 식에서 우변 제2항 (송풍관의 주장(周長)($S_d$)/송풍관의 단면적($A_d$))은 $S_d = \pi D$, $A_d = \pi D^2/4$이므로 약분하면 $S_d/A_d = 4/D$가 된다.

또 송풍관의 마찰계수 $f$는 송풍관 내면의 거칠기에 따라 결정되는 상수로 도로의 요철에 상당한다. 보통 함석판이나 새로운 철강판 송풍관의 마찰계수 $f$는 0.005 정도이다. 따라서 식 (10.1)을 바꾸어 쓰면 다음과 같이 된다.

$$P_L = 0.02 \times \frac{P_V}{D} \times L \qquad (10.2)$$

$P_L$ : 직선 송풍관의 압력손실(mmH$_2$O)

$P_V$ : 속도압(mmH$_2$O)

$D$ : 송풍관의 직경(m)

$L$ : 송풍관의 길이(m)

식 (10.2)의 우변 (0.02×속도압($P_V$) / 송풍관의 직경($D$))은 직선송풍관 1 m 당 압력손실에 상당하는 것으로 직관압손 $\Delta P_L$이라 부른다. 직선송풍관의 압력손실은 이 식을 사용하여 계산하거나 또는 계산도를 사용하여 송풍량 $Q$와 송풍관의 직경

$D$로부터 구한 직관압손 $\Delta P_L$에 길이 $L$을 곱하여 구한다.

$$P_L - \Delta P_L \times L \tag{10.3}$$

$P_L$ : 직선 송풍관의 압력손실(mmH₂O)

$\Delta P_L$ : 직관 압손(mmH₂O/m)

$L$ : 직관송풍관의 길이(m)

## 10.2 압력손실계산도 사용방법

그림 10.1은 압력손실의 계산도로 직선 원형 송풍관의 압력손실 계산도(또는 마찰저항 계산도)이다. 이 계산도는 아주 편리한 것으로 송풍량 $Q$와 반송속도 $V_T$에서 송풍관의 직경 $D$와 송풍관 1 m 당 압력손실 $\Delta P_L$을 구하거나 송풍량 $Q$와 송풍관 직경 $D$로부터 반송속도 $V_T$와 송풍관 1 m 당의 압력손실 $\Delta P_L$을 구할 수가 있다. 사용방법은 우선 송풍량 $Q$에 상당하는 세로축상의 점에서 가로축으로 평행선을 긋고 이 선이 반송속도 $V_T$의 오른쪽 밑 사선과 마주치는 점에서 밑으로 세로축의 평행선을 긋고 가로축과 만나는 점의 눈금이 송풍관 1 m 당의 압력손실 $\Delta P_L$, 또는 $Q$에 상당하는 횡선과 $V_T$의 오른쪽 밑 사선의 교점에서 이것과 교차하는 오른쪽 위 사선의 숫자가 송풍관의 직경 $D$(사각형 송풍관의 경우에는 상당직경 $D_e$)이다(그림 10.2).

예를 들면 그림 8.8, 8.9의 후드 No.1의 경우, 송풍량 $Q = 24\ \text{m}^3/\text{min}$. 반송속도 $V_T = 8.8\ \text{m}$라 하면 송풍관의 직경 $D = 0.24\ \text{m}$, 1 m당 압력손실 $\Delta P_L = 0.4\ \text{mmH}_2\text{O}$가 된다. 또 후드 No.2의 예에서 $Q = 53\ \text{m}^3/\text{min}$이므로 반송속도 $V_T = 9.8\ \text{m/s}$일 때에 송풍관의 직경 $D = 0.34\ \text{m}$, 1 m 당의 압력손실 $\Delta P_L = 0.34\ \text{mmH}_2\text{O}$가 된다. 이렇게 해서 정한 $\Delta P_L$에 직선부분의 길이를 곱하면 그 부분의 압력손실 $P_L$을 구할 수 있다.

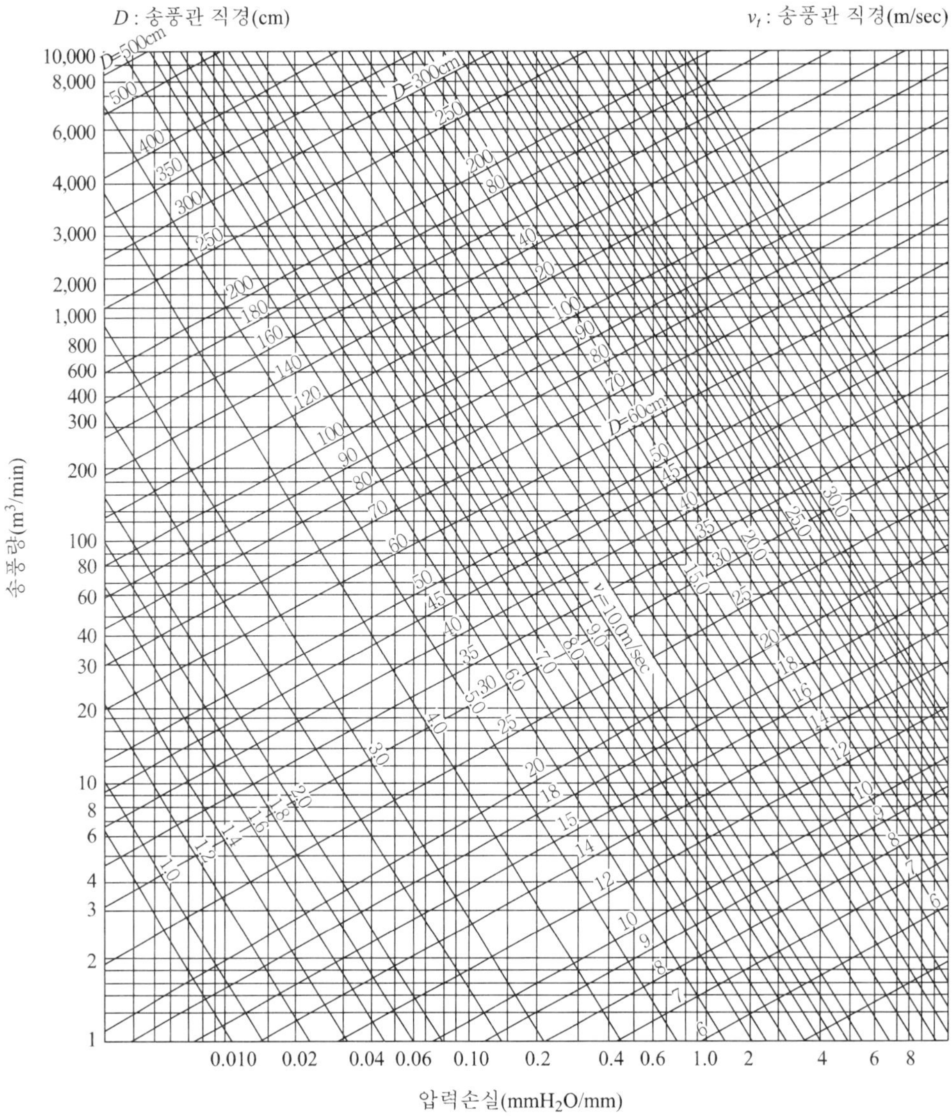


그림 10.1 직선원형 송풍관의 압력손실계산도

예를 들면 앞의 예 후드 No.1에 연결되는 직선송풍관 2~3의 부분은 길이 $L = 1.5\ \text{m}$, 따라서 압력손실 $P_L = 0.4 \times 1.5 = 0.6\ \text{mmH}_2\text{O}$, 또 후드 No.2에 연결되는 직선 송풍관 16~17 부분의 압력손실 $P_L = 0.34 \times 0.5 \fallingdotseq 0.2\ \text{mmH}_2\text{O}$가 된다. 또 현재 가지고 있는 송풍기를 사용해야 할 때와 주송풍관을 압력손실에 맞추어 가지 송풍관을 설계할 때에는 송풍량과 압력손실로부터 사용해야 할 송풍관의 직경과 반송속도를 결정하여야 할 때가 있다. 그 경우에는 이 계산도의 세로축 송풍량 $Q$에 상당하는 점에서 가로선을, 가로축의 압력손실 $\Delta P_L$에 상당하는 점에서 세로선을 긋고 그 교점에서 교차하는 오른쪽 위의 사선과 오른쪽 밑의 사선의 숫자를 읽으면 송풍관의 직경 $D$와 반송속도 $V_T$를 구할 수가 있다.

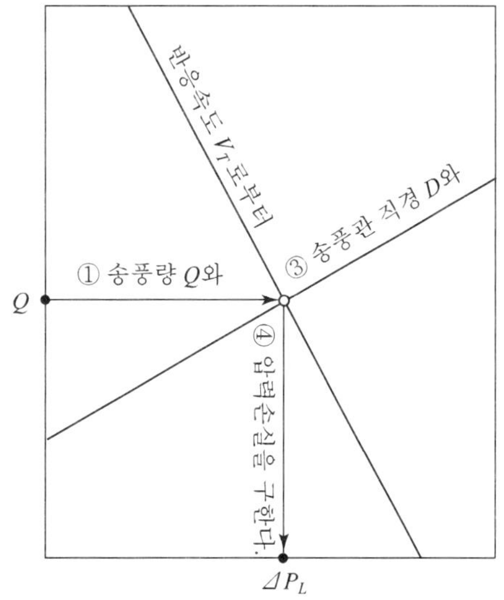


그림 10.2 송풍량과 반송속도, 송풍관 직경으로부터 압력손실을 구한다

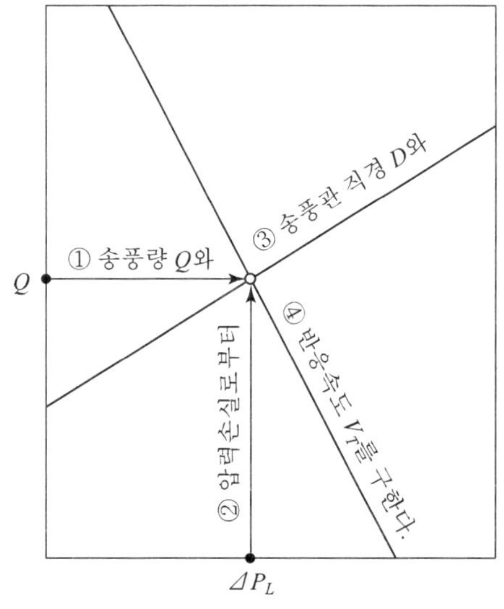


그림 10.3 송풍량과 압력손실, 송풍관 직경으로부터 반송속도를 구한다.

## 10.3 사각형 송풍관의 압력손실을 결정하는 방법

사각형 송풍관 단면 중에서 기류의 통로에 이용되는 부분의 면적과 같은 면적을 갖는 원의 직경을 상당직경이라고 한다. 이용되는 단면적이 똑같다는 것은 반송속도와 압력손실도 똑같다는 것이다. 따라서 사각형 송풍관의 압력손실을 구하는데 사각형 송풍관의 상당직경표(표 7.3)를 이용해서 송풍관의 가로, 세로를 일단 상당직경으로 고치고 나서 그림 10.1의 압력손실 계산도를 사용한다. 타원형 송풍관(oval duct)인 경우는 표 7.2에서 상당직경을 구한다.

예를 들면 송풍량 $Q = 80\ \mathrm{m^3/min}$을 46 cm×22 cm의 사각형 송풍관에 통과하는 경우 1 m 당 압력손실 $\Delta P_L$은 우선 사각형 송풍관의 상당직경표에서 구한 상당직경 $D_e$가 34.2 cm, 그림 10.1로 구한 1 m 당의 압력손실 $\Delta P_L$은 0.75 $\mathrm{mmH_2O}$가 된다. 또 반송속도 $V_T = 15\ \mathrm{m/s}$가 된다.

## 10.4 내면의 거칠기 보정

비포장도로를 자동차로 흔들리며 달리는 경우에는 같은 거리를 달려도 깨끗하게 포장된 고속도로를 달리는 것에 비해서 더 많은 가솔린이 소요된다. 송풍관의 경우에도 내면의 거칠기에 따라 압력손실이 변한다. 그림 10.1의 압력손실 계산도는 앞에서 설명한 것처럼 보통 함석판이나 새로운 철강판 정도의 거칠기를 가진 송풍관을 고려해 작성되어 있으므로 내면의 거칠기가 보통의 함석판과 다른 경우의 $\Delta P_L$은 압력손실 계산도로 구한 값에 표 10.1의 위의 보정계수를 곱하여 구한다. 또 송풍관 내면에 분진이 부착하는 것이 예상되는 경우에는 보정계수 1.5를 곱한다.

표 10.1 • 송풍관 내면의 거칠기 보정계수

| 송풍관의 내면 | 보정계수 | 송풍관 재료의 예 |
|---|---|---|
| 매끈하다 | 0.9 | 합성수지, 스테인레스 |
| 약간 거칠다 | 1.5 | 흑피강판, 콘크리트 |
| 아주 거칠다 | 2.0 | 리브부착 스파이럴, 플렉시블 |

## 10.5 신축형(flexible) 송풍관의 압력손실

최근에는 플라스틱의 기술이 진보한 덕분에 여러 가지 편리한 송풍관이 제작되었다. 신축형 송풍관(송풍관호스)도 그 한 가지이며 내구성 면에서는 아직 걱정이 되나 사용방법에 따라 대단히 유용하다. 특히 가동식 후드를 고정식인 주송풍관에 접속하는 등 국소배기 설계를 기동성 있게 하기 위해서는 없어서는 안되는 것이다. 그림 10.4

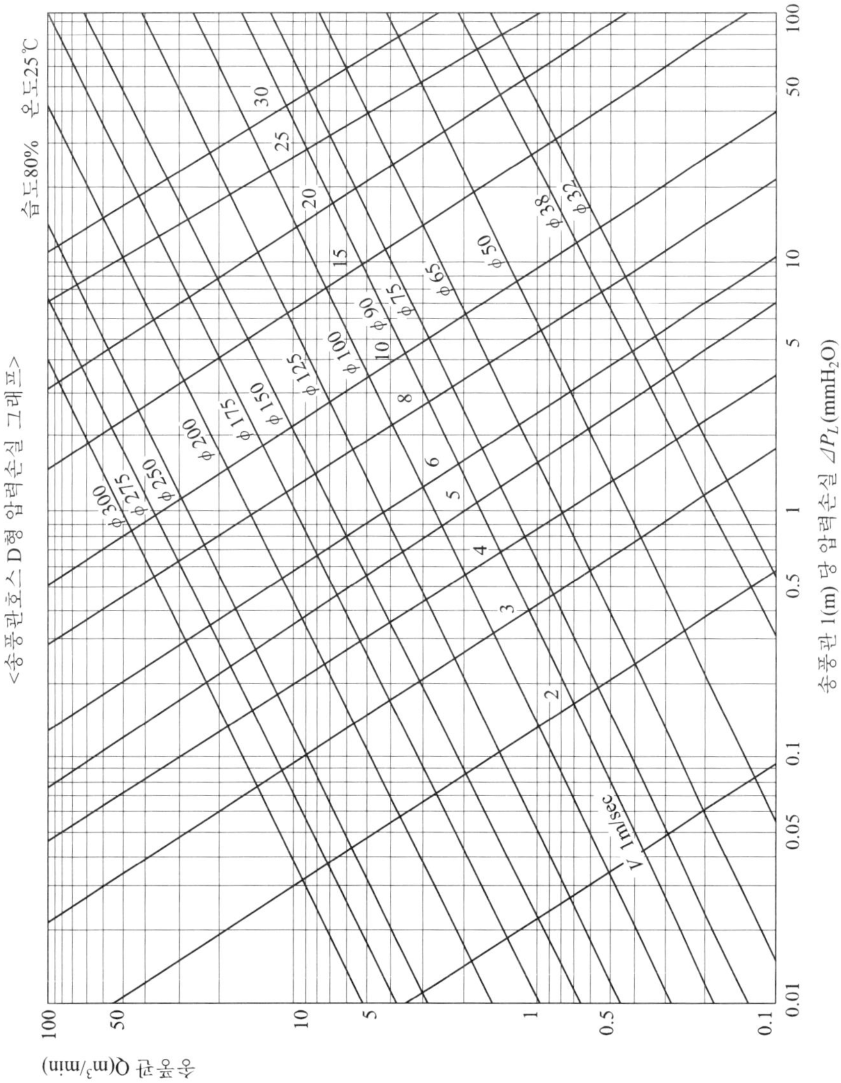


그림 10.4 플렉시블 송풍관의 압력손실계산도

는 신축형 송풍관의 예로서 송풍관호스 D형(표 10.2)의 압력손실 계산도로 그림 10.1과 사용방법이 같다. 이와 같은 데이터를 얻을 수 없는 신축형 송풍관의 압력손실은 그림 10.1에서 얻어진 $\Delta P_L$에 보정계수 2를 곱하여 구한다.

표 10.2 • 송풍관 호스 D형의 규격(시판제품 카탈로그에서 발췌)

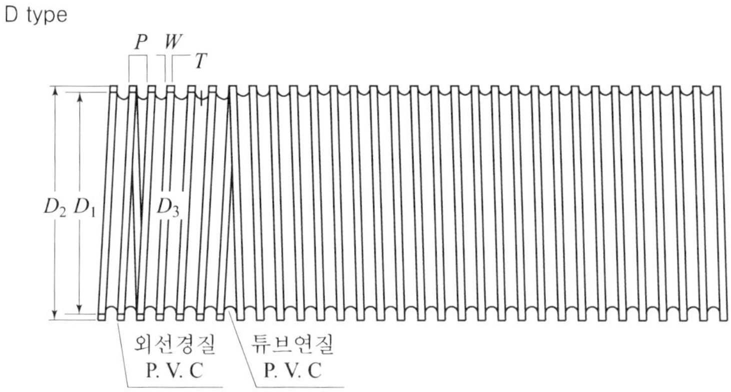


| 호칭 (m/m) | 내경 $D_1$ (m/m) | 비드내경 $D_3$ (m/m) | 외경 $D_2$ (m/m) | 피치 P (m/m) | 두께 T (m/m) | 외선폭 W (m/m) |
|---|---|---|---|---|---|---|
| 32 | 32.4±0.5 | 32.4 | 38.6±1.0 | 7.5±0.4 | 0.6±0.2 | 2.8±0.2 |
| 38 | 37.3±0.5 | 37.3 | 44.5±1.0 | 7.9±0.4 | 0.7±0.2 | 3.2±0.2 |
| 50 | 50.8±1.0 | 48.0 | 59.8±1.5 | 11.0±0.4 | 0.8±0.2 | 4.1±0.3 |
| 65 | 64.0±1.0 | 60.5 | 73.2±1.5 | 11.1±0.4 | 0.9±0.2 | 4.1±0.3 |
| 75 | 76.5±1.0 | 73.5 | 85.9±1.5 | 11.7±0.4 | 1.0±0.2 | 4.1±0.3 |
| 90 | 90.0±1.0 | 84.5 | 100.0±1.5 | 12.0±0.4 | 1.0±0.2 | 4.4±0.3 |
| 100 | 103.0±1.5 | 96.0 | 113.0±2.0 | 12.0±0.4 | 1.0±0.2 | 4.4±0.3 |
| 125 | 127.3±1.5 | 123.0 | 137.3±2.0 | 12.1±0.4 | 1.0±0.2 | 4.4±0.3 |
| 150 | 151.4±1.5 | 147.0 | 162.0±2.0 | 13.5±0.4 | 1.0±0.2 | 4.8±0.3 |
| 175 | 176.6±1.5 | 171.0 | 187.8±2.0 | 13.7±0.4 | 1.0±0.2 | 5.1±0.3 |
| 180 | 180.5±1.5 | 173.4 | 191.9±2.0 | 13.7±0.4 | 1.0±0.2 | 5.2±0.3 |
| 200 | 205.0±1.5 | 197.0 | 216.8±2.0 | 14.3±0.4 | 1.0±0.2 | 5.4±0.3 |
| 250 | 252.1±2.0 | 244.0 | 263.9±2.5 | 14.9±0.4 | 1.0±0.2 | 5.4±0.3 |
| 275 | 278.0±2.0 | 276.0 | 290.6±2.5 | 15.3±0.5 | 1.0±0.2 | 5.9±0.3 |
| 300 | 303.0±2.0 | 297.0 | 315.6±2.5 | 15.7±0.5 | 1.0±0.2 | 5.9±0.3 |

## 10.6 후드의 압력손실

공기가 후드로 흡인되어 송풍관에 유입될 때에도 상당히 높은 압력손실이 생긴다. 그것은 후드의 바깥에서 정지하고 있던 공기에 에너지를 주어 움직이게 하기 때문인 것으로 마치 정지하고 있던 자동차의 악셀레이터를 밟아서 발진시킬 때에 많은 양의 가솔린이 소비되는 것과 비슷하다. 후드의 압력손실은 일반적으로 다음 식으로 계산된다.

$$\begin{aligned} &\text{후드의 압력손실}(P_L)\,(\text{mmH}_2\text{O}) \\ &= \text{압손계수}(\zeta_0) \times \text{속도압}(P_V)\,(\text{mmH}_2\text{O}) \end{aligned} \tag{10.4}$$

후드의 압손계수 $\zeta_0$는 후드와 테이크오프(take off)의 형태에 따라 결정되는 계수로, $\zeta_0$가 크다고 하는 것은 마치 언덕 밑에서 위로 자동차를 발진시키면 편평한 곳에서 발진하는 것보다도 큰 에너지가 필요하다는 것과 비슷하다. 또 압력손실 $P_L$이 속도압 $P_V$에 비례하는 것은 직선 송풍관의 압력손실인 경우에서도 설명했지만 이것은 천천히 발진시키는 것보다 급히 발진시키는 쪽이 더 큰 에너지가 필요한 것과 같은 이치이다.

압손계수 $\zeta_0$ 대신에 유입계수(coefficient of entry) $C_e$의 개념을 이용하기도 한다. 유입계수라 하는 것은 후드에 유입된 기류 정압의 몇 퍼센트가 속도압으로 변화되었는가를 나타내는 연비효율과 같은 것이다. 유입계수 $C_e$로부터 압손계수 $\zeta_0$를 계산할 때는 다음의 식을 사용한다.

$$\text{압력손실계수}(\zeta_0) = \left(\frac{1}{\text{유입계수}(C_e)}\right)^2 - 1 \tag{10.5}$$

여러 가지 형식의 후드와 유입구의 압손계수와 유입계수를 표 10.3에 정리했다. 이 표의 그림에서 기류가 저항없이 유입되는 형식의 후드는 압력손실이 작다는 것을 알 수 있다. 후드의 압력손실을 계산하는 때 압손계수 $\zeta_0$와 곱하는 속도압 $P_V$는 대개의 경우 테이크 오프를 통해서 송풍관에 들어온 곳의 속도압, 즉 반송속도 $V_T$에 상당하는 속도압이다(표 10.3의 ③ 칼날형 오리피스 만은 예외로 오리피스 부분의 유속에 상당하는 속도압을 사용하고 있다).

표 10.3의 왼쪽 란의 그림 중에는 계산에 사용할 속도압을 측정하는 장소를 피토

우관의 끝으로 나타내고 있다. 그러므로 후드의 압력손실을 구하려면 우선 반송속도 $V_T$에 상당하는 속도압 $P_V$를 표 9.1에서 구하고 다음에 후드의 형식에서 압손계수 $\zeta_0$를 구하여 곱한다. 표 10.3에 기재 안 된 복잡한 형식의 후드 압력손실은 후드를 기류 흐름의 순서에 따라 단순한 형식으로 분해하여 각 부분의 압력손실을 구하여 그것을 가산해서 구한다.

표 10.3 • 후드의 압력손실계수와 유입계수

<table>
<tr><th>후드개구의 형태</th><th>그림</th><th colspan="5">압손계수($\zeta_o$)</th><th>유입계수($C_e$)</th></tr>
<tr><td>① 절개송풍관<br>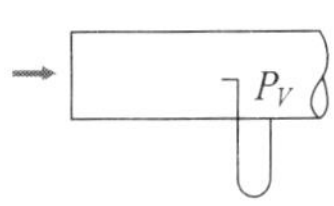</td><td>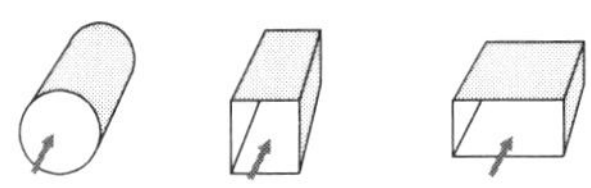</td><td colspan="5">0.93</td><td>0.72</td></tr>
<tr><td>② 플랜지부착 송풍관<br>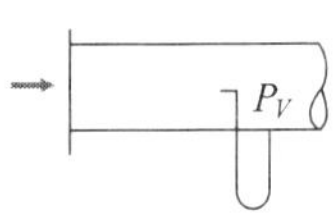</td><td>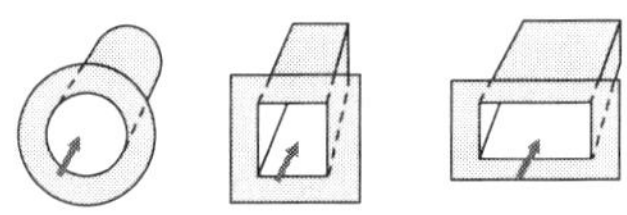</td><td colspan="5">0.49</td><td>0.82</td></tr>
<tr><td>③ 칼날형 오리피스<br>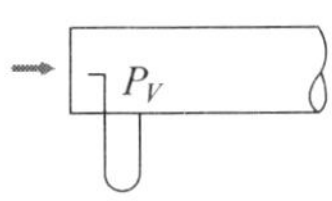</td><td>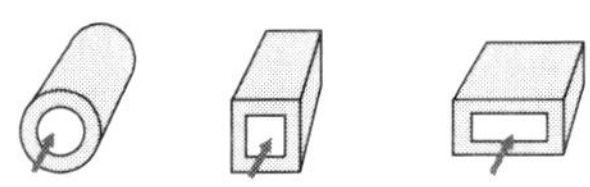</td><td colspan="5">1.78</td><td>0.60</td></tr>
<tr><td>④ 벨마우스<br>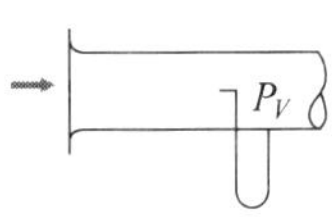</td><td>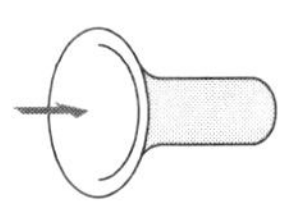</td><td colspan="5">0.04</td><td>0.98</td></tr>
<tr><td rowspan="7">⑤ 원형 또는 각형후드<br>(플랜지 부착도 같다)<br>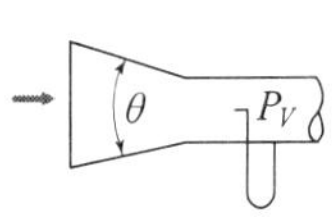</td><td rowspan="7">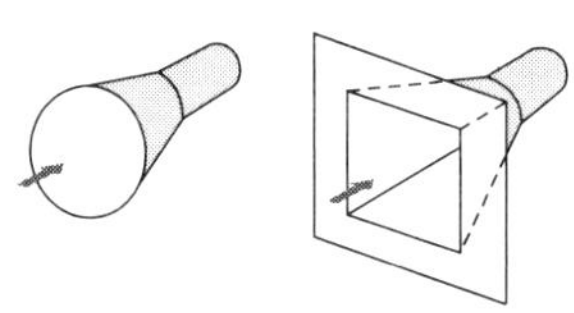</td><td rowspan="2">$\theta$</td><td colspan="2">원형</td><td colspan="3">각형</td></tr>
<tr><td>$\zeta_o$</td><td>$C_e$</td><td>$\zeta_o$</td><td colspan="2">$C_e$</td></tr>
<tr><td>30°</td><td>0.09</td><td>0.96</td><td>0.17</td><td colspan="2">0.92</td></tr>
<tr><td>45°</td><td>0.06</td><td>0.97</td><td>0.16</td><td colspan="2">0.93</td></tr>
<tr><td>60°</td><td>0.09</td><td>0.96</td><td>0.17</td><td colspan="2">0.92</td></tr>
<tr><td>90°</td><td>0.16</td><td>0.93</td><td>0.25</td><td colspan="2">0.89</td></tr>
<tr><td>120°</td><td>0.26</td><td>0.89</td><td>0.35</td><td colspan="2">0.86</td></tr>
<tr><td>⑥ 부스(송풍관 직결)<br>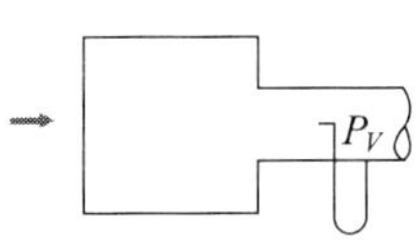</td><td>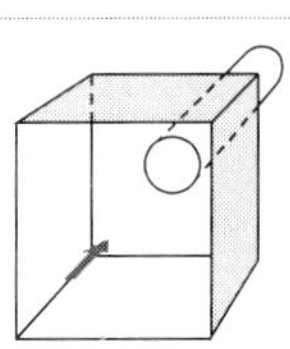</td><td colspan="5">0.50</td><td>0.82</td></tr>
</table>

<table>
<tr><th>후드개구의 형태</th><th>그림</th><th colspan="3">압손계수($\zeta_o$)</th><th colspan="2">유입계수($C_e$)</th></tr>
<tr><td rowspan="9">⑦ 부스(테이퍼송풍관 부착)<br>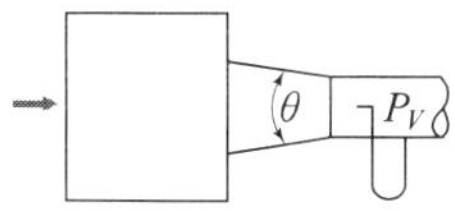</td><td rowspan="9">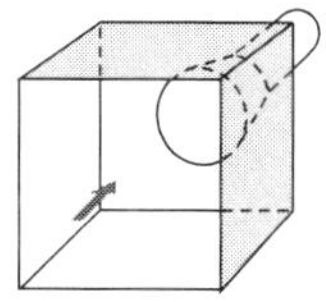</td><td rowspan="2">$\theta$</td><td colspan="2">원형</td><td colspan="2">각형</td></tr>
<tr><td>$\zeta_o$</td><td>$C_e$</td><td>$\zeta_o$</td><td>$C_e$</td></tr>
<tr><td>15°</td><td>0.15</td><td>0.93</td><td>0.25</td><td>0.89</td></tr>
<tr><td>30°</td><td>0.08</td><td>0.96</td><td>0.16</td><td>0.93</td></tr>
<tr><td>45°</td><td>0.06</td><td>0.97</td><td>0.15</td><td>0.93</td></tr>
<tr><td>60°</td><td>0.08</td><td>0.96</td><td>0.17</td><td>0.92</td></tr>
<tr><td>90°</td><td>0.15</td><td>0.93</td><td>0.25</td><td>0.89</td></tr>
<tr><td>120°</td><td>0.26</td><td>0.89</td><td>0.35</td><td>0.86</td></tr>
<tr><td>150°</td><td>0.40</td><td>0.84</td><td>0.48</td><td>0.82</td></tr>
<tr><td>⑧ 부스(벨마우스 부착)<br>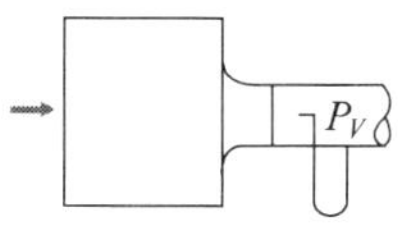</td><td>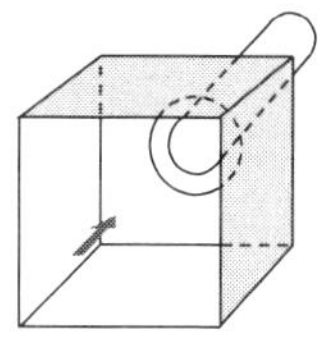</td><td colspan="3">0.1</td><td colspan="2">0.95</td></tr>
<tr><td>⑨ 이중캐노피<br>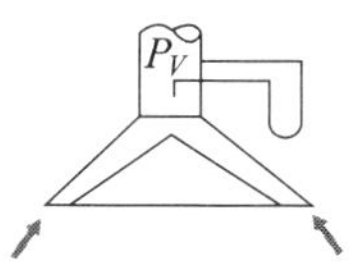</td><td>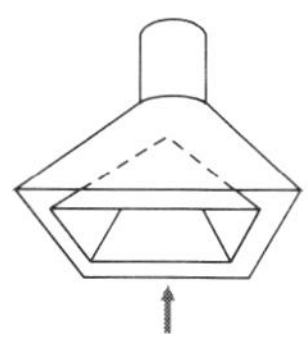</td><td colspan="3">1.0</td><td colspan="2">0.7</td></tr>
<tr><td>⑩ 그라인더커버<br>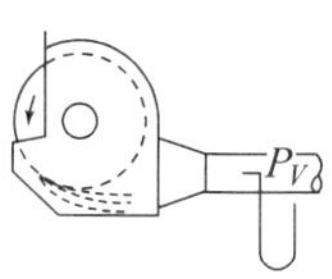</td><td>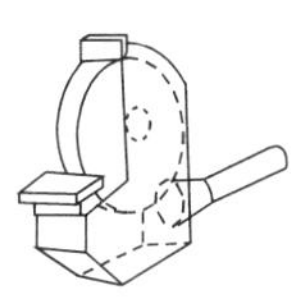</td><td colspan="3">테이퍼 없음<br>0.40<br><br>테이퍼 부착<br>0.65</td><td colspan="2">0.85<br><br>0.78</td></tr>
<tr><td>⑪ 그리드형 환기작업대<br>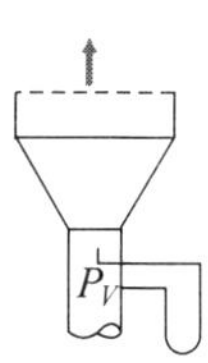</td><td>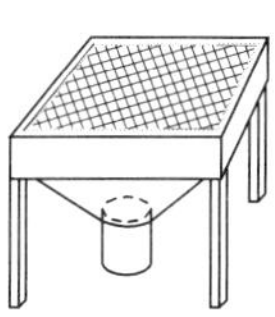<br>그리드재료<br>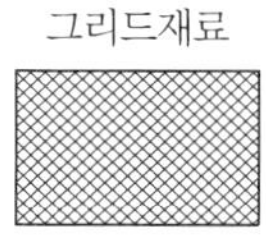<br>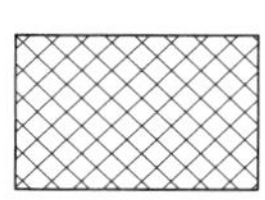<br><br></td><td colspan="3">3.6m/m눈 철망<br>(개구율 67%)<br>0.70<br><br>11m/m눈 철망<br>(개구율 72%)<br>0.51<br><br>펀치메탈(A)<br>(개구율 54%)<br>0.23<br><br>펀치메탈(B)<br>(개구율 61%)<br>0.26</td><td colspan="2">0.77<br><br>0.81<br><br>0.90<br><br>0.89</td></tr>
</table>

예를 들면 그림 10.5(a)의 루버(louver)형 후드인 경우에는 (b)와 같이 칼날형 오리피스와 플랜지부착 송풍관으로 분해하여 생각할 수 있다. 따라서 이 후드의 압력손실은 칼날형 오리피스 부분의 $1.78P_{V1}$ (표 10.3의 ③에서 $\zeta_0 = 1.78$)와 플랜지부착 송풍관 부분의 $0.49P_{V2}$(표 10.3의 ②에서 $\zeta_0 = 0.49$)의 합계, 즉 $P_L = 1.78P_{V1} + 0.49P_{V2}$가 된다. 만일 송풍관과 오리피스의 면적이 같으면 $P_{V1}$과 $P_{V2}$는 같아지므로 $P_L = 2.27P_V$가 된다. 송풍관의 테이크오프에 경사가 주어져 있는 경우에는 플랜지 부착 송풍관 부분의 압손계수는 표 10.3의 ⑤로 구하면 된다.

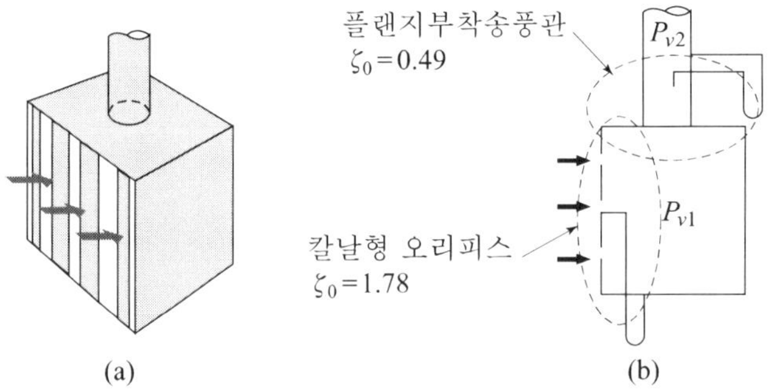


그림 10.5 루버형 후드의 압력손실계수와 속도압

## 10.7 곡관(bend)의 압력손실

곡관 부분을 공기가 흐를 때에는 방향을 전환하기 위한 에너지가 필요한데, 이것이 곡관의 압력손실이 된다. 곡관의 압손계수 $\zeta_1$는 주로 곡률(송풍관 중심선의 구부러진 반경/송풍관 직경)에 의하여 정해진 계수로 곡률반경이 작을수록(커브가 급격할수록) 압손계수 $\zeta_1$은 커진다. 즉, 급한 커브일수록 압손계수는 커진다. 송풍관의 설계시 곡관은 가능한 한 크게 구부려서 곡률을 2이상으로 하여야 한다는 것은 이 이유 때문이다. 원형곡관의 곡률과 압손계수의 관계를 표 10.4에 나타냈다.

단, 표 10.4의 압손계수는 선형곡관 또는 새우등 연결곡관의 새우등수가 직경 15 cm 이하이면 3개 이상, 직경 15 cm보다 클 때에는 5개 이상의 비교적 완만한 구부림으로 구부린 각도 $\theta$가 90°일 때 Ⓐ, Ⓑ 사이(그림 10.6)의 값이다.

표 10.4 • 원형곡관의 압손계수 (*외삽치)

| 곡률 $r/D$ | 압손계수 $\zeta_1$ |
|---|---|
| 0.50 | 1.2* |
| 0.75 | 1.0* |
| 1.00 | 0.8* |
| 1.25 | 0.55 |
| 1.50 | 0.39 |
| 1.75 | 0.32 |
| 2.00 | 0.27 |
| 2.25 | 0.26 |
| 2.50 | 0.22 |
| 2.70 | 0.26 |

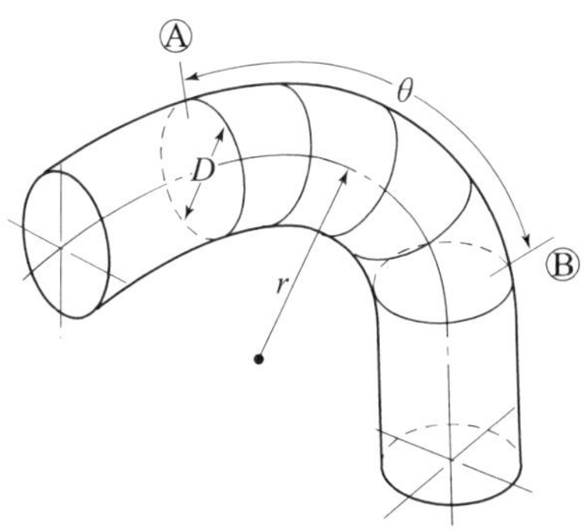


그림 10.6 원형 새우곡관

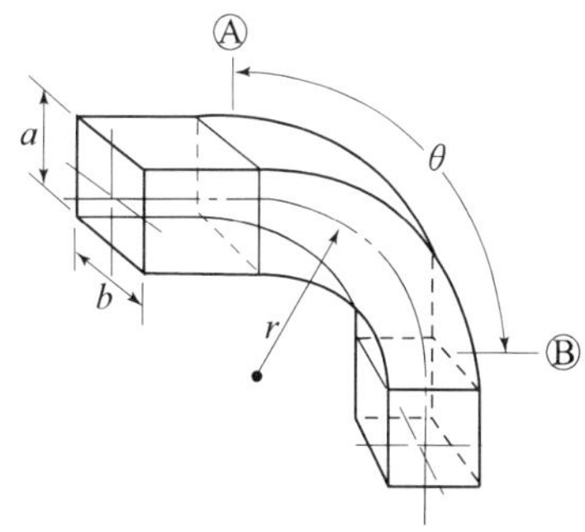


그림 10.7 사각형 새우곡관

곡률이 2.5보다 커지면 다시 압손계수가 커지는데 이것은 흐름방향의 변화에 의한 에너지의 손실감소로부터 Ⓐ, Ⓑ 사이의 거리가 증가함으로써 벽과의 마찰에 의한 에너지의 손실증가가 커지기 때문이다.

사각형 곡관(사각형 송풍관의 곡관)의 압손계수는 곡률 이외에 송풍관의 종횡비(aspect 비)에 의해서도 변한다. 표 10.5는 굽은 각도 $\theta$가 90°일 때 Ⓐ, Ⓑ 사이(그림 10.6)의 압손계수이다. 표에서 압손계수를 알았으면 곡관의 압력손실은 다음 식으로 계산한다. 굽은 각도가 90°가 아닌 경우에는 다음 식에서 계산한 $P_L$에 $\theta/90$을 곱하여 구한다.

$$\begin{aligned}&\text{곡관의 압력손실}(P_L)\,(\text{mmH}_2\text{O})\\&= \text{압손계수}(\zeta_1) \times \text{속도압}(P_V)\,(\text{mmH}_2\text{O})\end{aligned} \tag{10.6}$$

표 10.5 • 사각형 곡관의 압손계수

| 종횡비 $a/b$ / 곡률 $r/a$ | 압손계수 $\zeta_1$ | | | | | |
|---|---|---|---|---|---|---|
| | 4 | 2 | 1 | 1/2 | 1/3 | 1/4 |
| 0.0 | 1.50 | 1.32 | 1.15 | 1.04 | 0.92 | 0.86 |
| 0.5 | 1.36 | 1.21 | 1.05 | 0.95 | 0.84 | 0.79 |
| 1.0 | 0.45 | 0.28 | 0.21 | 0.21 | 0.20 | 0.19 |
| 1.5 | 0.28 | 0.18 | 0.13 | 0.13 | 0.12 | 0.12 |
| 2.0 | 0.24 | 0.15 | 0.11 | 0.11 | 0.10 | 0.10 |
| 3.0 | 0.24 | 0.15 | 0.11 | 0.11 | 0.10 | 0.10 |

송풍관에 곡률을 갖게 하지 않고 두 개를 연결시킨 직각밴드는 압손계수가 아주 크게 되어 ($\zeta_1$ =1.25~1.5) 바람직하지 않지만 경우에 따라서는 설치하는 장소의 제약상 사용해야만 할 때가 있다. 이러한 경우에는 밴드의 각에 그림 10.8과 같은 안내날개(guide vane)를 넣으면 기류가 전체적으로 분산되어 압손계수를 0.35(평판 vane) ~ 0.1(성형 vane)로 작게 한다.

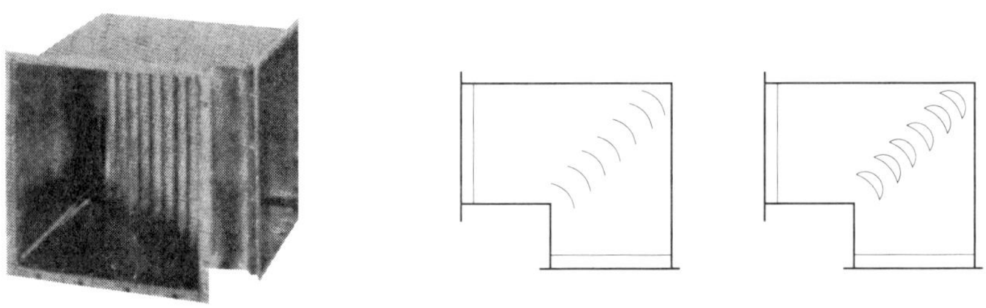

(a) 안내 날개(Guide vane)가 들어 있는 직각　(b) 평판 날개　(c) 성형 날개

그림 10.8 안내날개(guide vane)

## 10.8 원형 합류송풍관의 압력손실

주송풍관(main duct)과 가지송풍관(branch duct)의 기류가 합류하는 곳에서는 양쪽에서 기류가 합치게 될 때에 소용돌이가 생기기 때문에 에너지가 소비된다. 원형 송풍관의 합류 부분에는 주송풍관측, 가지송풍관측 양쪽에 압력손실이 일어난다.

표 10.6 • 원형합류 송풍관의 압손계수

| 합류각도 $\theta°$ | 압손계수 $\zeta_2$ | |
|---|---|---|
| | 주송풍관측 | 가지송풍관측 |
| 10 | 0.2 | 0.06 |
| 15 | 0.2 | 0.09 |
| 20 | 0.2 | 0.12 |
| 25 | 0.2 | 0.15 |
| 30 | 0.2 | 0.18 |
| 35 | 0.2 | 0.21 |
| 40 | 0.2 | 0.25 |
| 45 | 0.2 | 0.28 |
| 50 | 0.2 | 0.32 |
| 60 | 0.2 | 0.44 |
| 90 | 0.7 | 1.00 |

주송풍관을 흐르는 기류의 압력손실, 즉 그림 10.9의 Ⓐ와 Ⓑ 사이의 압력손실은 Ⓐ 단면을 지나는 기류속도압 $P_{V1}$에 표 10.6의 압손계수 $\zeta_2$를, 가지송풍관에서 주송풍관으로 합류하는 기류의 압력손실은 그림 10.9의 Ⓐ′ 단면을 지나는 기류속도압 $P_{V2}$에 표 10.6의 압손계수 $\zeta_2$를 각각 곱하여 구한다.

여기서 주송풍관측, 가지송풍관측이라는 것은 송풍관의 크기가 크거나 작은 것이 아니고 기류의 방향이 바뀌지 않는 쪽이 주송풍관측, 변하는 쪽이 가지송풍관측이다. Y자 합류와 같이 양쪽 모두 기류의 방향이 변하는 경우에는 양쪽 송풍관의 압력손실계수를 사용한다.

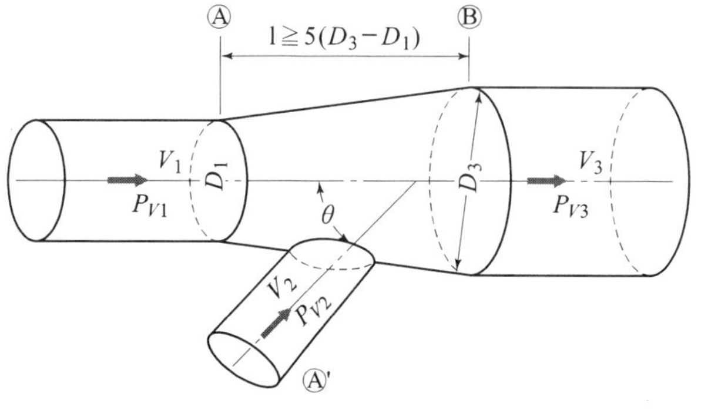


그림 10.9 원형 합류송풍관

$$\text{주송풍관측 합류의 압력손실}(P_L)(\text{mmH}_2\text{O}) = \text{압손계수}(\zeta_2) \times \text{주송풍관(합류전)의 속도압}(P_{V1})(\text{mmH}_2\text{O}) \quad (10.7)$$

표 10.6의 값에서 가지송풍관측 압손계수는 합류각도 $\theta$가 커질수록 커진다. 이것을 합류부에서 기류가 급한 각도로 구부러질수록 압력손실이 크게 된다는 것을 나타내고 있다. 따라서 합류부의 가지송풍관은 되도록 곡률을 크게 하여 합류각도 $\theta$를 작게 하는 것이 에너지 손실을 적게 한다. 합류각도가 45°를 초과하는 것은 바람직하지 않고 가능한 한 피하는 쪽이 좋다. 또 주송풍관측의 압력손실은 테이퍼(경사도)가 클수록 크게 되며 테이퍼부의 길이 $l$은 직경 차$(D_3 - D_1)$의 5배 이상으로 할 필요가 있다.

## 10.9 사각형 합류송풍관의 압력손실

그림 10.10과 같이 합류 전후에 기류속도의 변화가 없는 사각형 합류 송풍관인 경우에는 주송풍관측에 기류의 상태에 변화가 없으므로 압력손실도 없고, 가지송풍관측에는 기류 방향만이 변하므로 사각형 곡관의 압력손실에 상당하는 압력손실이 있다고 생각된다. 따라서 주송풍관측의 Ⓐ~Ⓑ 사이의 압력손실은 제로이고, 가지송풍관측의 Ⓐ′~Ⓑ 사이의 압력손실은 표 10.5에서 사각형곡관의 압손계수를 구하여 그것

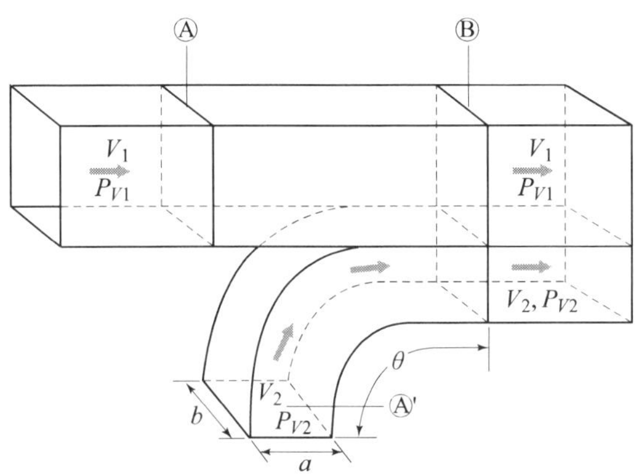


그림 10.10 사각형 합류송풍관

에 Ⓐ′ 단면을 지나는 기류 속도압 $P_{V2}$를 곱하여 구한다. 물론 밴드 각도 $\theta$가 90° 가 아닌 경우에는 $\theta/90$을 곱하는 것도 곡관인 경우와 똑같다.

## 10.10 원형 확대송풍관의 압력손실

송풍관의 나머지 부분, 즉 확대관, 축소관, 기타 송풍관의 접속부분, 배기구 등의 압력손실을 구하는 방법에 대해 설명하고자 한다. 접속부분의 전후에서는 송풍관 단면의 형태, 크기가 변화하므로 반송속도도 변화하고 속도압도 변화하는 것이 보통이다. 접속부분의 압력손실은 이 속도압의 변화분에 압손계수를 곱하여 구한다. 송풍관의 단면이 확대되는 경우에는 속도압이 감소하고 그 일부는 압력손실이 되고 나머지는 정압의 회복이 된다(그림 10.11).

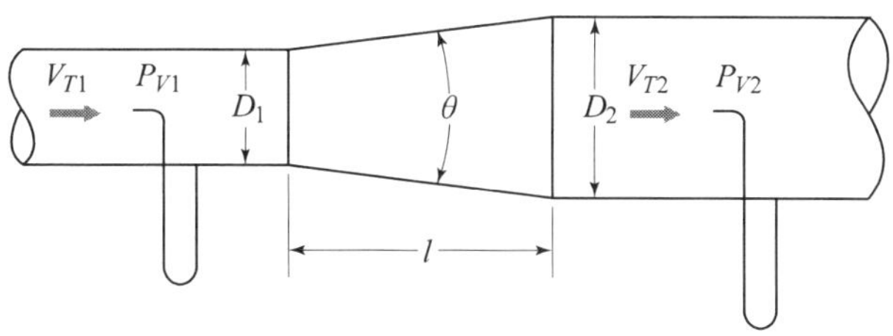


$$\frac{D_2 - D_1}{2l} = \tan\frac{\theta}{2}$$

**그림 10.11 원형 확대송풍관**

속도압의 변화폭 중에서 압력손실로 소비되는 비율이 확대 송풍관의 압손계수 $\zeta_3$로, 원형 확대 송풍관(확대관)의 $\zeta_3$는 확대각도 $\theta$에 따라 결정되며 $\theta$가 커질수록 $\zeta_3$도 커진다(표 10.7). 원형 송풍관의 압력손실은 우선 확대 전후의 직경 차 $D_2 - D_1$과 확대부의 길이 $l$에서, 확대각도 $\theta$에 따라 결정되며 $\theta$가 커질수록 $\zeta_3$도 커진다. 원형 송풍관의 압력손실은 우선 확대 전후의 직경 차 $D_2 - D_1$과 확대부의 길이 $l$에서 표 10.7로 확대각도 $\theta$와 압손계수 $\zeta_3$를 구하여 이것에 확대 전후의 속도압 차를 곱하여 구한다.

표 10.7 • 원형 확대송풍관의 압손계수

| $(D_2 - D_1)/l$ | 확대각도 $\theta°$ | 압손계수 $\zeta_3$ |
|---|---|---|
| 0.0873 | 5 | 0.17 |
| 0.1223 | 7 | 0.22 |
| 0.1750 | 10 | 0.28 |
| 0.2633 | 15 | 0.37 |
| 0.3527 | 20 | 0.44 |
| 0.4434 | 25 | 0.51 |
| 0.5359 | 30 | 0.58 |
| 0.6306 | 35 | 0.65 |
| 0.7279 | 40 | 0.72 |
| 0.8284 | 45 | 0.80 |
| 0.9326 | 50 | 0.87 |
| 1.0411 | 55 | 0.93 |
| 1.1547 | 60 | 1.00 |

$$\begin{aligned}&\text{확대 송풍관의 압력손실}(P_L)\,(\text{mmH}_2\text{O})\\&= \text{압손계수}(\zeta_3) \times \text{속도압의 차}(P_{V1} - P_{V2})\,(\text{mmH}_2\text{O})\end{aligned} \tag{10.8}$$

9.6장에서 설명한 것 같이 속도압의 변화에서 압력손실 분을 뺀 나머지는 정압회복이 되며 만약 정압회복을 구할 필요가 있으면 다음 식으로 계산할 수가 있다.

$$\begin{aligned}&\text{확대 송풍관의 정압회복}(P_{SR})\,(\text{mmH}_2\text{O})\\&= [1 - \text{압손계수}(\zeta_3)] \times \text{속도압의 차}(P_{V1} - P_{V2})\,(\text{mmH}_2\text{O})\end{aligned} \tag{10.9}$$

## 10.11 원형 축소송풍관의 압력손실

원형 축소송풍관의 압력손실은 우선 축소부 전후의 직경 차이 $D_1 - D_2$와 축소부의 길이 $l$에서 표 10.8로 축소각도 $\theta$와 압손계수 $\zeta_4$를 구하고 그것에 축소 전후의 속도압 차를 곱하여 구한다.

$$\begin{aligned}&\text{축소 송풍관의 압력손실}(P_L)\,(\text{mmH}_2\text{O})\\&= \text{압손계수}(\zeta_4) \times \text{속도압의 차}(P_{V2} - P_{V1})\,(\text{mmH}_2\text{O})\end{aligned} \tag{10.10}$$

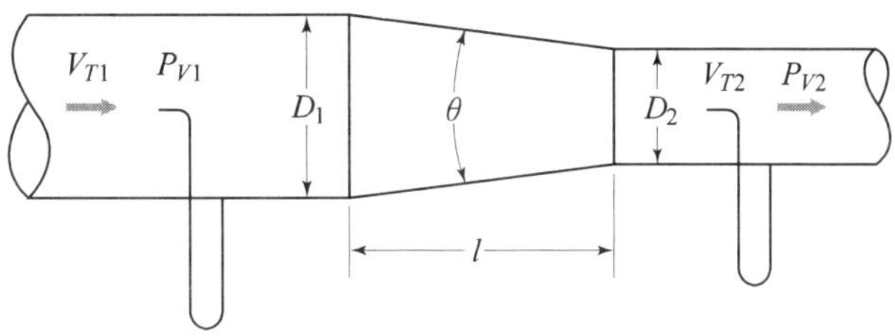


$$\frac{D_2 - D_1}{2l} = \tan\frac{\theta}{2}$$

그림 10.12 원형 축소송풍관

표 10.8 • 원형 축소송풍관의 압손계수

| $(D_2 - D_1)/l$ | 축소각도 $\theta°$ | 압손계수 $\zeta_4$ |
|---|---|---|
| 0.0873 | 5 | 0.104 |
| 0.1750 | 10 | 0.05 |
| 0.3527 | 20 | 0.06 |
| 0.5359 | 30 | 0.08 |
| 0.7279 | 40 | 0.10 |
| 0.9326 | 50 | 0.11 |
| 1.1547 | 60 | 0.13 |
| 2.0000 | 90 | 0.20 |
| 2.4641 | 120 | 0.30 |

표 10.7, 10.8에서 알 수 있듯이 확대송풍관, 축소송풍관은 확대, 축소의 각도가 클수록 압력손실이 커진다. 그것은 각도가 클수록 반송속도가 급격하게 변화하기 때문에 마치 자동차에서 급가속, 급브레이크를 반복하며 달리면 연비효율이 나쁘게 되는 것과 같다. 따라서 송풍관의 접속 부분은 가능한 변화를 완만하게 하는 방법이 운전 가격면에서 유리하다.

## 10.12 사각형 확대, 축소 송풍관의 압력손실

국소배기 설계에 대한 자료는 여러 가지가 있으나 사각형 송풍관의 확대, 축소 또는 원형 송풍관과 사각형 송풍관의 접속부분의 압력손실 계산방법에 대해 설명되어 있는 것을 아쉽게도 이제까지 본 일이 없다. 실제로 국소배기 송풍관을 설계해 보면 설치 장소 공간의 형편상 그렇게 하는 접속의 필요성이 종종 있고, 그것이 어떤 책에도 쓰여 있지 않다는 것은 이 책들의 저자가 실제로 국소배기 송풍관의 설계를 그다지 해본 일이 없다고 하는 것이 된다. 그 때문에 대단히 재미있는 잘못을 하고 있는 것을 흔히 볼 수가 있다.

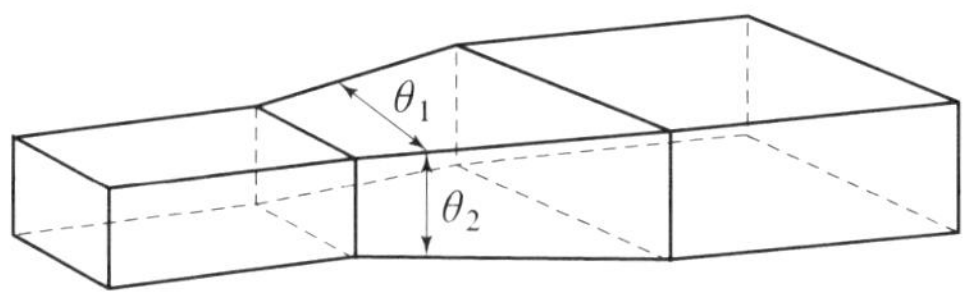


$\theta_1 > \theta_2$

그림 10.13 사각형 확대송풍관

예를 들면 그림 10.13과 같은 사각형 확대 송풍관의 압력손실을 계산하는 경우에 $\theta_1$과 $\theta_2$가 다르다면 어느 쪽을 확대 각도로 하는가? 여러 가지를 생각한 결과 $\theta_1$과 $\theta_2$의 평균을 취하거나 큰 쪽으로 하면 틀림이 없다고 하여 $\theta_1$을 사용해서 표 10.7로 압손계수를 구하는 등의 웃지 못 할 실수를 하는 것을 흔히 보게 된다. 이것은 양쪽 다 틀린 것이다. 그러면 어떻게 하면 좋은 것인가? 다시 한 번 확대, 축소의 압력손실은 반송속도의 변화에 따르는 에너지의 낭비가 된다고 하는 원리로 돌아가서 판단하기를 바란다고 하는 것은 무엇보다 확대, 축소부 전후의 반송속도에 관계가 있다는 것이다. 그러면 여기서 다시 한 번 사각형 송풍관의 반송속도를 구하는 방법에 대해 알아보자.

사각형 송풍관의 반송속도를 구하려면 송풍량을 갑자기 송풍관의 단면적으로 나누어서 구하는 것과 같은 엉뚱한 짓은 하지 말기 바란다. 앞에서 설명한 바와 같이 사각형 송풍관의 반송속도는 상당직경에 해당하는 원형 송풍관의 반송속도이다. 따라서 각형 송풍관의 반송속도와 압력손실을 구하는 경우에는 상당직경을 가진 원형 송풍관이라고 생각하면 되는 것이다.

예를 들면 그림 10.14(1)의 20 cm×30 cm의 사각형 송풍관과 30 cm×60 cm로 확대하는 데에 확대부의 길이가 40 cm였다고 하면 다음과 같이 판단하면 된다.

먼저 사각형 송풍관의 상당직경표(표 7.3)로 확대 전후 송풍관의 상당직경을 구하면 각각 26.7 cm와 45.8 cm가 된다. 따라서 위의 사각형 송풍관은 유체학적으로는 그림 10.14(2)와 같은 원형 확대송풍관과 똑같은 것이 된다.

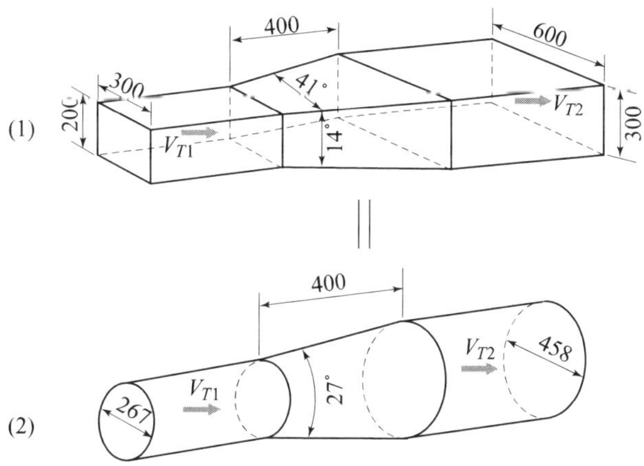


**그림** 10.14 사각형 확대송풍관은 상당직경을 지닌 원형확대송풍관이라고 생각하여 계산한다.

그렇게 하면 $(D_{e2} - D_{e1})/l = (45.8 - 26.7)/40 = 0.4775$, 따라서 $\theta = 27^\circ$ (tan 13.5°=0.24)가 된다. 다음은 원형 확대송풍관의 압손계수표(표 10.7)에서 $\zeta_3 = 0.54$, 이것을 확대 전후의 속도압의 차$(P_{V1} - P_{V2})$에 곱하여 압력손실을 구한다. 이 속도압을 구하기 위한 반송속도 $V_T$는 송풍량 $Q$를 상당직경 $D_e$인 원의 면적으로 나눈 값이다. 사각형 축소송풍관에 대해서도 마찬가지로 축소 전후 송풍관의 길이에서 상당직경 $D_{e1}$, $D_{e2}$를 구하여 원형 축소송풍관으로 생각하여 계산한다. 그 외에 원형 송풍관과 사각형 송풍관의 변형 접속인 경우도 사각형 송풍관 쪽을 상당직경을 지닌 원형 송풍관이라고 생각하여 계산한다.

## 10.13 댐퍼(Damper)의 압력손실

송풍량의 조절에 사용하는 댐퍼를 풍량조정 댐퍼(volume damper, VD), 유로의 차단에 사용하는 댐퍼를 저지댐퍼(check damper, CD)라고 부른다.

댐퍼에는 슬라이드 댐퍼(slide damper), 나비형 댐퍼(butterfly damper), 평행익 댐퍼 등이 있고 방화용을 겸한 구조도 있다. 슬라이드 댐퍼인 경우에는 빼내어 버리면 송풍관 안에는 아무것도 남지 않으므로 저항이 제로가 되지만 나비형 댐퍼, 평행익 댐퍼인 경우에는 완전히 열려도 송풍관 안에 축이 있기 때문에 저항이 생긴다. 댐퍼의 개방시 압력손실계수 $\zeta_5$는 원형 나비형 댐퍼에서 0.2, 사각형 나비형 댐퍼와 평행익 댐퍼에서는 0.3으로 하면 된다. 따라서 댐퍼를 부착하는 경우에는 속도압에 개방시 압손계수 $\zeta_5$ (0.2 또는 0.3)을 곱하여 압력손실을 구한다.

(a) 원형 나비형 댐퍼　　(b) 평행익 댐퍼

그림 10.15　원형 나비형과 평행익 댐퍼

## 10.14 배기구의 압력손실

국소배기장치의 배기구는 배기를 가능한 한 높은 상공에 뽑아내어 오염물질이 다시 돌아오지 않도록 확산시킬 것과 송풍기(fan)의 토출기류의 혼란을 억제해서 압력손실을 적게 하는 두 가지 큰 역할이 있다. 송풍기의 토출구에서 기류는 소용돌이를 치고 있으므로 단면의 유속분포에 지나치게 흐트러짐이 있기 때문에 송풍기에서 직접 외기로 방출하면 압력손실이 크게 되어 에너지 낭비가 된다. 이것을 방지하기 위해서 송풍기에는 적어도 1 m 직관의 배기 송풍관을 붙이는 것이 필요하다. 배기구의 압력손실은 배기 송풍관 내의 기류가 배기구의 직전에 갖고 있던 전체 에너지에 상당한다. 즉 기류는 배기구의 직전에서는 유속에 상당하는 속도압 $P_V$와 정압 $P_S$를 갖고 있으나, 배기구 밖으로 나오면 속도압도 정압도 제로가 되므로 갖고 있던 에너지의 전부를 잃게 된다(그림 10.16). 이것은 마치 연료부족으로 엔진이 멈추고 정지한 차의 에너지가 제로로 되는 것과 같다.

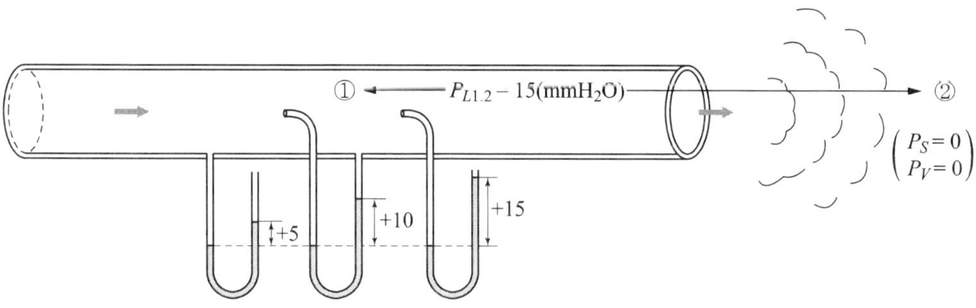


①점의 전압 : $P_{S1} + P_{V1} = P_{T1}$ ②점의 전압 $P_{T2} = 0$

$+5 + 10 = +15\ mmH_2O$

①점전압 $P_{T1}$ − ②점전압 $P_{T2}$ = ①, ②사이의 압력손실 $P_{L1.2}$

$+15 - 0 = 15\ mmH_2O$

**그림 10.16 배기구의 압력손실은 배기구에서의 기류전압**

배기구의 압력손실은 배기구를 통과하는 기류속도압 $P_V$에 압손계수 $\zeta_6$를 곱하여 구한다. 표 10.9에 대표적인 형태의 배기구의 압손계수를 정리하였다. 배기구의 압손계수 $\zeta_6$ 중에서 1.0은 속도압 $P_V$가 제로로 되기 위한 에너지의 손실, 나머지는 정압 $P_S$가 제로로 되기 위한 에너지의 손실에 상당한다. 예를 들면 루버형(개구비 0.7)의 $\zeta_6$가 1.50이라는 것은 배기구 직전인 곳의 정압 $P_S$가 루버 사이를 빠져나가는 기류속도압 $P_V$의 0.5배이고 이것이 배기구를 나온 곳에서 제로가 되는 것이다. 직관형 배기구인 경우에는 $\zeta_6 = 1.0$ 이므로 배기구의 정압 $P_S$는 제로, 속도압 $P_V$만이 손실된다. 엘보우 형인 경우에는 배기구인 곳에서 속도압 $P_V$를 잃게 되는 것외에 밴드의 압손과 같은 정압 $P_S$의 손실이 있다. 루버형 배기구의 경우에는 압손계수 $\zeta_6$를 곱하는 속도압 $P_V$는 송풍관 내의 유속이 아니고 루버 사이를 지나가는 기류속도, 즉 송풍관 내 유속을 개구비로 나눈 유속에 상당하는 속도압이다. 엘보우의 끝에 루버가 부착되어 있는 경우에는 엘보우 부분에서 밴드에 상당하는 정압의 손실이 있고 다시 그 앞에 루버형 배기구가 부착되어 있는 것과 같다. 복잡한 형태의 배기구 압손은 단순한 부분으로 분해하여 계산한 각 부분의 압손을 합계하여 구한다.

표 10.9 • 배기구의 압손계수

<table>
<tr><th>배기구의 형태</th><th>그림예</th><th>압손계수($\zeta_6$)</th></tr>
<tr><td>① 직관형<br>(데이터형도 마찬가지임)<br>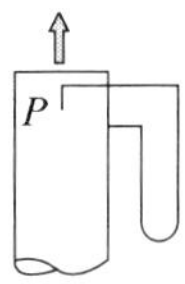<br></td><td>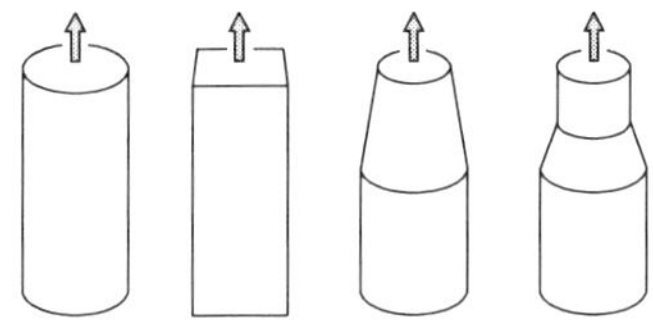</td><td>1.0</td></tr>
<tr><td>② 웨더캡 부착<br>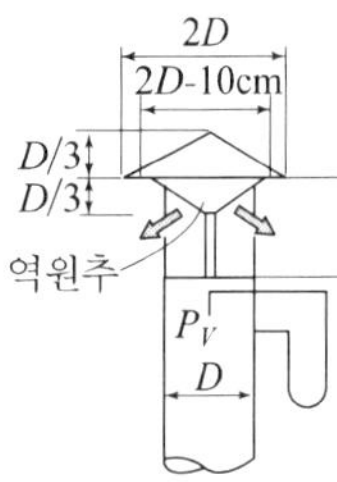<br></td><td>(주) 오염된 배기가 하향으로 방출되므로 높이를 충분히 높인다.<br>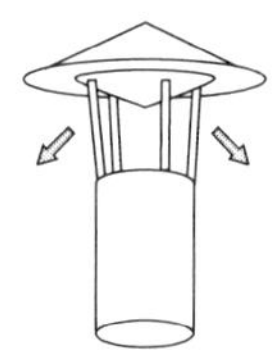</td><td><table><tr><th>$h/D$</th><th>$\zeta_6$</th></tr><tr><td>1.0</td><td>1.10</td></tr><tr><td>0.75</td><td>1.18</td></tr><tr><td>0.70</td><td>1.22</td></tr><tr><td>0.65</td><td>1.30</td></tr><tr><td>0.60</td><td>1.41</td></tr><tr><td>0.55</td><td>1.56</td></tr><tr><td>0.50</td><td>1.73</td></tr><tr><td>0.45</td><td>2.00</td></tr></table></td></tr>
<tr><td>③ 엘보우형<br>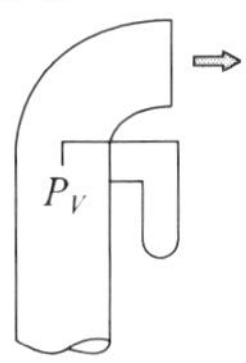<br></td><td>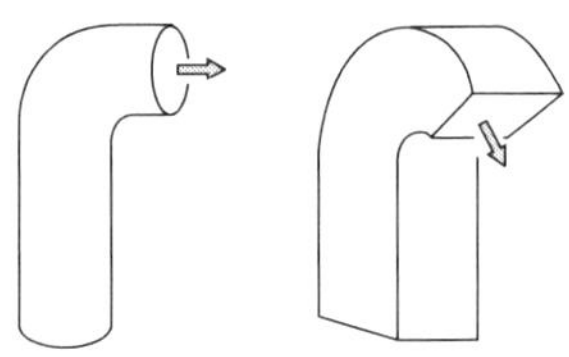</td><td>$1+\zeta_1$<br>$\zeta_1$ : 곡관의 압손계수<br>(표 10.5)</td></tr>
<tr><td>④ 루버형<br>(각형, 원형)<br>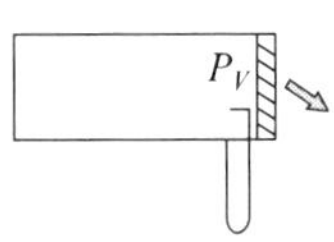<br><br>$P_V$는 루버사이 기류속도압</td><td>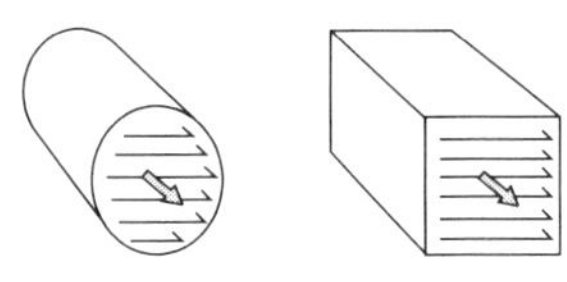</td><td><table><tr><th>개구비($a/A$)</th><th>압손계수($\zeta_o$)</th></tr><tr><td>0.7</td><td>1.50</td></tr><tr><td>0.8</td><td>1.35</td></tr><tr><td>0.9</td><td>1.25</td></tr></table>개구비$=a/A$<br>$A$ : 배기구면적<br>$a$ : 루버 사이의 면적</td></tr>
</table>

## 10.15 공기청정장치의 압력손실

제진(집진)장치, 가스흡수장치 등의 공기청정장치를 자신이 설계하는 일은 거의 없다. 보통은 처리하고자 하는 유해물질의 종류, 성질, 배출가스중의 농도, 필요한 포집효율(제진장치라면 제진효율)을 기초로 어떤 방식의 장치가 적당한가를 조사하여 그 방식의 장치를 제작하는 메이커에서 적당한 기성제품을 구입하게 되는 것이다. 그러나 국소배기장치의 압손계산을 하는 경우에 이것이 문제가 되는 일이 있다. 그것은 메이커가 생산하는 제품의 카탈로그나 사양서에 기재되어 있는 규격품에는 우리들이 계획한 송풍량에 꼭 맞는 처리풍량인 것이 드물고 대개의 경우 그것에 가까운 것을 부득이 사용하지 않게 된다. 그러나 카탈로그나 사양서에는 정격처리 풍량과 그 처리풍량에서 처리하였을 때의 압력손실 밖에 기재되어 있지 못하다. 그러면 기성제품의 공기청정장치를 정격 이외의 처리풍량으로 운전하면 압력손실은 어떻게 될 것인가?

여기서 앞에서 공부한 것을 다시 한 번 생각해 내기 바란다. 「직선송풍관 이외의 부분의 압손은 압손계수에 속도압을 곱하여 계산한다」 라고 하는 그것이다. 이 원칙은 제진장치에서도 배출가스처리장치에서도 성립된다. 같은 공기청정장치에 대해서는 처리풍량이 변하여도 압손계수는 변하지 않으므로 그 값을 $\zeta_c$라고 하면 정격처리풍량 $Q_s$(m$^3$/min)로 운전하였을 때의 압력손실 $P_{Ls}$는

$$P_{Ls} = \zeta_c \times P_{Vs} = \zeta_c \times \left(\frac{V_s}{4.04}\right)^2 \qquad (10.11)$$

$P_{Ls}$ : 정격처리풍량($Q_s$)일 때 압력손실(mm$H_2O$)

$P_{Vs}$ : 정격처리풍량($Q_s$)일 때 속도압(mm$H_2O$)

$\zeta_c$ : 압손계수

$V_s$ : 정격처리풍량일 때 속도(m/s)

반면에 정격과 다른 처리풍량 $Q_f$(m$^3$/min)으로 운전하였을 때의 압손 $P_{Lf}$는

$$P_{Lf} = \zeta_c \times P_{Vf} = \zeta_c \times \left(\frac{V_f}{4.04}\right)^2 \qquad (10.12)$$

$P_{Lf}$ : 실제의 처리풍량($Q_f$)일 때 압력손실(mm$H_2O$)

$P_{Vf}$ : 실제의 처리풍량($Q_f$)일 때 속도압($mmH_2O$)

$V_f$ : 실제의 처리풍량일 때 속도(m/s)

따라서

$$\frac{P_{Lf}}{P_{Ls}}=\left(\frac{V_f}{V_s}\right)^2 \tag{10.13}$$

공기청정장치를 흐르는 기류속도는 처리풍량에 비례하므로

$$\frac{P_{Lf}}{P_{Ls}}=\left(\frac{Q_f}{Q_s}\right)^2 \tag{10.14}$$

또는

$$P_{Lf}=P_{Ls}\times\left(\frac{Q_f}{Q_s}\right)^2 \tag{10.15}$$

즉, 정격 이외의 처리풍량일 때 압력손실은 카탈로그 등에 기재되어 있는 압력손실에 실제의 처리풍량과 정격처리풍량비의 제곱을 곱하여 구할 수가 있다. 이 계산법은 공기청정장치 이외의 예를 들면 건식부스(드라이부스)를 정격 이외의 풍량으로 운전할 경우 필터의 압력손실계산 등에도 응용할 수 있다.

## 연습문제

**10-1** 사각형 송풍관의 짧은 변이 0.125 m, 긴 변이 0.26 m, 관의 길이 15 m, 속도압 14 $mmH_2O$, 송풍관 철판의 마찰계수가 0.004이라면 이 송풍관의 압력손실($mmH_2O$)은?

**10-2** 반송속도는 분진의 종류에 따라 다르게 나타난다. 산화알루미늄, 산화아연과 같이 아주 가벼운 분진의 반송속도와 납이나 선반 작업시 발생되는 무거운 분진의 반송속도는 각각 몇 m/s인가?

**10-3** 내경 0.5 m, 길이 20 m인 원형직관 내의 속도압은 20 $mmH_2O$이다. 송풍관 철판의 관마찰계수가 0.004일 때 압력손실은 몇 $mmH_2O$인가?

**10-4** 어떤 원형 송풍관에 오염공기가 난류상태로 흐르고 있다. 이 송풍관의 직경을 1/2로 줄일 경우 직관 부분의 압력손실은 몇 배로 증가하는가? 단, 유량과 관마찰계수는 변함이 없다.

**10-5** 국소배기장치에서 압력손실산출방법 두 가지를 쓰고 간단히 설명하시오.

**10-6** 흄(fume)의 반송속도는 몇 m/s인가?

**10-7** 다음 그림과 같은 원형 확대관에서 $P_{V1}$ =30 $mmH_2O$, $P_{V2}$ =20 $mmH_2O$, $\theta$ =40°일 때 압력손실 $\Delta P$($mmH_2O$)는? 단, $\theta$ =40°일 때 압력손실계수 $\zeta$=0.72이다.

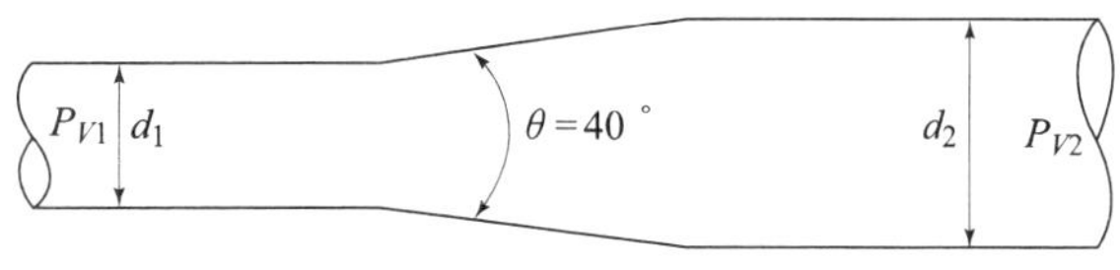


**10-8** 길이 15m, 내경 0.2m인 원형직관 내의 속도압이 14 $mmH_2O$이고 관마찰계수가 0.04일 때 압력손실($mmH_2O$)은?

**10-9** 고열작업장 근로자의 체온조절을 위하여 외부의 신선한 공기를 공급하고자 한다. 송풍기의 흡인구측을 직접 대기에 개구하고 배관을 통해 근로자 위치까지 송풍하였다. 이때 송풍기 배출구측의 정압은 120 $mmH_2O$, 속도압은 20$mmH_2O$이었다. 송풍기 정압$(P_{Sf})$($mmH_2O$)은?

**10-10** 다음 그림과 같은 원형축소관에서 $P_{V1}=20$ $mmH_2O$, $P_{V2}=23$ $mmH_2O$, $\theta=30°$일 때 압력손실($mmH_2O$)은? 단, 압력손실계수 $\zeta=0.8$이다.

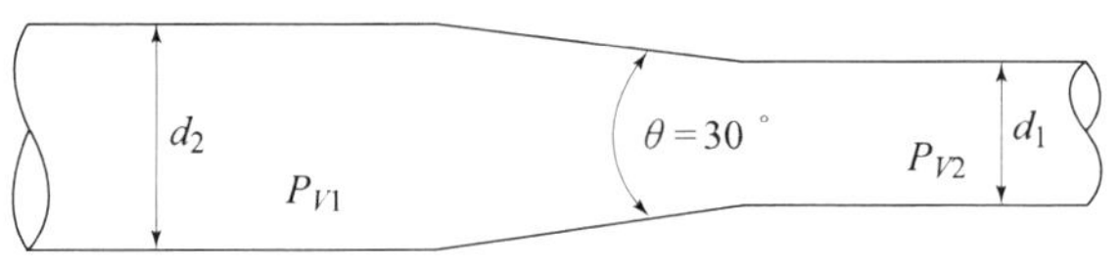


**10-11** 송풍관 내의 반송속도가 5 m/s일 때 속도압($mmH_2O$)은?

**10-12** 피토우관의 구조를 그림으로 설명하고 용도를 쓰시오.

**10-13** 원형 송풍관의 길이가 15 m인 송풍관의 소요송풍량이 20 $m^3$/min, 반송속도 30 m/s, $P_V$는 30 $mmH_2O$일 때 압력손실 $\Delta P$($mmH_2O$)는? 단, 마찰손실계수는 0.005이다.

**10-14** 웨더캡(weather cap)이 붙은 원형배기구에서 $d=50$ cm, $h=30$ cm, $P_V=30$ $mmH_2O$일 때 압력손실 $\Delta P$($mmH_2O$)값은? 단, $h/d=0.6$이다.

**10-15** 15℃의 송풍관 내에서 15 m/s의 유속으로 흐르는 유체의 속도압($mmH_2O$)은?

**10-16** 액면에서 발생하는 가스, 증기, 흄의 제어풍속(m/s)은 얼마인가?

**10-17** 관경 450 mm인 직관을 통하여 150 $m^3$/min의 표준공기를 송풍할 때 10 m 당 압력손실($mmH_2O$)은? 단, 직관의 마찰계수는 0.005이다.

**10-18** 정압과 동압의 합은?

**10-19** 유량이 500 $m^3$/hr이고 송풍관의 면적이 20 $cm^2$일 때 유속(m/s)은?

**10-20** 곡관의 각이 90°, 곡관의 반경비(곡률반경)가 2.50, 속도압이 15 $mmH_2O$, 압력손실계수가 0.22이다. 이러한 곡관의 각이 45°로 변동된다면 압력손실($mmH_2O$)은? 단, 반경비 및 다른 조건은 동일하다.

**10-21** $L_1$ : 30 cm, $L_2$ : 15 cm, $r$ : 30 cm인 사각형곡관에서 속도압이 20$mmH_2O$일 때 압력손실($mmH_2O$)은? 단, 사각형곡관의 압력손실계수는 0.11이다.

**10-22** 직경이 1 m인 원형직관 내를 송풍량 280 $m^3$/min의 표준공기가 흐르고 있을 때 길이 10 m 당 압력손실($mmH_2O$)은? 단, 관마찰계수 $\lambda = 0.0015 - 0.02\log(Re)$이다.

**10-23** 원형직관에서 압력손실은 ( ① )에 비례하고 ( ② )에 반비례하며 속도의 ( ③ )에 비례한다. 괄호 안을 채우시오.

**10-24** 환기시설(ventilation system) 내에서 발생하는 송풍공기의 중요한 압력손실원인을 세 가지 지적하고 간단히 설명하시오.

CHAPTER

# 11 압력손실의 실제적용

여기서는 계통선도의 예에 대하여 압손계산을 하면서 국소배기장치 설치신고서에 첨부하는 계산서를 작성하는 연습을 한다. 반송속도를 크게 잡아 합류점에서의 정압밸런스는 가지송풍관의 크기를 조절하여 압손을 가감한다고 하는 종래의 방법을 연습하고 이어서 12.10장에서는 최근 경향인 반송속도를 작게 잡은 기성제품인 스파이럴(spiral) 송풍관을 사용하고 합류점에서의 정압밸런스는 댐퍼로 조절하는 방법을 연습한다.

## 11.1 국소배기장치 계산서 작성방법 1 (압력손실 계산)

먼저 계통선도 번호에 상당하는 각 부분의 반송속도 $V_T$에서 속도압 $P_V$를 구하고 (표 9.1 참조) 계산서(4항)의 6란에 기입한다. 다음에 후드의 압력손실계수 $\zeta_0$를 표 10.3에서 구한다. 이 예(그림 11.1)의 후드 No.1의 압력계수는 표 10.3의 ②에서 0.49로 한다. 이것을 9란 1행에 기입하고 이것에 속도압 $P_V$를 곱한 답 $P_{L1}=2.3$ mm$H_2O$를 10란의 좌측에 기입한다.

직선송풍관 각 부분의 압력손실은 우선 송풍량 $Q$와 반송속도 $V_T$, 또는 송풍량 $Q$와 송풍관 직경 $D$(각형 송풍관의 경우는 상당직경 $D_e$)에서 압력손실 계산도(그림 10.1)를 이용해서 길이 1 m 당 압력손실($\Delta P_L$)을 구하여 7란에 기입하고 이것과 8란의 길이 $L$을 곱한 답 $P_L$을 10란 좌측에 기입한다.

예를 들면 3행째 주송풍관의 2~3의 직선부분에서는 $Q=24.0$ m$^3$/min, $V_T=8.8$ m/s이므로 $\Delta P_L$을 구하면 0.4 mm$H_2O$/m, $L=1.5$ m을 곱하면 이 부분의 압력손실

| 1 | 2 | 3 | 4 | 5 | 6 | 7 | 8 | 9 | 10 | | 11 |
|---|---|---|---|---|---|---|---|---|---|---|---|
| 계통<br>선도<br>번지 | 송풍관직경 $D$<br>또는<br>상당직경 $D_e$<br>(m) | 송풍관<br>단면적<br>$A$<br>($m^2$) | 송풍량<br>$Q$<br>($m^3$/min) | 반송<br>속도<br>$V_T$<br>(m/s) | 속도압<br>$P_V$<br>(mmH$_2$O) | 직관<br>압손<br>$\Delta P_L$<br>(mmH$_2$O/m) | 송풍관<br>각부의<br>형상<br>치수 | 압손<br>계수<br>$\xi$ | 압력손실 $P_L$<br>(mmH$_2$O) | | 정압<br>$P_S$<br>(mmH$_2$O) |
| | | | | | | | | | 부분 | 누계 | |
| 0~1<br>후드 No.1<br>$P_{L1}$ | 0.24 | 0.045 | 24 | 8.8 | 4.74 | | | 0.49 | 2.3 | 2.3 | |
| 1~2<br>90° 곡관<br>$P_{L2}$ | 〃 | 〃 | 〃 | 〃 | 〃 | | $r/D=1.5$ | 0.39 | 1.9 | 4.2 | |
| 2~3<br>직선송풍관<br>$P_{L3}$ | 〃 | 〃 | 〃 | 8.8 | 〃 | 0.4 | $L=1.5$m | | 0.6 | 4.8 | |
| 3~4<br>90° 곡관<br>$P_{L4}$ | 〃 | 〃 | 〃 | 〃 | 〃 | | $r/D=1.5$ | 0.39 | 1.9 | 6.7 | |
| 4~5<br>직선송풍관<br>$P_{L5}$ | 〃 | 〃 | 〃 | 〃 | 〃 | 0.4 | $L=3.5$m | | 1.4 | 8.1 | |
| 5~6<br>합류<br>$P_{L6}$ | 〃 | 〃 | 〃 | 〃 | 〃 | | $\theta=45°$ | 0.2 | 0.9 | 9.0 | |
| 6~7<br>직선송풍관<br>$P_{L7}$ | 0.4 | 0.126 | 77 | 10.2 | 6.37 | 0.3 | $L=2.0$m | | 0.6 | 9.6 | |
| 7~8<br>합류<br>$P_{L8}$ | 〃 | 〃 | 〃 | 〃 | 〃 | | $\theta=45°$ | | 1.3 | 10.9 | |
| 8~9<br>직선송풍관<br>$P_{L9}$ | 0.45 | 0.159 | 97 | 10.2 | 6.37 | 0.28 | $L=1.0$m | | 0.3 | 11.2 | |
| 9~10<br>90° 곡관<br>$P_{L10}$ | 〃 | 〃 | 〃 | 〃 | 〃 | | $r/D=1.25$ | 0.55 | 3.5 | 14.7 | |
| 10~11<br>공기청정장치<br>$P_{L11}$ | 〃 | 〃 | 〃 | 〃 | 〃 | | | | | | |

그림 11.1 국소배기장치 계산서(4항)

제2단계 : 속도압에서 압력손실을 계산한다.

$P_{L3}=0.6$ mmH$_2$O이다. 곡관, 합류에 대해서는 각각 표 10.4, 표 10.6에서 압력손실 계수 $\zeta_1$, $\zeta_2$를 구하여 9란에 기입하고, 6란의 속도압 $P_V$를 곱한 답 $P_L$을 10란 좌측에 기입한다. 예를 들면 2행째 번호 1~2의 곡관은 $\theta=90°$, $r/D=1.5$이므로 $\zeta_1=0.39$, $P_V=4.74$ mmH$_2$O를 곱하면 이 부분의 압력손실 $P_{L2}=1.9$ mmH$_2$O가 된다. 또 6행째 $P_{L6}=0.9$ mmH$_2$O가 된다.

각 부분의 압력손실이 구해지면 그 누계를 10란 우측에 기입한다. 이것이 후드 No. 1의 유입구에서 송풍관의 각 번호에 상당하는 점까지 구간의 압력손실이다. 예를 들면 공기청정장치 입구(10~11)까지의 압력손실은 14.7 mmH$_2$O이다.

## 11.2 국소배기장치 계산서 작성방법 2 (정압 계산)

압력손실이 계산되었으면 계속해서 송풍관 각 부분의 정압을 계산해서 계산서(그림 11.2)에 기입한다. 11란 1행에는 후드 No. 1의 테이크오프(take off)의 위치(계통선도의 ①번 지점)의 정압을 기입한다. 후드 개구의 외측에서 보통 공기는 정지하고 있다고 생각되므로 속도압은 제로 또 실내가 특히 가압·감압되어 있지 않으면 정압도 제로, 즉 전압도 제로라고 생각된다. 따라서 후드의 개구에서 ①번 지점까지의 압력손실이 2.3 mmH$_2$O이면 이 지점의 전압은 $-2.3$ mmH$_2$O이다.

정압은 앞에서 설명한 것처럼 전압에서 속도압을 빼면 구할 수 있다. 이 지점의 속도압은 (1행째 6란에 기입되어 있다) 4.74 mmH$_2$O이다. 따라서 정압은 $-2.3-4.74=-7.0$ mmH$_2$O으로 된다. 이것을 11란의 1행에 기입한다. 다음에 90° 곡관의 뒤(계통선도의 ②번 지점)의 정압을 구하는 방법으로는 두 가지 방법이 있다. 우선 이 점과 전의 ①번 지점에서 반송속도가 같으므로 이 사이에 생긴 압력손실 만큼 정압이 감소했다고 생각하면 ②번 지점의 정압은 다음 식으로 계산된다.

$$P_{S1}-P_{L1,2}=P_{S2} \qquad (11.1)$$

$P_{S1}$ : ①번 지점의 정압(mmH$_2$O)

$P_{L1,2}$ : ①, ② 사이의 압력손실(mmH$_2$O)

$P_{S2}$ : ②번 지점의 정압(mmH$_2$O)

| 1 | 2 | 3 | 4 | 5 | 6 | 7 | 8 | 9 | 10 | | 11 |
|---|---|---|---|---|---|---|---|---|---|---|---|
| 계통 선도 번지 | 송풍관직경 $D$ 또는 상당직경 $D_e$ (m) | 송풍관 단면적 $A$ ($m^2$) | 송풍량 $Q$ ($m^3$/min) | 반송 속도 $V_T$ (m/s) | 속도압 $P_V$ ($mmH_2O$) | 직관 압손 $\Delta P_L$ ($mmH_2O$/m) | 송풍관 각부의 형상 치수 | 압손 계수 $\xi$ | 압력손실 $P_L$ ($mmH_2O$) 부분 | 누계 | 정압 $P_S$ ($mmH_2O$) |
| 0~1 후드 No.1 $P_{L1}$ | 0.24 | 0.045 | 24 | 8.8 | 4.74 | | | 0.49 | 2.3 | 2.3 | −7.0 |
| 1~2 90° 곡관 $P_{L2}$ | 〃 | 〃 | 〃 | 〃 | 〃 | | $r/D=1.5$ | 0.39 | 1.9 | 4.2 | −8.9 |
| 2~3 직선송풍관 $P_{L3}$ | 〃 | 〃 | 〃 | 〃 | 〃 | 0.4 | $L=1.5$m | | 0.6 | 4.8 | −9.5 |
| 3~4 90° 곡관 $P_{L4}$ | 〃 | 〃 | 〃 | 〃 | 〃 | | $r/D=1.5$ | 0.39 | 1.9 | 6.7 | −11.4 |
| 4~5 직선송풍관 $P_{L5}$ | 〃 | 〃 | 〃 | 〃 | 〃 | 0.4 | $L=3.5$m | | 1.4 | 8.1 | −12.8 |
| 5~6 합류 $P_{L6}$ | 〃 | 〃 | 〃 | 〃 | 〃 | | $\theta=45°$ | 0.2 | 0.9 | 9.0 | −13.7 |
| 6~7 직선송풍관 $P_{L7}$ | 0.4 | 0.126 | 77 | 10.2 | 6.37 | 0.3 | $L=2.0$m | | 0.6 | 9.6 | −16.0 |
| 7~8 합류 $P_{L8}$ | 〃 | 〃 | 〃 | 〃 | 〃 | | $\theta=45°$ | | 1.3 | 10.9 | −17.3 |
| 8~9 직선송풍관 $P_{L9}$ | 0.45 | 0.159 | 97 | 10.2 | 6.37 | 0.28 | $L=1.0$m | | 0.3 | 11.2 | −17.6 |
| 9~10 90° 곡관 $P_{L10}$ | 〃 | 〃 | 〃 | 〃 | 〃 | | $r/D=1.25$ | 0.55 | 3.5 | 14.7 | −21.1 |
| 10~11 공기청정장치 $P_{L11}$ | 〃 | 〃 | 〃 | 〃 | 〃 | (maker 자료에 의함) | | | 50.0 | 64.7 | −71.1 |

그림 11.2 국소배기장치 계산서(4항)

제3단계 : 정압을 계산한다.

이 방법은 반송속도가 변하지 않을 때는 편리하나 반송속도가 변할 때는 사용할 수 없다. 제2의 방법은 후드 입구에서 ②번 지점까지의 압력손실의 누계에 (−) 부호를 붙인 것이 ②번 지점의 전압이므로 그것으로부터 ②번 지점의 속도압을 빼서 정압을 구하는 방법이다. 이 방법은 반송속도가 변해도 관계없이 사용할 수 있고 위에서 순서대로 정압을 계산하지 않아도 어느 번 지점의 속도압과 후드 입구에서 그 점까지의 압력손실을 알 수 있으면 그 지점만의 정압을 계산할 수가 있다.

$$P_L - P_V = P_S \tag{11.2}$$

$P_L$ : 후드의 입구로부터 어느 지점까지의 압력손실(mm$H_2O$)

$P_V$ : 그 지점의 속도압(mm$H_2O$)

$P_S$ : 그 지점의 정압(mm$H_2O$)

도대체 무엇 때문에 정압을 계산하는가 하면 합류부분의 주송풍관측과 가지송풍관측의 정압 밸런스를 생각하거나, 뒤에서 송풍기를 선정할 때 송풍기 전후의 정압차를 알 필요가 있기 때문에 그것을 위해서는 송풍관 계의 각 부분의 정압을 전부 알 필요는 없고 필요한 지점의 정압만을 임의로 계산하는 식 (11.2)가 편리하다. 어떤 방법으로 계산해도 ②번 지점의 정압은 −8.9 mm$H_2O$가 된다. 이 값은 11란 2행째에 기입한다. 이하 마찬가지의 방법으로 계산한 정압을 11란에 기입해 두자. 그렇게 하면 후드 No.1으로부터 공기청정장치 입구(계통선도 ⑩번 지점)까지의 압력손실은 14.7 mm$H_2O$, 공기청정장치 입구의 정압은 −21.1 mm$H_2O$가 된다.

공기청정장치의 압력손실을 계산하는 방법은 장치를 제조한 메이커의 자료를 사용해 계산을 하기로 한다.

단, 공기청정장치의 압력손실은 통과 송풍량에 따라 변화하는 것에 주의해야 한다. 이 예에서는 주어진 조건($Q = 97.0\ \mathrm{m^3/min}$)에서 공기청정장치의 압력손실 50.0 mm$H_2O$, 따라서 공기청정장치 출구(계통선도의 ⑫번 지점)까지의 압력손실 64.7 mm$H_2O$, 공기청정장치 출구의 정압은 −71.1 mm$H_2O$이 된다.

## 11.3 국소배기장치 계산서 작성방법 3 (배기송풍관의 압손과 정압)

후드 No.1의 입구에서 공기청정장치의 출구(계통선도의 ⑪번 지점)까지의 압력손실과 정압을 구하는 곳까지 공부했으므로 이번에는 배기구까지의 압력손실을 구하여 계산표에 기입해 본다(그림 11.3). 전번까지에 기입한 곳은 도중을 생략하고 계산표 5행째는 공기청정장치와 송풍기 입구를 연결하는 90° 곡관의 압력손실로 이것을 더하면 송풍기 입구(계통선도의 ⑫전 지점)까지의 압력손실은 68.2 $mmH_2O$, 송풍기 입구의 정압 $P_{S12}$는 $-74.6$ $mmH_2O$으로 된다.

다음에 송풍기의 압력손실의 계산은 필요없으므로 1행을 건너뛰고 배기송풍관의 압력손실을 계산하는 경우에는 흡인송풍관의 경우와는 반대로 이 예제와 같이 배기구에서 거슬러 올라가면서 계산해 가는 쪽이 편리하다. 왜냐하면 배기송풍관의 압력손실을 계산하는 목적은 실은 송풍기 출구의 정압을 알기 위해서이고 그것을 위해서는 공기가 정지하고 있고 속도압, 정압 모두(또는 전압도) 제로의 배기구 밖을 기준으로 해서 계산을 시작하는 쪽이 편하기 때문이다.

우선 배기구의 압력손실이지만 배기구가 사각형 곡관과 루버형 배기구의 조합이라고 생각할 수 있다. 루버형 배기구의 외관상 크기는 0.3 m×0.5 m의 사각형으로 유체학적으로는 상당직경 0.4 m인 원형에 상당하여 그 면적은 0.139 $m^2$이지만, 배기구 전체에 대한 루버의 면적인 개구율 $a/A$가 0.7이므로 유효면적은 $0.139 \times 0.7 = 0.0973\ m^2$, 따라서 루버를 통과하는 기류속도 $V_T$는 $97.0/(60 \times 0.0973) = 16.6$ m/s, 그 속도압 $P_V$는 16.88 $mmH_2O$가 된다. 또 개구율 $a/A = 0.7$인 루버의 압손실계수 $\zeta_6$는 표 10.9의 ④에서 1.5, 따라서 압력손실 $P_{L15}$는 $16.88 \times 1.5 = 25.4$ $mmH_2O$가 된다. 이중 16.88 $mmH_2O$는 속도압 $P_V$가 제로로 되었기 때문에 손실되고 나머지 8.5 $mmH_2O$가 배기구의 루버 내측의 정압 $P_{S15}$에 상당한다.

다음에 곡관은 종횡비 $a/b = 0.75$, 곡률 $r/a = 1.0$이며, 그 압력손실계수 $\zeta_1$은 1.0, 곡관 각도 $\theta = 110°$로 압력손실 $P_{L14}$는 15.0 $mmH_2O$가 된다. 사실 이 곡관은 구부러지면서 단면이 확대되고 있으므로 곡관의 압력손실과 함께 확대 송풍관으로서의 압력손실과 정압의 회복을 생각해야 되지만 그 만큼은 무시할 수 있는 정도로 적으므로 생략하고 있다.

마지막으로 직선송풍관의 부분 압력손실 $P_{L13}$이 3.3 $mmH_2O$, 이것을 더하면 배기송풍관의 총 압력손실은 44.4 $mmH_2O$, 그 값에서 속도압 $P_{V13} = 12.53$ $mmH_2O$

을 빼면 송풍기 출구(계통선도의 ⑬번 지점)의 정압 $P_{S13}$은 31.9 mmH₂O, 송풍기의 입구와 출구의 압력차는 106.5 mmH₂O가 된다.

이상에 후드 No.1의 배기구까지 주송풍관 계통에 대해 압력손실의 계산을 완료한 것이 된다. 어떻습니까? 압력손실의 계산은 어렵다고만 생각하고 있던 여러분! 원리만 이해할 수 있다면 그렇게 어려운 것은 아닌 것입니다.

| 1 | 2 | 3 | 4 | 5 | 6 | 7 | 8 | 9 | 10 | | 11 |
|---|---|---|---|---|---|---|---|---|---|---|---|
| 계통 선도 번지 | 송풍관직경 $D$ 또는 상당직경 $D_e$ (m) | 송풍관 단면적 $A$ ($m^2$) | 송풍량 $Q$ ($m^3$/min) | 반송 속도 $V_T$ (m/s) | 속도압 $P_V$ ($mmH_2O$) | 직관 압손 $\Delta P_L$ ($mmH_2O$/m) | 송풍관 각부의 형상 치수 | 압손 계수 $\xi$ | 압력손실 $P_L$ ($mmH_2O$) 부분 | 누계 | 정압 $P_S$ ($mmH_2O$) |
| 0~1 후드 No.1 $P_{L1}$ | 0.24 | 0.045 | 24 | 8.8 | 4.74 | | | 0.49 | 2.3 | 2.3 | −7.0 |
| 1~2 90° 곡관 $P_{L2}$ | 〃 | 〃 | 〃 | 〃 | 〃 | | $r/D=1.5$ | 0.39 | 1.9 | 4.2 | −8.9 |
| (중간생략) | | | | | | | | | | | |
| 10~11 공기청정장치 $P_{L11}$ | 〃 | 〃 | 〃 | 〃 | 6.37 | (maker 자료에 의함) | | | 50.0 | 64.7 | −71.1 |
| 11~12 90° 곡관 $P_{L12}$ | 〃 | 〃 | 〃 | 〃 | 〃 | | $r/D=1.25$ | 0.55 | 3.5 | 68.2 | −74.6 |
| 12~13 송풍기 | | | | | | | | | | | |
| 0~15 배기구 $P_{L15}$ | 0.42 | 0.139 | 97 | 16.6 | 16.88 | | $a/A=0.7$ | 1.5 | 25.4 | 25.4 | 8.5 |
| 15~14 100° 곡관 $P_{L14}$ | 0.38 | 0.113 | 〃 | 14.3 | 12.53 | | $a/b=0.75$ $r/a=1.0$ $\theta=110°$ | 1.0× 100/90 =1.2 | 15.0 | 40.4 | 27.9 |
| 13~14 직선송풍관 $P_{L13}$ | 〃 | 〃 | 〃 | 〃 | 〃 | 0.66 | $a=0.3$m $b=0.4$m $L=6.0$m | | 4.0 | 44.4 | 31.9 |

송풍기 전후의 정압치 $P_{Sf}=P_{S13}-P_{S12}=31.9-(-74.6)=106.5\ mmH_2O$

그림 11.3 국소배기장치 계산서(4항)
제4단계 : 배기송풍관의 압손과 전압, 송풍기 전후의 정압차

## 11.4 가지송풍관의 압력손실과 합류점에서 정압의 균형

앞절에서 후드 No.1에서 배기구까지 주송풍관 계에 대해 압력손실의 계산을 완료했다. 그러나 실제로는 아직 중요한 작업이 남아 있다. 지금까지 주송풍관 계통에 대해서만 계산을 했으나 가지송풍관의 압력손실을 계산해 주송풍관과의 합류점에서 정압의 차가 10% 이내로 유지하도록 밸런스를 잡는 일이 남아 있다. 또 후드 No.2에서 제1의 합류점(계통선도의 ⑥번 지점)까지의 가지송풍관의 압력손실을 계산하면 계산서(그림 11.4)와 같이 압력손실 $P_L = 6.6$ mmH$_2$O, 합류점의 정압 $P_{S6}'' = -12.4$ mmH$_2$O가 된다. 전에 주송풍관 측에 대해서 계산한 이 합류점의 정압 $P_{S6}$은 $-13.7$ mmH$_2$O(그림 11.2, 6행째)이고, 이 경우는 정압 밸런스가 잡혀 있는 것을 알 수 있다.

| 1 | 2 | 3 | 4 | 5 | 6 | 7 | 8 | 9 | 10 | | 11 |
|---|---|---|---|---|---|---|---|---|---|---|---|
| 계통 선도 번지 | 송풍관직경 $D$ 또는 상당직경 $D_e$ (m) | 송풍관 단면적 $A$ (m$^2$) | 송풍량 $Q$ (m$^3$/min) | 반송 속도 $V_T$ (m/s) | 속도압 $P_V$ (mmH$_2$O) | 직관 압손 $\Delta P_L$ (mmH$_2$O/m) | 송풍관 각부의 형상 치수 | 압손 계수 $\xi$ | 압력손실 $P_L$ (mmH$_2$O) 부분 | 누계 | 정압 $P_S$ (mmH$_2$O) |
| 0~16 후드 No.1 $P_{L16}$ | 0.34 | 0.09 | 53 | 9.8 | 5.88 | | | 0.5 | 2.9 | 2.9 | −8.7 |
| 16~17 직선송풍관 $P_{L17}$ | 〃 | 〃 | 〃 | 〃 | 〃 | 0.34 | $L$=0.5m | | 0.2 | 3.1 | −8.9 |
| 17~6 90° 곡관 $P_{L6'}$ | 〃 | 〃 | 〃 | 〃 | 〃 | | $r/D$=1.25 | 0.55 | 3.2 | 6.3 | −12.0 |
| 17~6 합류 $P_{L6''}$ | 〃 | 〃 | 〃 | 〃 | 〃 | | $\theta$<10° | 0.06 | 0.3 | 6.6 | −12.4 |
| | | | | | | | | | | | |

그림 11.4 국소배기장치 계산서(4항)
제5단계 : 가지송풍관의 압손과 정압(1)

| 1 | 2 | 3 | 4 | 5 | 6 | 7 | 8 | 9 | 10 | | 11 |
|---|---|---|---|---|---|---|---|---|---|---|---|
| 계통 선도 번지 | 송풍관직경 $D$ 또는 상당직경 $D_e$ (m) | 송풍관 단면적 $A$ ($m^2$) | 송풍량 $Q$ ($m^3/min$) | 반송 속도 $V_T$ (m/s) | 속도압 $P_V$ ($mmH_2O$) | 직관 압손 $\Delta P_L$ ($mmH_2O/m$) | 송풍관 각부의 형상 치수 | 압손 계수 $\xi$ | 압력손실 $P_L$ ($mmH_2O$) | | 정압 $P_S$ ($mmH_2O$) |
| | | | | | | | | | 부분 | 누계 | |
| 0~18 후드 No.3 $P_{L18}$ | 0.2 | 0.031 | 20 | 10.8 | 7.15 | | | 0.51 | 3.6 | 3.6 | −10.8 |
| 18~19 직선송풍관 $P_{L19}$ | 〃 | 〃 | 〃 | 〃 | 〃 | 0.72 | $L$=0.4m | | 0.3 | 3.9 | −11.1 |
| 19~20 90° 곡관 $P_{L20}$ | 〃 | 〃 | 〃 | 〃 | 〃 | | $r/D$=1.25 | 0.55 | 3.9 | 7.8 | −15.0 |
| 20~21 직선송풍관 $P_{L21}$ | 〃 | 〃 | 〃 | 〃 | 〃 | 0.72 | $L$=0.8m | | 0.6 | 8.4 | −15.6 |
| 21~22 90° 곡관 $P_{L22}$ | 〃 | 〃 | 〃 | 〃 | 〃 | | $r/D$=1.25 | 0.55 | 3.9 | 12.3 | −19.5 |
| 22~23 직선송풍관 $P_{L23}$ | 〃 | 〃 | 〃 | 〃 | 〃 | 0.72 | $L$=1.9m | | 1.4 | 13.7 | −20.9 |
| 23~8 45° 곡관 $P_{L8'}$ | 〃 | 〃 | 〃 | 〃 | 〃 | | $r/D$=1.25 $\theta$=45° | 0.55× 45/90 =0.28 | 2.0 | 15.7 | −22.9 |
| 23~8 합류 $P_{L8''}$ | 〃 | 〃 | 〃 | 〃 | 〃 | | $\theta$=45° | 0.28 | 2.0 | 17.7 | −24.9 |
| | | | | | | | | | | | |

그림 11.5 국소배기장치 계산서(4항)
제6단계 : 가지송풍관의 압손과 정압(2)

다음에 후드 No.3에서 제2의 합류점(계통선도의 ⑧번 지점)까지의 압력손실을 계산하면 그림 11.5와 같이 압력손실 $P_L = 17.7$ mmH₂O, 합류점의 정압 $P_{S8}'' = -24.9$ mmH₂O가 된다. 그러나 전에 주송풍관 측에 대해 계산한 합류점의 정압 $P_{S8}$은 $-17.3$ mmH₂O(그림 11.2, 8행째)으로 이 경우에는 주송풍관 측과 가지송풍관 측의 정압발란스가 잡혀 있지 않았다. 만약 이대로 송풍관을 만들어 운전하면 저항이 큰 가지송풍관 측의 풍량은 당초 계획한 것보다 감소하고, 저항이 작은 주송풍관 측의 풍량은 증가하여 국소배기장치로서 원하는 효과는 얻을 수가 없게 된다.

## 11.5 정압의 균형을 잡는 방법

합류점에서 가지송풍관측과 주송풍관측의 정압을 균형잡기 위해서는 두 가지 방법이 있다. 한 가지는 저항이 작은 쪽의 송풍관에 댐퍼를 설치하여 저항이 같아지도록 조이는 방법으로 저항조절평형법 또는 댐퍼조절평형법이라 불리는 방법, 다른 하나는 저항이 큰 쪽의 송풍관을 약간 크게 해서 저항을 줄이든지 저항이 작은 쪽의 송풍관을 약간 가늘게 해서 저항을 증가시키든지 또는 그 양쪽을 병용해서 저항의 밸런스를 잡는 방법으로 유속조절평형법이라 부르는 방법이 있다.

저항조절평형법은 마치 기울어져 있는 천칭의 가벼운 쪽에 여분의 추를 올려서 발란스를 잡는 것과 같은 것으로 댐퍼를 조인 양 만큼 저항이 증가하여 여분 만큼의 에너지를 소비한다. 압력손실의 계산은 제일 저항이 큰 가지송풍관에 대해서 아는 것만으로 끝난다. 또 이 방법으로 설계하려면 송풍관의 크기를 바꿀 필요가 없어서 반송속도도 바꾸지 않아도 된다. 따라서 분진을 흡인하는 송풍관과 같이 정해진 반송속도를 갖을 필요가 있는 경우는 편리하다.

단, 댐퍼에 먼지가 퇴적되지 않도록 하는 연구와 일단 조절된 댐퍼를 함부로 움직이지 않도록 하는 것이 필요하다. 유속조절평형법을 사용하는 경우에는 저항이 증가해도 반송속도를 적게 하지 않을 것이라면 저항이 작은 쪽의 가지송풍관을 가늘게 한다. 이 경우에는 저항의 증가분만큼 여분의 에너지를 소비하는 것으로 댐퍼의 경우와 마찬가지이다. 유기용제를 배출하는 국소배기와 같이 송풍관에 먼지가 퇴적할 염려가 없는 경우에는 저항이 큰 쪽의 가지송풍관을 크게 해서 저항을 떨어뜨리는 쪽이 유리하다.

## 11.6 유속조절평형법

유속조절평형법에서 가지송풍관의 저항을 균형 맞추기 위해서는 다음과 같이 해서 송풍관의 크기를 결정한다.

1. 우선 송풍량과 정해진 반송속도에서 각 송풍관의 크기를 임시로 정하고 각각의 압손과 합류점의 정압을 계산한다. 예를 들면 그림 11.6과 같이 송풍관 계에서 가지송풍관 ①과 ②의 직경, 반송속도, 합류점에서의 정압이 각각 $D_1$, $D_2$, $V_{T1}$, $V_{T2}$, $P_{S1}$, $P_{S2}$가 있다고 한다.

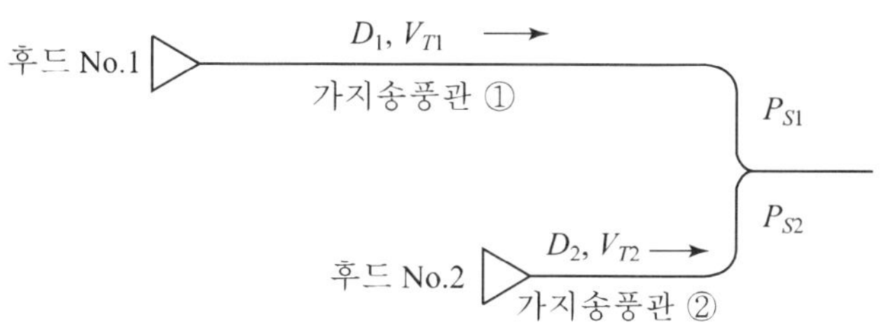


그림 11.6 가지송풍관의 직경, 반송속도, 합류점의 정압관계

2. 다음에 가지송풍관 ①의 직경 $D_1$을 변경해서 $P_{S1}$을 $P_{S2}$와 동등하게 하고 싶은 경우에는 $\sqrt[4]{P_{S1}/P_{S2}}$를 계산해서 그것을 $D_1$에 곱하여 계산한다. 얻어진 답이 $P_{S1}$을 $P_{S2}$와 같게 하기 위한 새로운 가지송풍관 ①의 직경 $D_1$이다.

$$D_1 \times \sqrt[4]{P_{S1}/P_{S2}} = D_1' \tag{11.3}$$

$D_1$ : 임시로 정한 가지송풍관 ①의 직경(m)
$P_{S1}$ : ①측 합류점의 정압($mmH_2O$)
$P_{S2}$ : ②측 합류점의 정압($mmH_2O$)
$D_1'$ : 수정된 가지송풍관 ①의 직경(m)

3. 반대로 가지송풍관 ②의 직경 $D_2$를 변경해서 $P_{S2}$를 $P_{S1}$에 맞추고 싶은 경우에는 $D_2$에 $\sqrt[4]{P_{S1}/P_{S2}}$를 곱해서 $D_2'$를 구한다. 사각형 송풍관인 경우에는 $D$는 물론 상당직경이다.
예를 들면 $P_{S1}$이 $P_{S2}$의 두 배인 경우에 $P_{S1}$을 절반으로 줄이고 $P_{S2}$와 같게 하는 데는 $D_1$을 1.19배($\sqrt[4]{2}=1.19$)로 크게 해주면 된다. 송풍관의 압력손실은 속도압에 비례한다. 즉 압력손실은 반송속도의 제곱에 비례(반송속도는 압력손실의 제곱근에 비례)하고, 반송속도는 기류 양이 변하지 않으면 송풍관의 단면적에 반비례(송풍관 단면적은 반송속도에 반비례)하고 송풍관 단면적은 직경의 제곱에 비례(직경은 압력손실의 4제곱근에 반비례)하기 때문이다. 위의 예에서 $D_1$을 1.19배 하면 단면적 $A_1$은 $(1.19)^2=1.414$배($\sqrt{2}$배)로 되고, 반송속도 $V_{T1}$은 $1/\sqrt{2}$배, 따라서 속도압, 압력손실이 1/2배로 된다는 뜻이다.

이 방법을 앞의 경우 예제의 후드 No.3에서 제2의 합류점까지의 가지송풍관에 응용해 본다. 가지송풍관의 합류점의 정압 $P_{S8}''=-24.9$ mmH₂O, 주송풍관측 합류점의 정압 $P_{S8}=-17.3$ mmH₂O(그림 11.2), 가지송풍관의 직경 $D=0.2$ m이므로 $P_{S8}''$을 $P_{S8}$에 맞추기 위해서는 (11.3)식에 대입해서 계산하면 가지송풍관의 직경 $D'$는 아래와 같다.

$$D' = D\times\sqrt[4]{P_{S8}''/P_{S8}}$$

$$=0.2\times\sqrt[4]{-24.9/-17.3}=0.2\times1.09 \fallingdotseq 0.22\ \mathrm{m}$$

그림 11.7은 직경 0.22 m로 다시 계산한 가지송풍관의 압력손실과 정압으로 직경을 수정하여 다시 계산하면 가지송풍관 계의 압력손실은 11.7 mmH₂O, 합류점의 정압 $P_{S8}''$은 $-18.8$ mmH₂O로 되어 주송풍관측의 정압 $P_{S8}$과의 차는 10% 이내로 머문다.

| 1 | 2 | 3 | 4 | 5 | 6 | 7 | 8 | 9 | 10 | | 11 |
|---|---|---|---|---|---|---|---|---|---|---|---|
| 계통 선도 번지 | 송풍관직경 $D$ 또는 상당직경 $D_e$ (m) | 송풍관 단면적 $A$ ($m^2$) | 송풍량 $Q$ ($m^3$/min) | 반송 속도 $V_T$ (m/s) | 속도압 $P_V$ ($mmH_2O$) | 직관 압손 $\Delta P_L$ ($mmH_2O$/m) | 송풍관 각부의 형상 치수 | 압손 계수 $\xi$ | 압력손실 $P_L$ ($mmH_2O$) | | 정압 $P_S$ ($mmH_2O$) |
| | | | | | | | | | 부분 | 누계 | |
| 0~18 후드 No.3 $P_{L18}$ | **0.22** | 0.038 | 20 | 8.8 | 4.74 | | | 0.51 | 2.4 | 2.4 | −7.1 |
| 18~19 직선송풍관 $P_{L19}$ | 〃 | 〃 | 〃 | 〃 | 〃 | 0.43 | $L$=0.4m | | 0.2 | 2.6 | −9.7 |
| 19~20 90° 곡관 $P_{L20}$ | 〃 | 〃 | 〃 | 〃 | 〃 | | $r/D$=1.25 | 0.55 | 2.6 | 5.2 | −12.3 |
| 20~21 직선송풍관 $P_{L21}$ | 〃 | 〃 | 〃 | 〃 | 〃 | 0.43 | $L$=0.8m | | 0.4 | 5.6 | −12.7 |
| 21~22 90° 곡관 $P_{L22}$ | 〃 | 〃 | 〃 | 〃 | 〃 | | $r/D$=1.25 | 0.55 | 2.6 | 8.2 | −15.3 |
| 22~23 직선송풍관 $P_{L23}$ | 〃 | 〃 | 〃 | 〃 | 〃 | 0.43 | $L$=1.9m | | 0.9 | 9.1 | −16.2 |
| 23~8 45° 곡관 $P_{L8'}$ | 〃 | 〃 | 〃 | 〃 | 〃 | | $r/D$=1.25 $\theta$=45° | 0.55× 45/90 =0.28 | 1.3 | 10.4 | −17.5 |
| 23~8 합류 $P_{L8''}$ | 〃 | 〃 | 〃 | 〃 | 〃 | | $\theta$=45° | 0.28 | 1.3 | **11.7** | **−18.8** |
| | | | | | | | | | | | |

그림 11.7 국소배기장치 계산서(4항)
제6단계 : 가지송풍관의 압손과 정압(2)

CHAPTER

# 12 송풍기(fan)

## 12.1 송풍기의 종류와 특징

송풍기는 원리에 입각하여 원심식(centrifugal fan)과 축류식(axial fan)이 있고 원심식에는 날개 형태에 따라 다시 다익형(전곡날개형, forward curved fan), 평판형(방사날개형, radial blade fan), 터보형(후곡날개형, backward blade fan), S자 날개형(limit load fan), 유선날개형(air foil fan)으로 분류되고, 축류식에도 안내날개 부착형(vane axial fan)과 안내날개 미부착형(tube axial fan)이 있으며 특수한 것으로는 원심식과 축류식의 혼합형인 원심축류식(in–line flow centrifugal fan) 등 실제로 많은 형식이 있으며 각각 장점과 단점이 있다. 송풍기의 성능용량은 대부분의 경우 정압 $P_S$와 송풍량 $Q$의 조합으로 나타내어지고 형식에 따라 사용에 적합한 정압의 범위가 결정되고 있다(표 12.1). 송풍기의 선정 절차는 다음과 같다.

① 송풍관 계의 압력손실 계산 결과에서 송풍기 전후의 정압차를 구하고 이 정압차에 상당하는 정압을 낼 수 있는 송풍기의 형식을 표 12.1에서 선정한다.

② 메이커의 카탈로그 등에 있는 선정도(용량도라고도 말하며 그림 12.1~12.4 참조)를 사용하여 필요한 송풍량을 낼 수 있는 크기(형식번호)를 선정한다.

③ 특성선도(성능선도라고도 말하며 그림 12.5~12.8)를 사용해서 필요한 정압, 풍량을 얻기 위해 회전수, 축동력, 사용하는 모터의 크기, 운전시 추정소음 등을 구한다.

④ 특성선도 상에 송풍관 계의 압력손실곡선을 겹쳐서 송풍기의 실제 동작점을 구한다.

⑤ 송풍기와 송풍관의 설치장소를 고려해서 회전방향, 토출방향을 결정한다.

표 12.1 • 송풍기의 형식, 명칭, 정압범위

| 형식 | 명칭 | 정압범위 ($mmH_2O$) | 정압효율 (%) | 장단점 |
|---|---|---|---|---|
| 원심식<br>① 전곡날개형(다익형) | 다익송풍기 | 10~100 | 35~50 | 날개차의 구조상 고회전, 고풍압에는 적당하지 않으나 비교적 저회전으로 사용되므로 소음이 적다. 날개에 분진의 퇴적, 분진에 의한 마모가 생기기 쉽고 날개의 청소는 곤란하다.<br>정압의 변동에 대하여 풍량의 변화가 크고 정압이 감소되면 풍량, 축동력 모두 증대한다. |
| ② 방사날개형(평판형) | radial fan<br>brade fan | 50~500 | 40~55 | 6~12개의 평면날개를 방사형태로 날개차에 리벳팅되어 있고 날개가 마모, 오염된 경우 청소, 교환이 쉽다.<br>정압의 변동에 대한 풍량의 변화는 비교적 크고 정압이 감소되면 풍량, 축동력 모두 증대한다. |
| ③ 후곡날개형(터보형) | turbo fan | 100~1000 | 60~70 | 고풍압이 나올 수 있고 효율도 높으나 소음이 크다. 정압의 변동에 대하여 풍압, 축동력의 변화는 비교적 적다. |
| ④ S자날개형 | limit load fan | 20~300 | 45~55 | 성능, 특성 모두 다익팬과 터보팬의 중간이고 효율도 높다.<br>정압의 변동에 대하여 풍량의 변화가 비교적 적다. 정압이 감소되면 풍량은 증가하지만 축동력은 어떤 값 이상으로는 증가하지 않으므로 정압이 변동하는 용도에 적합하다. |
| ⑤ 유선날개형 | air foil fan | 20~300 | 60~75 | S자 날개형보다 더욱 효율이 높고 광범위한 풍량변동에 대하여 효율이 저하되지 않는다.<br>정압이 감소되면 풍량은 조금 증가하지만 축동력은 어떤 값 이상으로는 증가하지 않는다.<br>조금 고가이지만 날개는 재료의 제약상 내구성에 뒤진다. |
| 사류형<br>⑥ 사류식 | 사류송풍기 | 10~150 | 30~60 | 송풍관 내에 넣을 수 있으므로 설치장소를 가리지 않는다. 특성, 효율은 limit load fan, air foil fan에 필적하고 소음도 낮다. |

| | | | | |
|---|---|---|---|---|
| 원심축류식<br>⑦ 원심축류식 | 원심축류 송풍기<br>축류원심 송풍기 | 15~200 | 50~65 | 송풍관 내에 넣을 수 있으므로 설치장소에 구애를 받지 않는다. 날개차는 후곡날개형으로 특성과 효율은 터보팬에 비하여 기동 토크가 작아도 된다. |
| 축류식<br>⑧ 안내날개부착 | vane axial fan<br>guide duct | 5~100 | 30~60 | 송풍관 내에 넣을 수 있으므로 설치장소에 구애를 받지 않는다. 모타는 송풍관 밖에 부착할 수도 있다. 기류가 안내날개(guide vane)로 정류되어 소용돌이가 없어지므로 고효율이고 다익팬과 같은 정압이 나온다. 날개차가 마모, 오손된 경우 청소, 교환이 쉽다. |
| ⑨ 안내날개없음 | axial fan<br>duct fan | 5~30 | 25~50 | 송풍관에 넣을 수 있으므로 설치장소에 구애를 받지 않는다. 모타는 송풍관 밖에 부착할 수 있다. 저풍압, 대용량의 용도에 적합하다. 효율이 낮으나 저렴하다. |
| ⑩ 유입환기 선풍기 | 압력환기 선풍기<br>pressor disk fan | ~20 | 25~50 | 정압이 낮으나 저렴하다.<br>후드에서 송풍관을 사용하지 않고 직접 옥외에 배기하는 경우 또는 전체환기에 사용한다. |

## 12.2 송풍기의 선정도

필요한 정압과 송풍량에서 사용하는 송풍기의 크기(형식번호)를 선정하기 위한 그래프를 송풍기의 선정도 또는 용량도라 부르고 각 메이커에서 사용하기 쉽게 여러 가지 연구한 것을 카탈로그에 기재하고 있다.

여기서는 대표적인 M회사의 것을 소개한다(그림 12.1~12.4). 이 용량도를 사용해 대략의 크기(형식번호)를 고르고 다음에 그 형식번호의 특성선도를 사용하여 회전수, 사용 전동기의 크기 등을 결정한다.

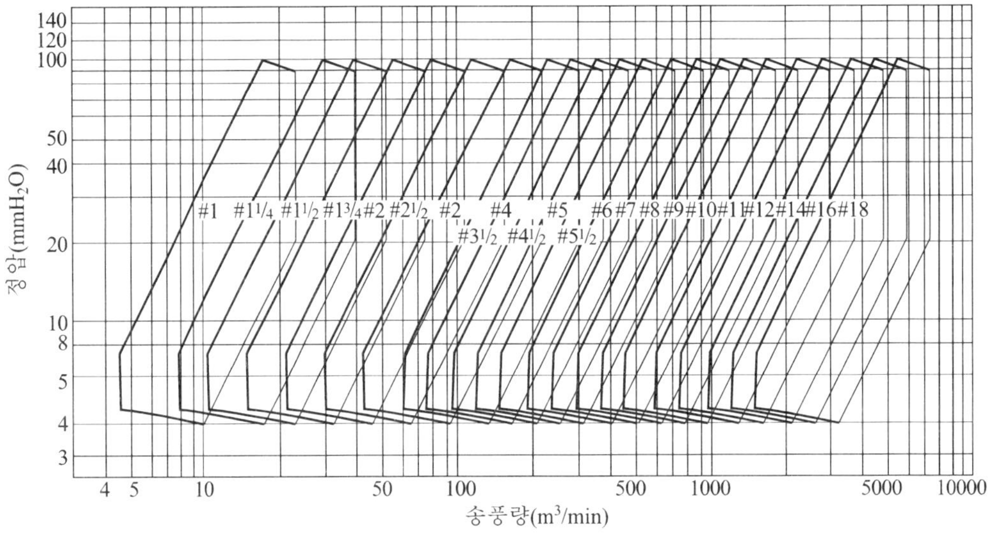


그림 12.1 다익형 송풍기(MF형) 용량도

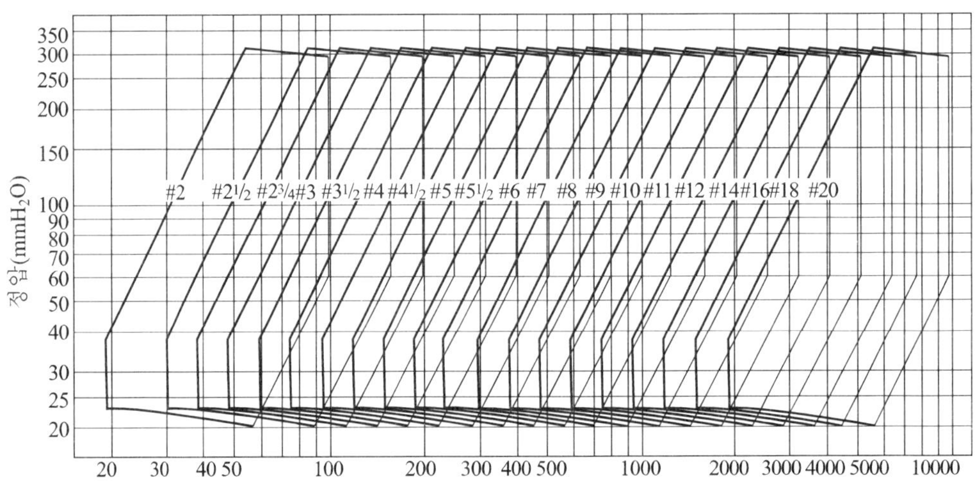


그림 12.2 S자 날개형 송풍기(limit load fan)(LLA B형) 편측 흡인식 용량도

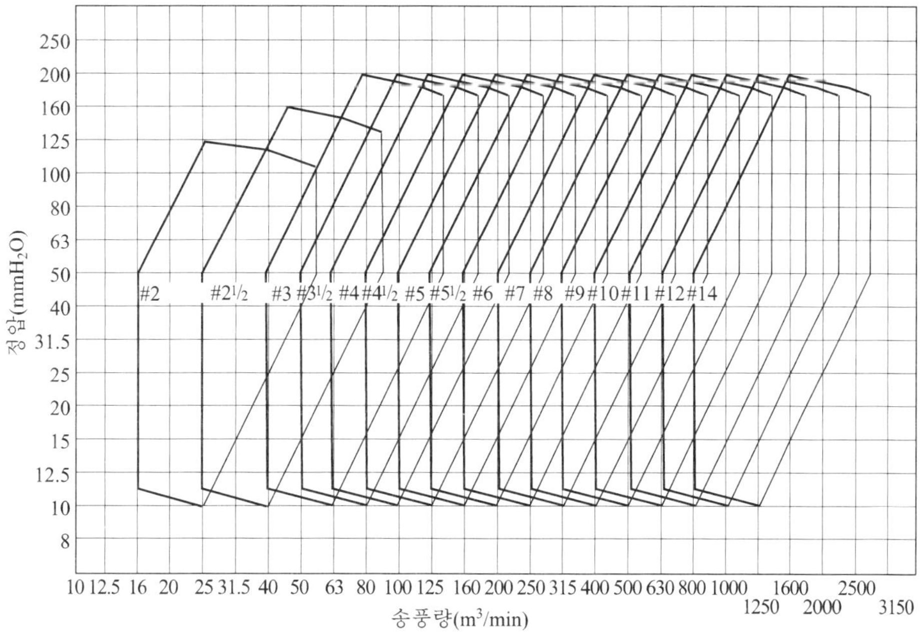


그림 12.3 원심축류 송풍기(LU형) 용량도

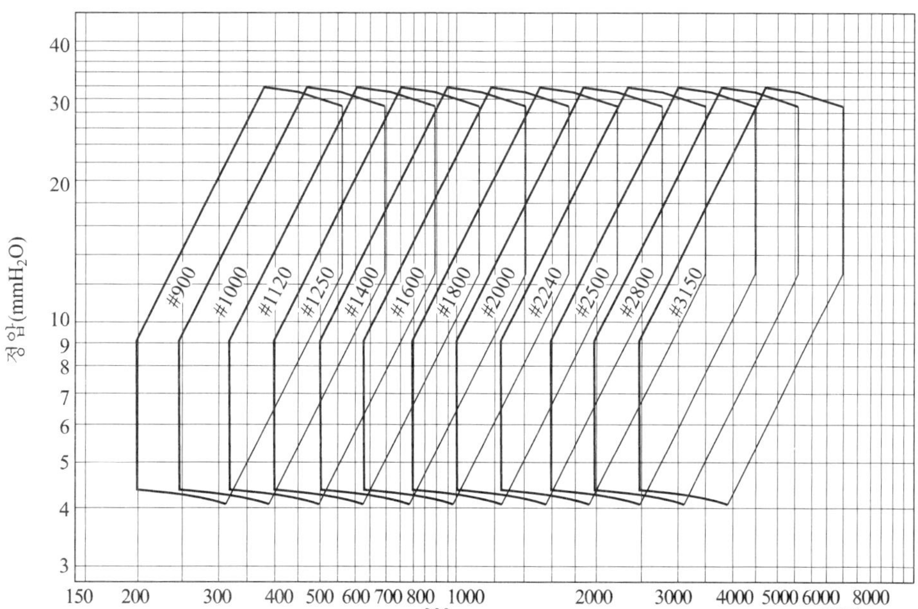


그림 12.4 축류 송풍기(AF형) 용량도

## 12.3 송풍기의 성능을 나타내는 특성선도

송풍기의 송풍량, 정압을 여러 가지로 바꾸어 운전하여 송풍량과 정압, 효율, 축동력(운전에 필요한 동력) 등의 관계를 조사해 그래프로 나타낸 것을 송풍기의 특성선도(characteristic diagram 또는 performance diagram)라고 한다.

특성선도는 보통 가로축에 송풍량, 세로축에 정압, 효율, 축동력 등을 눈금으로 한 그래프이다. 그림 12.5~12.8은 여러 가지 형식의 송풍기 특성선도의 예이다. 이 네 가지의 그림을 비교해 보면 송풍기 형식에 따라 특성선도의 커브모양에 각각 특징이 있는 것을 알 수 있다. 예를 들면 축류 송풍기의 정압곡선은 송풍량이 100~400 $m^3$/min의 범위에서 거의 경사가 없는 형태로 나타내며 이는 약간의 정압변화로 송풍량이 심하게 변동해 정압이 변동하는 것 같은 용도에는 사용하기 어려운 것을 나타내고 있다.

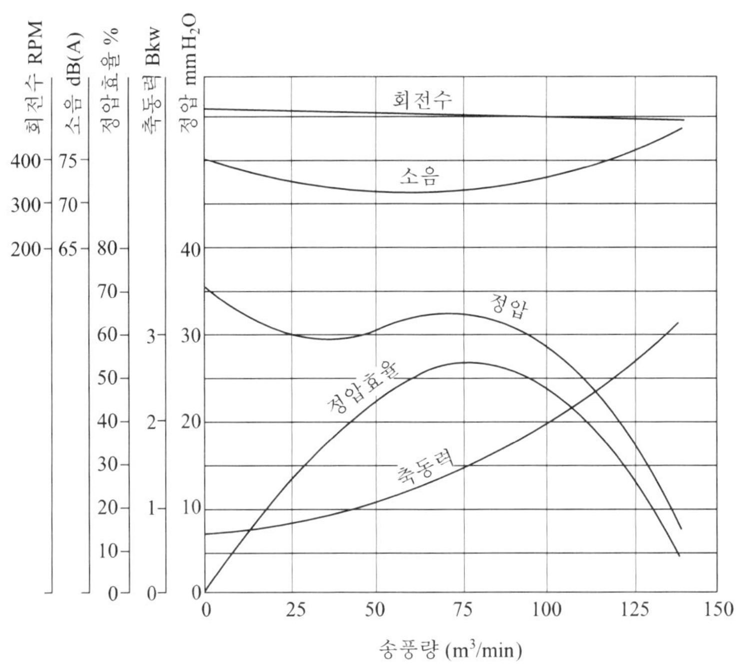


그림 12.5 다익형 송풍기(MF형 #$2\frac{1}{2}$)의 특성선도(500 rpm)

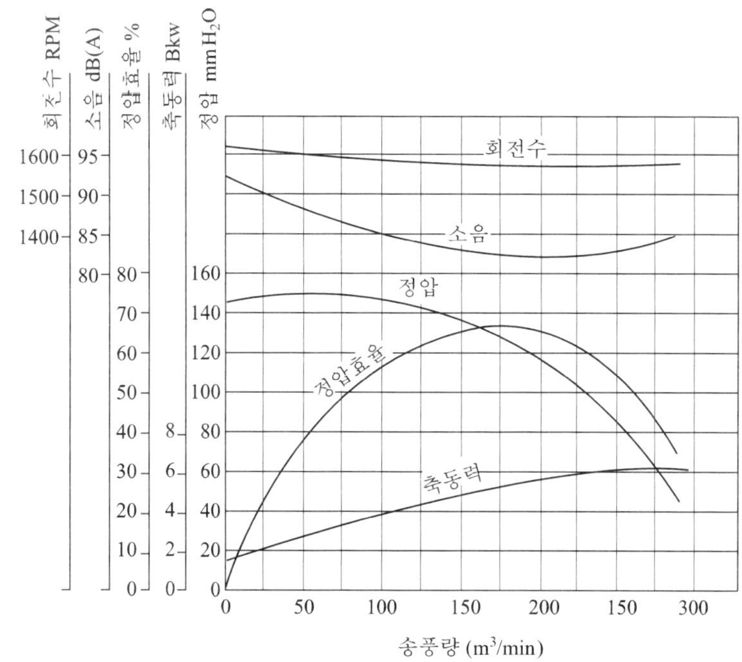


그림 12.6 S자 날개형 송풍기(limit load fan) (LLA형 #4)의 특성선도

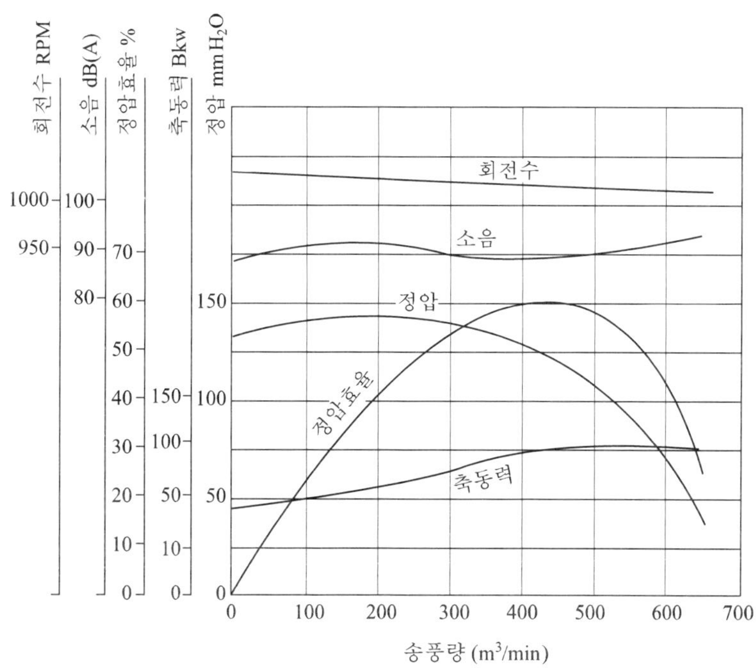


그림 12.7 원심축류 송풍기(LU형 #6)의 특성선도(1000 rpm)

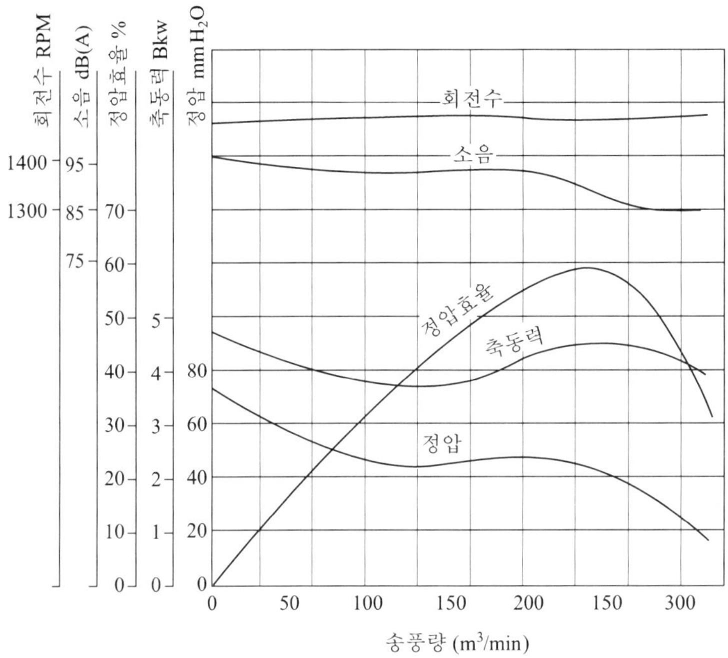


그림 12.8 축류송풍기(AP형 #800)의 특성선도(1450 rpm)

또 다익형 송풍기의 축동력 곡선은 송풍량이 증가함에 따라 경사가 급하게 되고 있다. 이 다익형 송풍기는 정압 제로에 가까운 상태로 운전하면 축동력이 점점 증가하며 모터가 과부하로 되는 위험성을 갖고 있다. S자 날개형 송풍기(limit load fan)나 원심축류 송풍기의 축동력 곡선을 보면 개방 상태로 운전하여도 과부하의 염려가 없다는 것을 알 수 있다. 특성선도의 커브형태는 동일 형식의 송풍기에 대해서는 크기와 회전수가 달라져도 그다지 변경하지 않지만 특성선도의 눈금값은 크기가 바뀌면 물론이고, 크기가 변하지 않아도 회전수가 바뀌면 변한다. 즉 송풍기의 성능은 회전수를 변경함으로써 변하게 할 수 있다. 국소배기의 송풍량이 조금 부족할 경우에 송풍기의 회전수를 올려서 송풍량을 증가시킬 수 있는 것은 이 때문이다. 메이커의 카탈로그에 실려있는 특성선도는 보통 한 가지 크기의 송풍기에 대해서 여러 가지 회전수에 있어서의 커브를 한 장의 그래프에 수록하고 있다. 예를 들면 그림 12.9는 그림 12.5의 다익형 송풍기의 355 rpm에서 1400 rpm까지의 정압 곡선과 축동력 곡선을 한 장의 그래프에 작도한 것으로서 성능도 또는 성능표라고도 말한다.

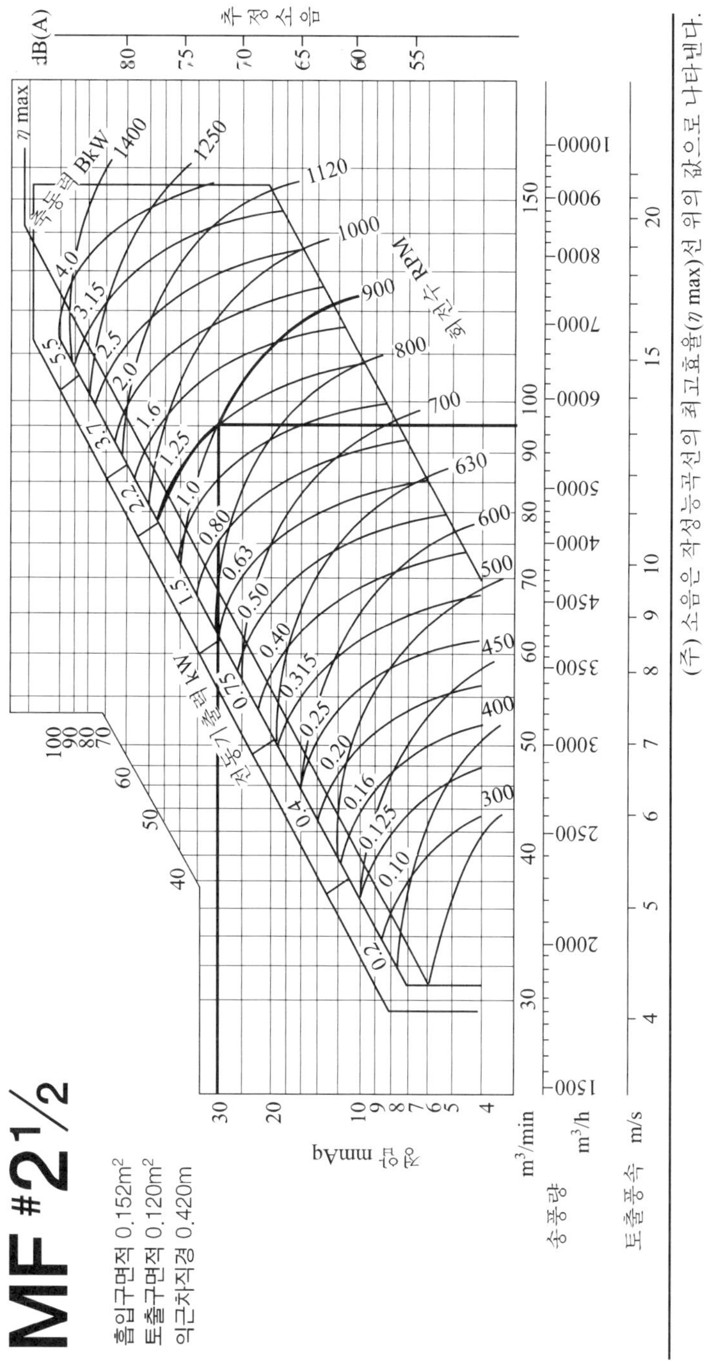


그림 12.9 다익형 송풍기(MF형 #2$\frac{1}{2}$)의 성능표

이 성능표를 사용하여 송풍기의 운전 조건(동작점 혹은 사양)을 정하는 것은 다음과 같다.

① 그래프의 왼쪽 세로축에 정압, 가로축에 송풍량을 잡고 각각의 점에서 줄을 그어 직선의 교차점이 동작점이다. 그 때의 정압곡선(오른쪽 아래의 곡선)의 숫자가 회전수를 나타낸다. 예를 들면 송풍기에서 송풍량 $Q=95\ m^3/min$, 정압 $P_S=30\ mmH_2O$를 얻은 경우에는 회전수가 약 900 rpm이 된다.

② 다음 소요 축동력은 동작점을 통한 축동력 곡선(오른쪽 아래의 진한 곡선)의 숫자를 읽는다. 이 예에서는 1.25 BkW (break kilowatt)의 축동력선에서 1.25 kW가 필요한 것을 알 수 있다.

③ 사용하는 모터는 보통 소요 축동력에 20% 이상의 여유를 갖고 선정한다. 그래프에서 결정할 때는 축동력 곡선을 왼쪽 위로 따라가서 오른쪽 위 틀 안의 숫자를 읽는다. 이 예의 경우에는 사용하는 모터는 출력 2.2 kW의 것이 적당하다고 할 수 있겠다.

④ 마지막으로 송풍기를 이 조건으로 운전한 경우의 소음 레벨을 추정하여 보면 정압 곡선을 왼쪽 위로 따라가서 최고효율($\eta_{max}$)을 나타내는 오른쪽 위의 가는 직선과의 교차점에서 오른쪽으로 수평선을 극고 오른쪽 세로축과 만나는 점의 숫자가 이 송풍기의 최고효율을 운전한 경우에 송풍기에서 발생하는 소음레벨이다. 최고효율이 아닌 경우에는 3 dB(A)를 더한다. 이 예에서 추정소음은 72+3=75 dB(A) 이다.

이상에서 송풍기의 형식, 크기(형식번호)와 운전 조건의 결정법을 공부했으나 실제로는 원하는 대로의 운전조건이 얻어지지 않을 때가 있다. 예를 들면 회전수가 원하는 대로 안될 경우 또는 송풍관 계의 압력손실 계산에 오차가 있어서 실제로 정압이 계산값과 어긋나는 경우에는 송풍량 등에 어떠한 영향이 있는 것일까? 다음 절에서 좀더 상세히 알아보기로 한다.

## 12.4 송풍기의 동작점과 정압곡선

송풍기를 어떤 회전수로 운전해서 놓고 입구와 출구 사이에 있는 정압을 걸면 그 정압에 대응한 양의 공기가 흐른다. 이 회전수와 정압과 송풍량의 조합으로 결정되는 운전 조건을 송풍기의 동작점이라고 한다.

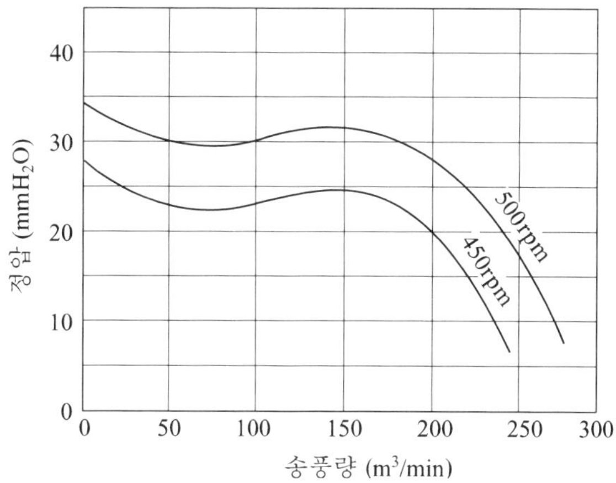


그림 12.10 다익형 송풍기(MF형 #2$\frac{1}{2}$)의 특성선도

그림 12.10은 다익형 송풍기(MF형 #2$\frac{1}{2}$)의 특성선도에서 회전수 500 rpm과 450 rpm 일 때 정압과 송풍량의 관계를 나타낸 정압곡선이다. 형식에 따라 커브의 정도에 다소 차이는 있으나 송풍기의 정압－송풍량과의 관계는 모두 이 같은 오른쪽 하향의 곡선이 된다. 이것은 일반적으로 송풍기의 송풍량은 정압이 커지면 줄고 정압이 적어지면 증가하는 것을 나타내고 있다. 국소배기 송풍관 안과 제진장치에 먼지가 퇴적해서 저항이 증가하면 송풍량이 줄어 후드의 제어속도가 나오지 않게 되는 것은 이 때문이다. 또 송풍관의 중간에 댐퍼를 삽입하여 저항을 가감하여 풍량을 조절할 수 있는 것도 송풍기의 정압과 송풍량 사이에 이 같은 관계가 있기 때문이다. 또 이 곡선은 회전수가 500 rpm인 경우 송풍량이 75 $m^3$/min 이하의 범위에서는 거의 경사가 없다. 그러나 이 범위에서는 정압이 아주 조금 변화해도 송풍량이 크게 변동하는 서징(surging) 현상이 나타날 수가 있다. 이 현상이 나타나면 동작점이 불안정하며 심한 경우에는 송풍기가 고장나는 수도 있어 사용하기 어렵다는 것이다. 일

반적으로 말하면 송풍기는 정압곡선이 적당한 각도로 경사져 있는 범위, 송풍기의 경우라면 회전수 500 rpm에서는 송풍량이 75 $m^3$/min 이상의 범위에 동작점이 오도록 운전조건을 선정할 필요가 있다.

## 12.5 송풍관 계의 압력손실과 송풍기의 동작점

다음에 송풍량과 송풍관 계의 압력손실 계산결과에서 정압곡선을 사용하여 송풍기의 운전조건, 즉 동작점을 결정하는 방법을 설명하기로 한다.

정압곡선을 사용해서 동작점을 결정하기 위해서는 송풍량 $Q$와 송풍기에 걸리는 전압 $P_{Sf}$가 필요하다. 송풍량 $Q$는 그 송풍관 계에 연결되어 있는 모든 후드의 필요 송풍량의 합계, 송풍기에 걸리는 정압 $P_{Sf}$는 송풍기의 입구와 출구의 정압차(송풍기 전후의 정압차)이다.

송풍관의 압력손실은 그 사이에서 잃어버린 전압이라는 것과 전압에서 속도압을 뺀 나머지가 정압이라는 것을 기억하기 바란다. 그렇게 하면 흡인송풍관 계의 전체압력 손실에 (−)의 부호를 붙인 $-P_{Li}$에서 송풍기 입구의 속도압 $P_{Vi}$를 뺀 것이 송풍기 입구의 정압 $P_{Si}$이다. 송풍기 입구는 부압(−)이므로 $P_{Si}$의 부호는 물론 (−)이다.

$$-P_{Li} - P_{Vi} = P_{Si} \tag{12.1}$$

$P_{Li}$ : 흡인송풍관 계의 전체압력 손실(mm$H_2O$)

$P_{Vi}$ : 송풍기 입구의 속도압(mm$H_2O$)

$P_{Si}$ : 송풍기 입구의 정압(mm$H_2O$)

또 배기송풍관 계의 전체압력 손실 $P_{L0}$에서 송풍기 출구의 속도압 $P_{V0}$를 뺀 것이 송풍기 출구의 정압 $P_{S0}$이다. 송풍기 출구는 정압(+)이므로 $P_{S0}$의 부호는 (+)이지만 출구측에서 송풍관이 급히 확대된 경우에는 정압의 회복이 일어나 부압(−)으로 되는 일도 종종 있다.

$$P_{L0} - P_{V0} = P_{S0} \tag{12.2}$$

$P_{L0}$ : 배기송풍관 계의 전체압력 손실(mm$H_2O$)

$P_{V0}$ : 송풍기 출구의 속도압(mmH₂O)

$P_{S0}$ : 송풍기 출구의 정압(mmH₂O)

송풍기 출구의 정압 $P_{S0}$에서 송풍기 입구의 정압 $P_{Si}$를 뺀 것이 송풍기 전후의 정압차 $P_{Sf}$이다.

$$P_{S0} - P_{Si} = P_{Sf} \tag{12.3}$$

$P_{Sf}$가 구해지면 이것을 특성선도의 세로축에 잡고 여기에서 가로축에 평행선을 긋고 다음에 가로축 위의 송풍량 $Q$에 상당하는 점에서 가로축으로 평행선을 그으면 그 교점이 구하는 송풍기의 계산상의 동작점이 된다.

예를 들면 정압 $P_{Sf}$가 25 mmH₂O, 송풍량 $Q$가 110 $m^3$/min이라면 송풍기의 회전수는 500 rpm으로 동작점은 그림의 Ⓐ점, 또 정압 $P_{Sf}$가 20 mmH₂O, 송풍량 $Q$가 100 $m^3$/min이라면 송풍기의 회전수는 450 rpm으로 동작점은 그림의 Ⓑ점이 된다.

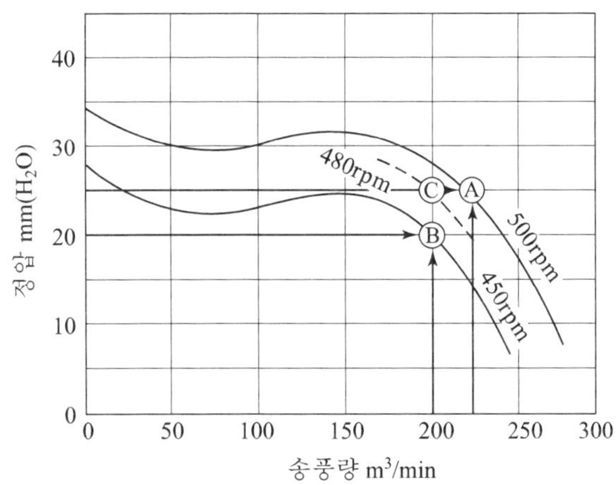


그림 12.11 다익형 송풍기(MF #2$\frac{1}{2}$)의 특성선도

**Note** 송풍기의 정압이라는 것은 송풍기의 전후의 정압차 $P_{Sf}$가 아니고 송풍기 전후의 전압차 $P_{Tf}$에서 토출구의 속도압 $P_{V0}$를 뺀 것이라고 정의하고 있다. 이것을 그림으로 설명하면 그림 12.12와 같은 관계가 된다.
즉 송풍기의 정압 $P_S$라는 것은 송풍기 전후의 정압차 $P_{Sf}$에서 송풍기 입구의 속도압 $P_{Vi}$만큼 작은 것이 된다. 따라서 동작점을 결정할 때에 정압 $P_S$ 대신에 정압차 $P_{Sf}$를 사용한다고 하는 것은 입구의 속도압 $P_{Vi}$만큼 정압에 안전율을 예상하여 능력에 여유가 있는 송풍기를 선정하는 것이 된다.

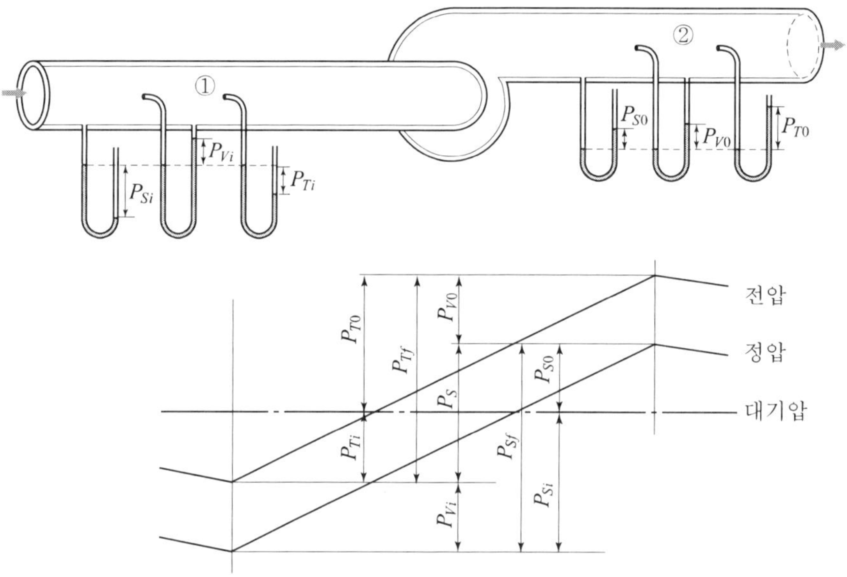


그림 12.12 송풍기의 전압, 정압, 동압 관계도

## 12.6 송풍관 계의 압력손실곡선과 정압곡선

계산해서 구한 동작점이 목적한 대로 정압곡선 위에 있지 않는 경우에 실제 동작점은 어떻게 될까? 예를 들면 정압 $P_{Sf}$가 25 mmH₂O이고 송풍량 $Q$가 100 m$^3$/min인 경우에 계산상 동작점은 500 rpm과 450 rpm인 2개의 정압곡선 사이에(그림 12.11의 ⓒ) 위치한다.

이 경우 어떻게 해서라도 송풍량 $Q$를 100 m$^3$/min에서 변화시키고 싶지 않다면 정압 곡선이 계산상의 동작점에 오를 수 있도록 송풍기의 회전수를 변경해야 한다. 예를 들면 풀리(pulley)와 벨트(belt)를 바꾸어 회전수를 약 480 rpm으로 해주면 좋다. 그러면 송풍기의 회전수를 바꿀 수 없는 경우에는 어떨까? 이 문제를 생각하기 위해서는 한 번 더 송풍관 계의 압력손실과 송풍량의 관계에 대하여 잘 이해해 두는 것이 필요하다. 이전에 압력손실 $P_L$이 기류속도압 $P_V$에 비례한다는 것을 공부했다. 그래서 속도압 $P_V$는 기류속도 $V$의 제곱에 비례하고 $V$는 송풍량 $Q$에 비례하므로 압력손실 $P_L$은 송풍량 $Q$의 제곱에 비례하게 된다. 또 송풍기 전후의 정압차 $P_{Sf}$는 압력손실 $P_L$과 송풍기 전후의 속도압차 $P_{Vf}$의 차이이므로 결국 송풍기 전후의 정압차 $P_{Sf}$도 송풍량 $Q$의 제곱에 비례하게 된다. 그림 12.13의 곡선은 이 관계를 나타낸 것으로 송풍관 계의 정압곡선이라고도 말한다. 송풍관 계의 압력손실 $P_L$과 송풍량의 관계를 나타내는 압력손실곡선도 물론 이와 같은 형태가 된다.

송풍관 계의 정압곡선은 원점을 통과하는 2차곡선이므로 다음과 같은 순서로 간단하게 그릴 수 있다. 우선 그래프 위에 설계상의 동작점을 잡고(점 Ⓒ), 다음에 송풍량 0.5배, 정압 0.25배인 점(점 1), 송풍량 0.7배, 정압 0.5배인 점(점 2), 송풍량 1.4배, 정압 2배인 점(점 3)을 각각 그래프 위에 찍고, 이 네 개의 점을 곡선자를 사용해서 연결한다.

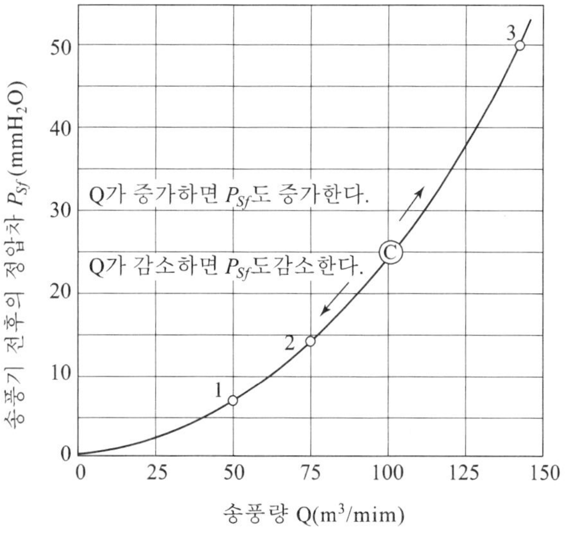


그림 12.13 송풍관 계의 정압곡선

표 12.2 • 정압곡선이 지나는 지점

| 지점 | 횡축 | 종 축 |
|---|---|---|
| 1 | $0.5Q$ | $0.25P_{Sf}$ |
| 2 | $0.7Q$ | $0.5P_{Sf}$ |
| ⓒ | $Q$ | $P_{Sf}$ |
| 3 | $1.4Q$ | $2P_{Sf}$ |

지금까지 계산해온 압력손실과 정압차는 실은 이 곡선 위의 ©점, 즉 여기까지 송풍량 $Q$에 대응하는 $P_L$과 $P_{Sf}$로서 정확하게는 송풍량 $Q$일 때의 압력손실 또는 정압차라고 말해야 한다. 그림 12.13의 곡선에서 알 수 있듯이 송풍관 계의 압력손실도, 송풍기 전후의 정압차도 일정 불변한 것이 아니고 송풍량이 증가하면 그 제곱에 비례해서 증가하고, 송풍량이 감소하면 그 제곱에 비례해서 감소하게 된다. 이것은 마치 같은 수도를 사용할 때 물을 많이 쓰면 수도요금이 더 많이 나오는 것과 꼭 같은 이치이다.

## 12.7 그래프에 의한 실제 동작점을 구하는 방법

그림 12.14는 그림 12.10의 다익형 송풍기 특성선도에 그림 12.13의 송풍관 계의 정압곡선을 포개어 확대한 것이다. 이 송풍관 계의 계산상 동작점 ©는 $Q$가 100 $m^3$/min일 때 $P_{Sf}$가 25 mmH₂O이다. 그러나 만약 이것에 다익형 송풍기 MF #2$\frac{1}{2}$을 연결해서 회전수 500 rpm으로 운전하면 동작점은 정압곡선을 따라 오른쪽 위로 $C'$점까지 이동하고 $Q$는 약 104 $m^3$/min까지 증가하며 그것에 따라 $P_{Sf}$도 27

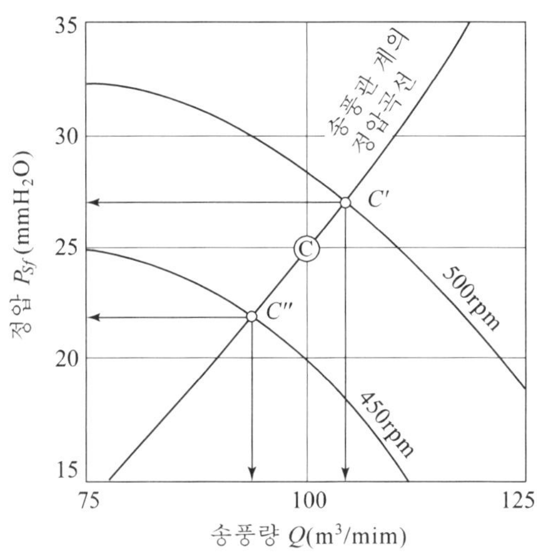


그림 12.14 송풍기 실제의 동작점을 구하는 방법

$mmH_2O$까지 증가하여, 여기에서 송풍기의 정압곡선과 맞닿는 $C'$점이 실제의 동작점이 된다. 만약 이 다익형 송풍기를 회전수 450 rpm으로 운전한다면 동작점은 정압곡선에 따라 왼쪽 아래에 $C''$점까지 이동해서 송풍기의 정압곡선과 교차한다. 송풍기의 정압곡선과 맞닿는 이 $C''$점이 이 조건의 실제 동작점으로 $Q$는 약 95 $m^3/min$, $P_{Sf}$는 22 $mmH_2O$이다. 다시 말해서 송풍관 계의 정압곡선과 송풍기의 정압곡선이 교차되는 점이 송풍기 실제의 동작점이 된다.

## 12.8 국소배기장치 계산서 작성방법(송풍기의 선정과 동작점의 결정)

송풍기의 선정과 동작점의 결정 방법을 이해하였으면 이번에는 국소배기장치 계산서의 6항을 완성하도록 한다. 계산의 5항은 4항의 계속으로 송풍관의 압력손실계산이 4항만으로 끝나지 않을 경우의 예비항이므로 설명은 생략한다. 계산서 6항(그림 12.16) 각 란의 기입 요령은 다음과 같다.

① 흡인측 송풍관의 압력손실 $P_{L0\sim12}$ = 68.2 $mmH_2O$와 배기측 송풍관의 압력손실 $P_{L13\sim15}$ = 44.4 $mmH_2O$의 합계, $P_{Lt}$ = 113 $mmH_2O$를 **제1란**에 기입한다.

② 송풍기 출구측의 속도압 $P_{V13}$ = 12.53 $mmH_2O$와 입구측의 속도압 $P_{V12}$ = 6.37 $mmH_2O$의 차, $P_{Vf}$ = 6.2 $mmH_2O$를 **제2란**에 기입한다.

③ 송풍기 출구측의 정압 $P_{S13}$ = 31.9 $mmH_2O$와 입구측의 정압의 $P_{S12}$ = −74.6 $mmH_2O$과의 차 $P_{Sf}$ = 106.5 $mmH_2O$를 **제3란**에 기입한다.

$P_{Sf}$를 구하려면 $P_L$에서 $P_{Vf}$를 뺄셈으로 하여도 된다. 이 경우에는 112.6 − 6.2 = 106.4 $mmH_2O$, 양쪽의 방법으로 계산해 보고 답이 맞지 않으면, 4항의 계산 도중에 어딘가 잘못이 있으므로 만약을 위하여 양쪽 모두 계산을 해두는 쪽이 좋을 것이다.

④ 전 후드의 송풍량 합계 $Q$ = 97.0 $m^3/min$을 **제4란**에 기입한다.

⑤ 송풍기의 선정도(용량도)를 써서 사용하는 송풍기를 선정한다. 정압 $P_{Sf}$ = 106.5 $mmH_2O$에 대해서는 다익형 송풍기로는 정압이 충분하지 못하여 S자날개형 송풍기(limit load fan), 유선날개형 송풍기(air foil fan), 원심축류 송풍기 등이 사용되는데 예를 들면 S자날개형 송풍기를 사용하게 되면 그림 12.2에서

$Q = 97.0\ m^3/min$, $P_{Sf} = 106.5\ mmH_2O$에 대하여 적당한 크기는 LLA형 또는 LLB형 #3이 된다. 또 원심축류 송풍기라면 그림 12.3에서 LU형 #3$\frac{1}{2}$로 된다.

| 1 | 2 | 3 | 4 | 5 | 6 | 7 | 8 | 9 | 10 | | 11 |
|---|---|---|---|---|---|---|---|---|---|---|---|
| 계통 선도 번지 | 송풍관직경 $D$ 또는 상당직경 $D_e$ (m) | 송풍관 단면적 $A$ ($m^2$) | 송풍량 $Q$ ($m^3/min$) | 반송 속도 $V_T$ (m/s) | 속도압 $P_V$ ($mmH_2O$) | 직관 압손 $\Delta P_L$ ($mmH_2O/m$) | 송풍관 각부의 형상 치수 | 압손 계수 $\xi$ | 압력손실 $P_L$ ($mmH_2O$) 부분 | 누계 | 정압 $P_S$ ($mmH_2O$) |
| 0~1 후드 No.1 $P_{L1}$ | 0.24 | 0.045 | 24 | 8.8 | 4.74 | | | 0.49 | 2.3 | 2.3 | −7.0 |
| 1~2 90° 곡관 $P_{L2}$ | 〃 | 〃 | 〃 | 〃 | 〃 | | $r/D=1.5$ | 0.39 | 1.9 | 4.2 | −8.9 |
| (중간생략) | | | | | | | | | | | |
| 10~11 공기청정장치 $P_{L11}$ | 〃 | 〃 | 〃 | 〃 | 6.37 | (maker 자료에 의함) | | | 50.0 | 64.7 | −71.1 |
| 11~12 90° 곡관 $P_{L12}$ | 〃 | 〃 | 〃 | 〃 | 〃 | | $r/D=1.25$ | 0.55 | 3.5 | 68.2 | −74.6 |
| 12~13 송풍기 | | | | | | | | | | | |
| 0~15 배기구 $P_{L15}$ | 0.42 | 0.139 | 97 | 16.6 | 16.88 | | $a/A=0.7$ | 1.5 | 25.4 | 25.4 | 8.5 |
| 15~14 100° 곡관 $P_{L14}$ | 0.38 | 0.113 | 〃 | 14.3 | 12.53 | | $a/b=0.75$ $r/a=1.0$ $\theta=110°$ | 1.0× 100/90 =1.2 | 15.0 | 40.4 | 27.9 |
| 13~14 직선송풍관 $P_{L13}$ | 〃 | 〃 | 〃 | 〃 | 〃 | 0.66 | $a=0.3m$ $b=0.4m$ $L=6.0m$ | | 4.0 | 44.4 | 31.9 |

송풍기전후의 정압차 $P_{Sf} = P_{S13} - P_{S12} = 31.9 - (-74.6) = 106.5\ mmH_2O$

그림 12.15 국소배기장치 계산서(4항)

제4단계 : 배기송풍관의 압손과 전압, 송풍기전후의 정압차

## 압력손실 계산 및 송풍기의 선정

**송풍기(fan) 동작점 계산값**

1. 송풍관 계 전체압력 손실 : $P_{Lt} = 113\ \mathrm{mmH_2O}$
2. 송풍기 전후의 동압차 : $P_{Vf} = 6.2\ \mathrm{mmH_2O}$
3. 송풍기 전후의 정압차 : $P_{Sf} = 106.5\ \mathrm{mmH_2O}$
4. 필요송풍량 : $Q = 97.0\ \mathrm{m^3/min}$

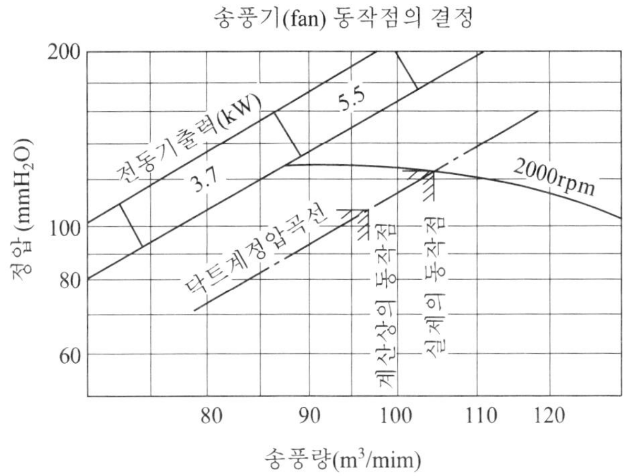


**송풍기의 선정**

5. 메이커 : M 송풍기 제작소
6. 형식번호 : S자 날개형 송풍기(limit load fan)LLB형 #3
7. 회전수 : 2000 rpm
8. 사용전동기 : 5.5 kW
9. 송풍량 : $Q = 105\ \mathrm{m^3/min}$
10. 정압 : $P_{Sf} = 124\ \mathrm{mmH_2O}$
11. 송풍기 축동력(정압효율 $\eta_{Sf} = 65\%$)

$$W = \frac{Q \cdot P_{Sf}}{61.2\ \eta_{Sf}} = 3.3\ \mathrm{kW}$$

그림 12.16 국소배기장치 계산서(6항)

⑥ 선정한 송풍기의 특성선도(성능표)를 써서 실제의 동작점을 구한다.

그림 12.17은 S자날개형 송풍기(limit load fan) LLB형 #3의 성능도, 그림 12.18은 그 일부를 확대하여 그 위에 송풍관의 정압곡선(그림중 오른쪽 위쪽의 점선)을 겹친 것이다. 정압곡선은 포물선으로 되어야 하지만, 이 그림에서는 직선으로 되어 있다. 그 이유는 이 그래프가 대수 눈금으로 그려져 있기 때문이다. 그러면 그림 12.18을 이용하여 동작점을 결정해 보자.

송풍량 97.0 $m^3$/min, 정압 106.5 mm$H_2O$인 점이 그림 12.18의 Ⓐ이다. 회전수 1800 rpm의 정압곡선과 2000 rpm의 정압곡선의 중간에 1800 rpm에 가까운 곳이 있다. 이것이 계산상의 동작점이며 송풍량, 정압을 바꾸고 싶지 않을 때에는 이 송풍기를 약 1850 rpm으로 운전하면 된다는 것을 알 수 있다. 다소 송풍량이 떨어져도 지장이 없으므로 회전수를 1800 rpm으로 하고 싶은 경우에는 송풍관 계의 정압곡선 왼쪽 아래로 내려간 회전수 1800 rpm의 정압곡선과의 교점 Ⓒ가 실제의 동작점이 된다. 이때의 송풍량은 93 $m^3$/min, 정압은 98 mm$H_2O$이다.

반대로 회전수는 2000 rpm으로도 좋으니 풍량을 줄이고 싶지 않다면 송풍관계의 정압곡선 오른쪽 위로 올라간 회전수 2000 rpm의 정압곡선과의 교점 Ⓑ가 실제의 동작점이다. 이때의 송풍량은 105 $m^3$/min, 정압은 125 mm$H_2O$가 된다. 회전수는 2000 rpm으로 좋으나, 송풍량은 설계값 97.0 $m^3$/min을 바꾸어 싶지 않을 경우에는 흡인송풍관의 적당한 장소에 흡인구를 설치해, 여기에서 여분의 공기를 흡인시킨다(그림 12.19). 흡인구는 분진이 흡인하지 않도록 금망을 쳐서 댐퍼를 설치하여 흡인량을 조절한다. 이 경우에는 송풍기의 동작점은 Ⓑ 그대로이고 변하지 않는다.

송풍량을 조정하는 또 하나의 방법은 송풍기 흡인측의 주송풍관 내에 풍량조절용 댐퍼를 설치해 저항을 가감하는 방법이다. 이 경우에 송풍기의 동작점은 Ⓓ가 된다. 또 댐퍼에 가해진 저항은 Ⓐ와 Ⓓ의 차에 상당하는 정압의 몫이 된다. 따라서 송풍량은 97.0 $m^3$/min, 정압은 128 mm$H_2O$로가 된다. 더욱이 동작점의 결정에 사용한 특성선도는 복사를 하여 계산서에 붙여 두면 편리하다.

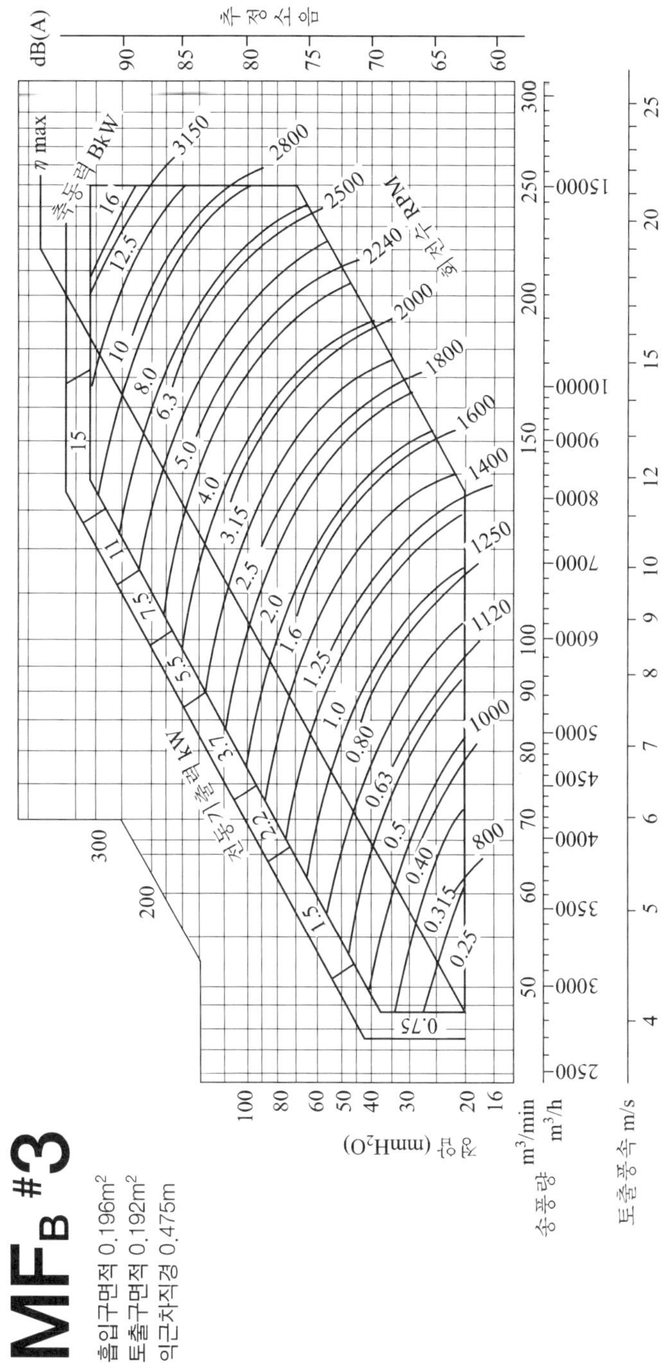


그림 12.17 S자 날개형 송풍기(limit load fan) LLB형 #3의 성능표

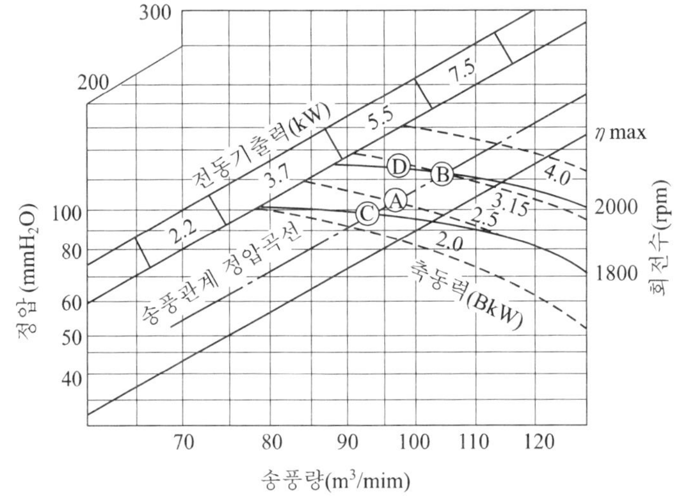


그림 12.18 특성표에 의한 동작점의 결정

그림 12.19 흡인송풍관의 중간에 설치한 풍량조절용 흡인구

⑦ 결정한 동작점의 수치를 기입한다. 그 예에서는 송풍량은 설계값보다 다소 증가해도 지장이 없으므로 Ⓑ를 동작점으로 하고 송풍기의 메이커, 형식번호를 **제5란**, **제6란**, 회전수 2000 rpm을 **제7란**, 송풍량 105 $m^3$/min을 **제9란**, 정압 124 $mmH_2O$를 **제10란**에 기입한다.

⑧ 송풍기의 축동력을 계산하여 사용하는 전동기를 결정한다. 송풍기의 축동력 $W$ (kW)는 식 (12.4)로 계산할 수가 있다.

$$W(\text{kW}) = \frac{Q(\text{m}^3/\text{min}) \times P_{Sf}(\text{mmH}_2\text{O})}{61.2 \times \eta_{Sf}(\%)} \tag{12.4}$$

$W$ : 송풍기의 축동력(kW)

$Q$ : 송풍량($m^3$/min)

$P_{Sf}$ : 정압($mmH_2O$)

$\eta_{Sf}$ : 송풍기의 정압 효율(%)

송풍기의 정압효율 $\eta_{Sf}$(%)는 카탈로그의 특성표나 특성선도(그림 12.6)로 구할 수 있다. 이 송풍기로 동작점 Ⓑ의 조건에서는 65% 정도이다. 여기서 $Q$, $P_{Sf}$, $\eta_{Sf}$를 식 (12.4)에 넣어 계산하면 송풍기 축동력 $W = 124 \times 105 / (61.2 \times 65) = 3.3$ kW가 된다. 이것을 제11란에 기입한다.

일반적으로는 송풍기의 성능표에서 축동력을 구하기도 한다. 그림 12.18의 오른쪽 아래의 점선은 축동력을 표시하고 있다. 동작점 Ⓑ는 축동력 3.15 kW의 점선의 약간 위에 있다. 다음에 사용하는 전동기는 출력이 축동력의 1.2배 정도인 것을 선정하는 것이 일반적이나, 이 정도의 여유로는 동작점이 빗나갈 경우 과부하가 되는 일도 있다. 일반적으로는 송풍기의 카탈로그의 성능표에는 사용하는 전동기의 출력이 기재되어 있으므로 그 크기인 것을 사용하면 될 것이다. 그림 12.18에서 사용하는 전동기의 출력을 결정하는 데는 동작점에서 축동력을 나타내는 점선을 왼쪽 위로 올라가 교차한 곳의 테두리 내의 숫자가 필요한 출력이다. 이 예에서는 5.5 kW의 전동기가 적당하다. 이 값을 제8란에 기입한다. 이상으로 계산서가 완성되었다.

## 12.9 실내가 부압(－)인 경우의 보정

그러면 본장의 송풍기 선정과 동작점의 결정은 모두 후드를 설치하는 실내(선도의 번호 0인 지점)의 정압이 제로 (정압도 부압도 아니다)의 상태를 상정하여 행하였으나 최근에는 건물의 기밀성이 좋아져서 외부로부터 새로운 공기가 자유롭게 들어오지 못하거나 분진을 피하는 작업장에서는 입기구에 필터를 설치하기 위해서 외기가 들어올 때의 저항(입기저항)이 생겨 국소배기장치를 운전하면 실내가 부압으로 되는 일이 종종 있다. 반면 국소배기장치의 배기구는 원칙적으로 옥외에 있기 때문에 그 외측의 정압은 항상 제로이다. 이러한 상태에서 국소배기를 운전하면 송풍기 전후의 정압차는 송풍관 계의 압력손실에서 계산한 값보다 실내의 부압만큼 커진다.

따라서 실내가 부압이 되는 경우에는 그 값만큼을 더한 정압으로 송풍기의 동작점을 결정하기 바란다.

## 12.10 시판 송풍관을 사용한 설계

이번에는 같은 국소배기장치를 시판송풍관과 이음매를 사용하고 합류점의 정압밸런스는 유량조정 댐퍼를 이용하여 유지시키는 설계로 하면 어떻게 되는지 시험해 보자. 물론 송풍관의 굵기는 압손을 적게 하기 위해 반송속도 5 m/s 전후가 되도록 약간 굵게 정한다.

그림 12.20은 스파이럴 송풍관을 사용하여 설계한 예이다. 저항조절평형법인 경우 송풍관의 굵기는 압손을 맞추기 위해서 변경할 필요가 없으므로 너무 세밀하게 설계하지 않아도 된다.

그림 12.21은 계통선도, 그림 12.22는 계산서의 4번째 항이다. 저항조절평형법인 경우에 합류점에서의 정압 발란스는 댐퍼조절에 의하므로 제일 압손이 큰 계통(이 경우는 후드 No.1의 계통)의 압손과 정압을 구하여 두면 다른 계통에 대해서는 압손계산의 필요는 없다.

정압란의 값에 주목하기 바란다. 계통선도 7번지의 정압이 6번지의 정압보다 감소되어 있는 것은 확대관에 의한 정압의 회복이 있기 때문이다. 거기서부터 송풍기 출구의 정압이 밸런스가 되는 것을 이상한 것이지만 이것도 이형 이음매의 확대에 의한 급격한 정압회복 때문이다.

그림 12.23은 계산서의 6번째 항이다. 이 예에서는 공기청정장치의 압손이 크므로 전체적으로는 그다지 변하지 않은 것 같이 보이지만 그래도 이 정도 정압이라면 다익형 송풍기가 사용될 수 있다. $Q = 97\ m^3/min$, $P_{Sf} = 58.4\ mmH_2O$이므로 그림 12.1에서 조사하면 다익형 송풍기 MF형 $\#2\frac{1}{2}$이 적당하다는 것이다. 다음에 그림 12.9에서 보면 회전수 1,120 rpm인 정압곡선이 계산상의 동작점 조금 위를 지나고 있다. 여기에 송풍관 계의 정압곡선을 포개면 실제의 동작점은 $Q = 99\ m^3/min$, $P_{Sf} = 60\ mmH_2O$로 되는 것을 알 수 있다. 또 이때의 축동력은 1.8 kW로 되고 송풍관을 굵게 함으로써 동력비가 훨씬 적어도 되는 것을 알 수 있다. 사용하는 전동기

는 2.2 kW라도 좋지만 다익형 송풍기의 경우에는 리밋트 로드 송풍기와 달라서 만일 송풍관 계에 이상이 생겨서 압손이 아주 적게 되는 경우 부하의 증가를 고려하여 3.7 kW을 사용하는 것으로 한다.

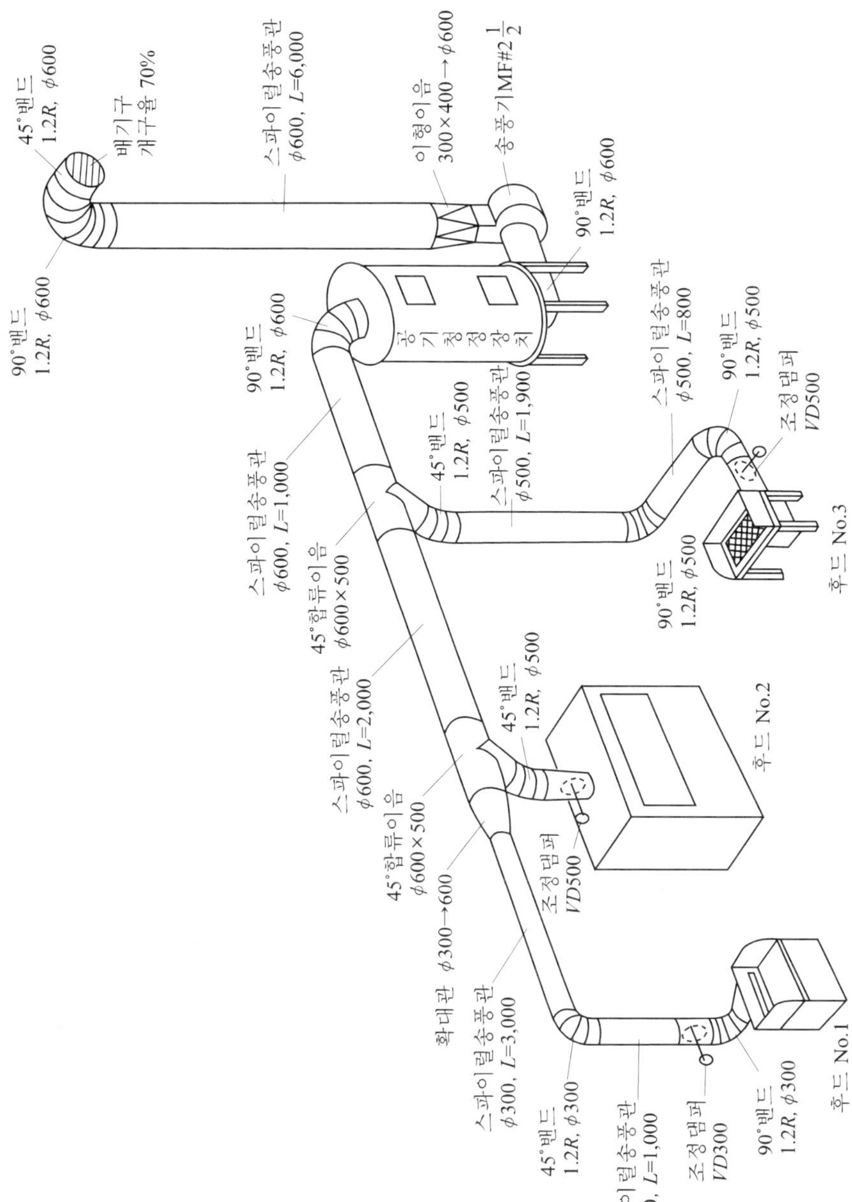


그림 12.20 기성제품인 스파이럴 송풍관과 이음매를 사용한 설계도

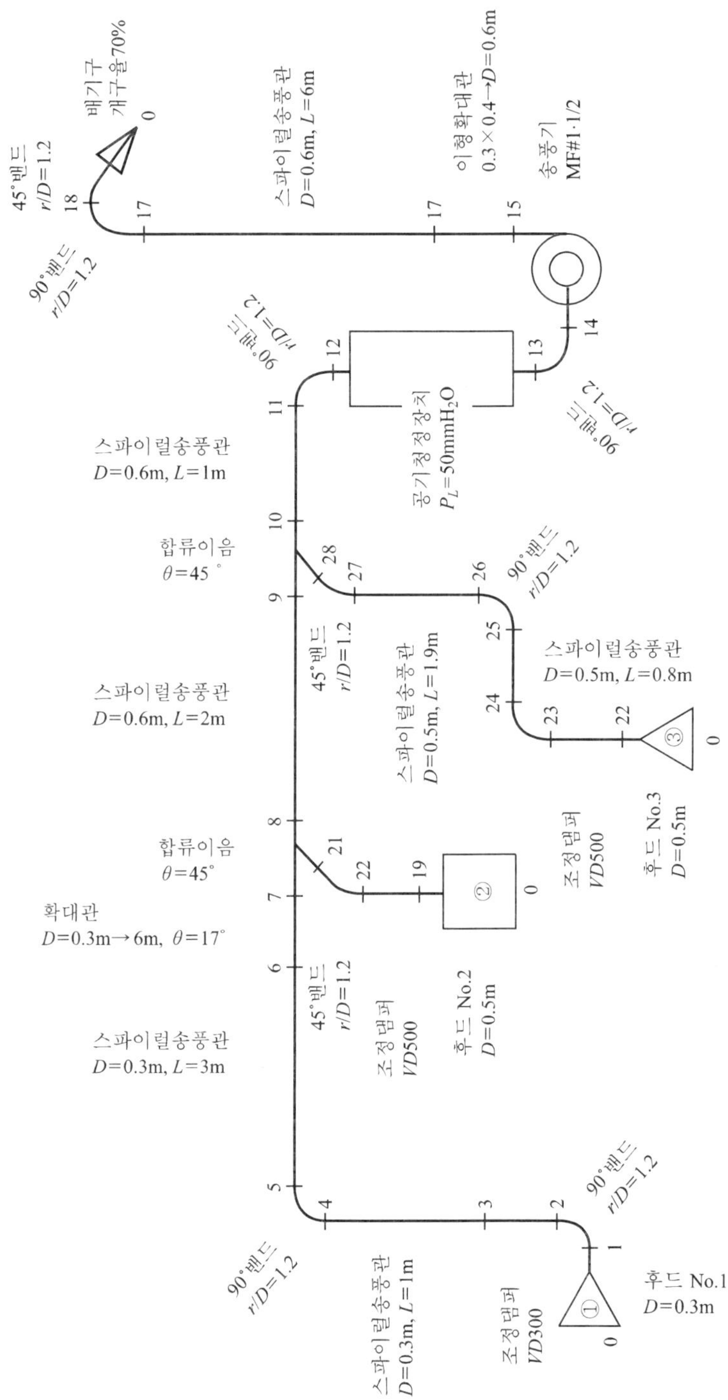


그림 12.21 국소배기장치 계산서(3항)
기성제품이 스파이럴 송풍관과 이음매를 사용한 계통선도

| 1 | 2 | 3 | 4 | 5 | 6 | 7 | 8 | 9 | 10 | | 11 |
|---|---|---|---|---|---|---|---|---|---|---|---|
| 계통<br>선도<br>번지 | 송풍관직경 $D$<br>또는<br>상당직경 $D_e$<br>(m) | 송풍관<br>단면적<br>$A$<br>($m^2$) | 송풍량<br>$Q$<br>($m^3$/min) | 반송<br>속도<br>$V_T$<br>(m/s) | 속도압<br>$P_V$<br>($mmH_2O$) | 직관<br>압손<br>$\Delta P_L$<br>($mmH_2O$/m) | 송풍관<br>각부의<br>형상<br>치수 | 압손<br>계수<br>$\xi$ | 압력손실 $P_L$<br>($mmH_2O$) | | 정압<br>$P_S$<br>($mmH_2O$) |
| | | | | | | | | | 부분 | 누계 | |
| 0~1<br>후드 No.1<br>$P_{L1}$ | 0.3 | 0.071 | 24 | 5.6 | 1.92 | | | 0.49 | 0.9 | 0.9 | −2.8 |
| 1~2<br>90° 밴드<br>$P_{L2}$ | 〃 | 〃 | 〃 | 〃 | 〃 | | $r/D$=1.2 | 0.6 | 1.2 | 2.1 | −4.0 |
| 2~3<br>조절댐퍼<br>$P_{L3}$ | 〃 | 〃 | 〃 | 〃 | 〃 | 0.13 | 원형<br>butterfly | 0.2 | 0.4 | 2.6 | −4.5 |
| 3~4<br>직선송풍관<br>$P_{L4}$ | 〃 | 〃 | 〃 | 〃 | 〃 | | $L$=1.0m | | 0.1 | 2.7 | −4.6 |
| 4~5<br>90° 밴드<br>$P_{L5}$ | 〃 | 〃 | 〃 | 〃 | 〃 | 0.13 | $r/D$=1.2 | 0.6 | 1.2 | 3.9 | −5.8 |
| 5~6<br>직선송풍관<br>$P_{L6}$ | 〃 | 〃 | 〃 | 〃 | 〃 | | $L$=3.0m | | 0.4 | 4.3 | −6.2 |
| 6~7<br>확대관<br>$P_{L7}$ | $D_1=0.3$<br>$D_2=0.6$ | $A_1=0.071$<br>$A_2=0.283$ | | $V_{T1}=5.6$<br>$V_{T2}=1.4$ | | | $\theta$=17° | 0.4 | 0.7 | 5.0 | −5.1 |
| 7~8<br>합류<br>$P_{L8}$ | 0.6 | 0.283 | 〃 | 1.4 | 0.12 | | $\theta$=45° | 0.2 | 0.0 | 5.0 | −5.1 |
| 8~9<br>직선송풍관<br>$P_{L9}$ | 〃 | 〃 | 77 | 4.5 | 1.24 | 0.04 | $L$=2.0m | | 0.1 | 5.1 | −6.3 |
| 9~10<br>합류<br>$P_{L10}$ | 〃 | 〃 | 〃 | 〃 | 〃 | | $\theta$=45° | 0.2 | 0.2 | 5.3 | −6.5 |

그림 12.22 국소배기장치 계산서(5항)

기성제품 송풍관을 사용하여 저속 설계한 경우 송풍관 계의 압력손실, 정압, 송풍기 전후의 정압차

| 1 | 2 | 3 | 4 | 5 | 6 | 7 | 8 | 9 | 10 | | 11 |
|---|---|---|---|---|---|---|---|---|---|---|---|
| 계통 선도 번지 | 송풍관직경 $D$ 또는 상당직경 $D_e$ (m) | 송풍관 단면적 $A$ ($m^2$) | 송풍량 $Q$ ($m^3$/min) | 반송 속도 $V_T$ (m/s) | 속도압 $P_V$ (mmH₂O) | 직관 압손 $\Delta P_L$ (mmH₂O/m) | 송풍관 각부의 형상 치수 | 압손 계수 $\xi$ | 압력손실 $P_L$ (mmH₂O) 부분 | 누계 | 정압 $P_S$ (mmH₂O) |
| 10~11 직선송풍관 $P_{L11}$ | 〃 | 〃 | 97 | 5.7 | 1.99 | 0.07 | $L$=1.0m | | 0.1 | 5.4 | −7.4 |
| 11~12 90° 밴드 $P_{L12}$ | 〃 | 〃 | 〃 | 〃 | 〃 | | $r/D$=1.2 | 0.6 | 1.2 | 6.6 | −8.6 |
| 12~13 공기청정장치 $P_{L13}$ | 〃 | 〃 | 〃 | 〃 | 〃 | (제작회사 자료에 의함) | | | 50.0 | 56.6 | −58.6 |
| 13~14 90° 밴드 $P_{L14}$ | 〃 | 〃 | 〃 | 〃 | 〃 | | $r/D$=1.2 | 0.6 | 1.2 | 57.8 | **−59.8** |
| 14~15 송풍기 | | | | | | | | | | | |
| 0~18 배기구 $P_{L15}$ | 0.6 | 0.2 | 97 | 8.1 | 4.02 | | $a/A$=0.7 | 1.5 | 6.0 | 6.0 | 2.0 |
| 18~17 135° 밴드 $P_{L17}$ | 0.6 | 0.283 | 〃 | 5.7 | 1.99 | | $r/D$=1.2 $\theta$=135° | 0.6× 135/90 =0.9 | 1.8 | 7.8 | 27.9 |
| 17~16 직선송풍관 $P_{L16}$ | 〃 | 〃 | 〃 | 〃 | 〃 | 0.07 | $L$=6.0m | | 0.4 | 8.2 | 6.2 |
| 16~15 이형이음매 $P_{L15}$ | $D_2=0.6$ $D_1=0.38$ | $A_2=0.283$ $A_1=0.113$ | | $V_{T2}=5.7$ $V_{T1}=14.3$ | $P_{V2}=1.99$ $P_{V1}=12.5$ | | $\theta$=10° | 0.28 | 2.9 | 11.1 | **−1.4** |

송풍기전후의 정압차 $P_{Sf}=P_{S15}-P_{S14}=-1.4-(-59.8)=58.4\,\text{mmH}_2\text{O}$

그림 12.22 계속

## 압력손실 계산 및 송풍기의 선정

### 송풍기(fan) 동작점 계산값

1. 송풍관 계 전체압력 손실 : $P_{Lt} = 68.9\ \mathrm{mmH_2O}$
2. 송풍기 전후의 속도압차 : $P_{Vf} = 10.5\ \mathrm{mmH_2O}$
3. 송풍기 전후의 정압차 : $P_{Sf} = 58.4\ \mathrm{mmH_2O}$
4. 필요송풍량 : $Q = 97.0\ \mathrm{m^3/min}$

송풍기(fan) 동작점의 결정

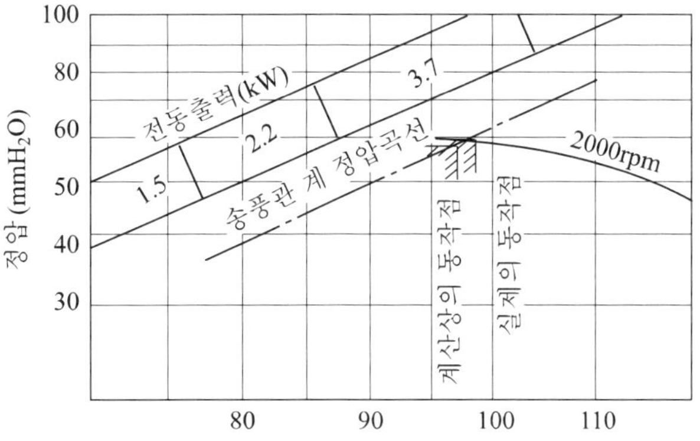


### 송풍기의 선정

5. 메이커 : M 송풍기 제작소
6. 형식번호 : 다익형 송풍기 MF형 #$1\frac{1}{2}$
7. 회전수 : 1120 rpm
8. 사용전동기 : 3.7 kW
9. 송풍량 : $Q = 99\ \mathrm{m^3/min}$
10. 정압 : $P_{Sf} = 60\ \mathrm{mmH_2O}$
11. 송풍기 축동력(정압효율 $\eta_{Sf} = 50\%$)

$$W = \frac{Q \cdot P_{Sf}}{61.2\ \eta_{Sf}} = 1.8\ \mathrm{kW}$$

그림 12.23 국소배기장치 계산서(6항)
기성제품 송풍관을 사용하여 저속 설계한 경우 송풍기의 동작점

## 연습문제

**12-1** 장소의 제약을 받지 않고 효율이 가장 좋은 송풍기를 사용하려고 한다. 어떤 송풍기를 선택해야 하는가?

**12-2** 송풍기의 풍량조절 방법에 대하여 서술하시오.

**12-3** 터보형 송풍기의 장점에 대해서 설명하시오.

**12-4** 송풍기의 선정시 유의사항에 대하여 설명하시오.

**12-5** 대표적인 송풍기의 종류에는 다익형 송풍기, 터보형 송풍기, 평판형 송풍기의 세가지가 있다. 이 세가지 송풍기의 효율이 큰 순서대로 나열하시오.

**12-6** 송풍기의 송풍량 부족시 이에 대한 대책을 서술하시오.

**12-7** 송풍량 150 $m^3$/min, 송풍전압 100 $mmH_2O$일 때 소요동력(kW)은? 단, 송풍기의 효율은 0.7이다.

**12-8** 송풍기 입구의 흡인정압이 70 $mmH_2O$, 배출정압은 20 $mmH_2O$, 입구측 평균유속이 900 m/min일 때 필요한 송풍기의 정압($mmH_2O$)은?

**12-9** 다음 그림은 송풍관 계통의 일부를 나타낸 것이다. 송풍기 유입구 송풍관에서 평균유속이 900 m/min이며 송풍기의 유입부와 유출부에서의 정압은 그림과 같다. 이때 송풍기의 정압($mmH_2O$)은?

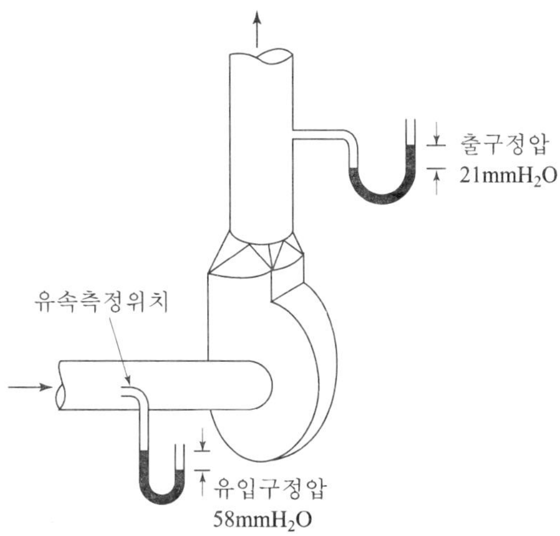


**12-10** 송풍기의 소요마력은 송풍기 회전속도의 (　　)승에 비례한다.

**12-11** 유속이 300 m/min, 모터의 회전수는 950 rpm인 어떤 송풍기를 가동시킬 때 정압이 800 $N/m^2$ 이었다. 이때 유속을 450 m/min으로 증가시킬 경우 정압($mmH_2O$)은?

**12-12** 송풍량 100 $m^3$/min, 송풍압력손실량 78 $mmH_2O$인 송풍기의 소요동력(kW)은 얼마인가? 단, 송풍기의 효율은 0.8이다.

**12-13** 송풍기의 법칙(fan's law)을 기술하시오.

**12-14** 발생원으로부터 송풍기의 전체압력손실이 100 $mmH_2O$이고 처리가스량이 100 $m^3$/min, 여유율이 1.2, 송풍기의 효율이 60%라면 이 송풍기의 동력(kW)은 얼마인가?

**12-15** 송풍기의 ( ① )은 회전속도에 비례하고 ( ② )는 회전속도의 제곱에 비례하고 ( ③ )은 회전속도의 세제곱에 비례한다.

**12-16** 어떤 송풍기가 200 $m^3$/min인 공기를 이동시킬 때 그 회전속도가 200 rpm이었다. 400 $m^3$/min의 공기를 이동시키기 위해서는 몇 rpm의 회전속도가 필요한가?

**12-17** 발생원에서 송풍기까지 전체압력손실이 130 $mmH_2O$이고 처리가스량이 5,200 $m^3$/hr이라면 이 송풍기의 소요동력(kW)은? 단, 여유율 1.2, 송풍기의 효율은 70%이다.

**12-18** 송풍기의 종류와 특징에 대하여 쓰시오.

**12-19** 송풍기의 풍량을 조절하는 방법 세가지를 쓰시오.

**12-20** 어떤 제작자의 카탈로그에 의하면 송풍기의 정압이 70 $mmH_2O$, 유속이 15 m/s, 유량이 100 $m^3$/min인 공기량을 이동시킬 때 회전수를 400 rpm으로 하여야 한다고 명시되어 있었다. 이때의 동력은 6.2 kW이다. 만약 회전수를 600 rpm으로 증가시킬 경우 송풍량($m^3$/min), 정압($mmH_2O$), 동력(kW), 유속(m/s)을 구하시오.

**12-21** 송풍기 중 동일 익근 주속도로 발생되는 풍압이 커지는 순서대로 나열하시오.

**12-22** 송풍기의 소요동력을 계산하는데 필요한 인자를 쓰시오.

**12-23** 처리가스량이 $10^5$ $m^3$/min인 제진장치에 사용되는 송풍기의 전압이 400 $mmH_2O$, 효율이 65%일 때 일일 10시간씩 가동할 경우 월 전력요금은 얼마인가? 단, 1 kWh당 요금은 20원, 1개월은 30일로 한다.

**12-24** 송풍기의 운동작동점과 관계가 있는 인자들을 나열하시오.

**12-25** 강제통풍방법 세가지를 서술하시오.

CHAPTER

# 13 국소배기장치의 성능확인

## 13.1 점검과 정기적인 검사

국소배기장치의 설치공사가 완성되면 검수할 때에는 반드시 점검을 행하여 원하는 성능이 나오고 있는가를 확인하여야 한다. 유기용제규칙을 비롯한 산업안전보건법시행령에 국소배기장치를 처음으로 사용할 때에는 정해진 항목에 대해 점검을 행하고 이상을 발견한 경우는 바로 보수해야 한다는 것이 규정되어 있다. 보통 기계장치나 자동차라도 구입한 경우에는 시운전을 해보고 성능이 나오는가를 확인하고 검사하게 되는데 국소배기장치에도 마찬가지로 성능확인을 하지 않고 외견만으로 검수하고 마는 회사가 많은 것은 이상한 일이다. 점검의 항목에 대해서는 규칙에 최소한도 필요한 항목이 규정되어 있다. 점검 결과는 분진규칙에도 기록을 3년간 보존하는 것이 규정되어 있으나 다른 국소배기장치에 대해서도 장래 정비(maintenance) 자료로서 점검의 기록을 보존해 두면 좋다. 또 국소배기장치도 기계이므로 오랫동안 성능을 유지하기 위해서는 충분한 유지관리가 필요하다. 그 때문에 산업안전보건법 시행령에서는 1년 이내마다 1회, 정기검사를 하고 기록을 3년간 보존하도록 규정되어 있다. 점검 및 정기검사의 항목은 규칙에 따라 다소의 차가 있으나 대체로 다음과 같다.

① 후드 및 송풍관의 마모, 부식, 패임 및 기타손상의 유무 및 정도
이것은 눈으로 검사할 수 있다. 다소의 구멍 등은 비닐테이프 등으로 보수가 되지만 너무 심할 때에는 그 부분을 교환해야 한다.

② 송풍관 및 송풍기에서의 먼지 퇴적상태
나무나 대나무로 만든 가는 봉으로 밖에서 가볍게 두들겨 보아 소리로 어느 정도 판단하거나 필요시 청음기를 사용하여 먼지퇴적상태를 확인하고 동시에 송풍관의 요소요소에 청소구를 겸한 점검구를 설치해 두어서 정기적으로 검사하는 것이 바람직한 방법이다.

③ 송풍관의 접속부에 느슨해진 유무

플랜지의 볼트, 너트의 죔이 불량하여 진동에 의한 나사의 느슨함, 납땜의 벗겨짐 등이 원인이며 눈으로 점검하거나 새어드는 소리, 후드의 흡인풍량의 검사, 발연관(smoke tester)에 의해 새어드는 기류의 점검 등의 방법으로 조사할 수 있다. 다른 한 가지 방법으로서 후드의 테이크 오프부분을 비롯하여 송풍관 계의 요소(계산서 3항의 송풍관 계의 계통선도에 번호를 붙인 점)에 직경 5~6 mm인 정압측정공을 미리 뚫어놓아, U자관 마노미터나 열선식 미풍속계의 정압 프로브(probe)를 사용해서 측정한 정압을 기록하여 두면 그 변화의 정도에 따라 송풍관 계의 막힘과 새어듦을 발견할 수가 있다(그림 13.1).

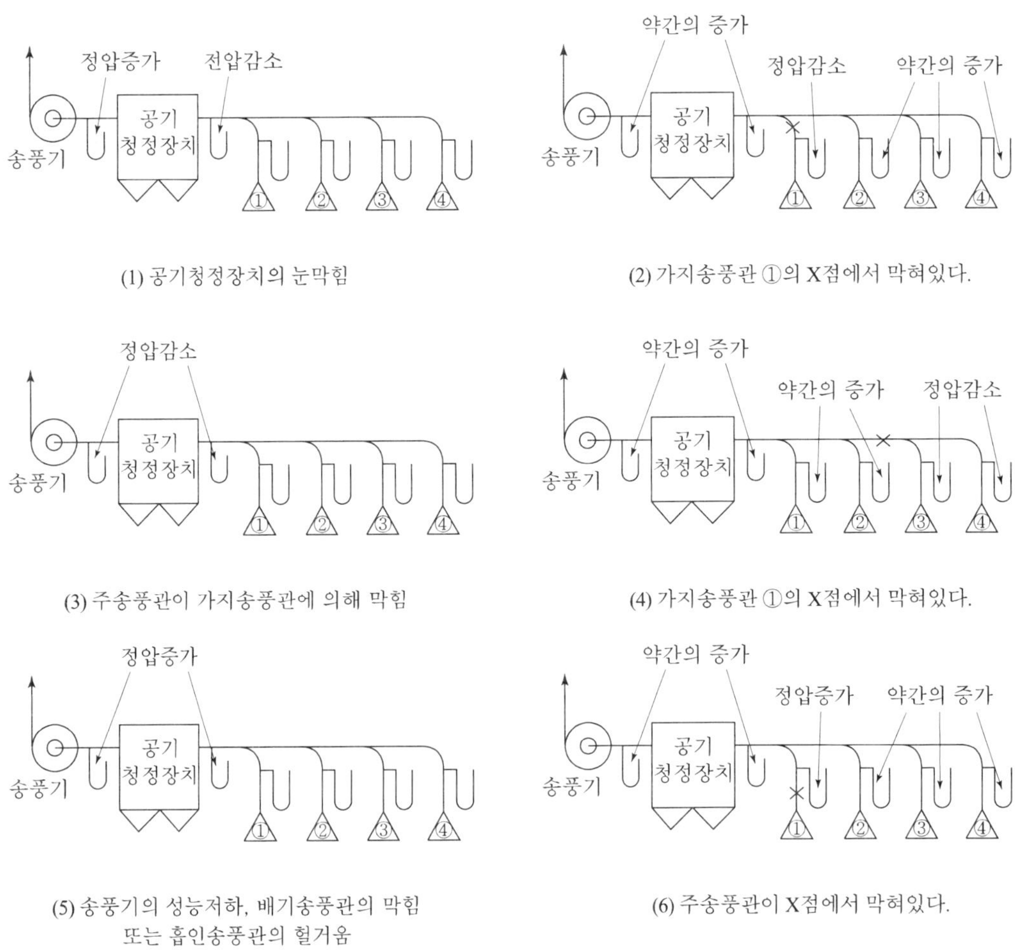


그림 13.1 정압의 변화로부터 송풍관 계의 막힘, 누설장소를 찾는 법

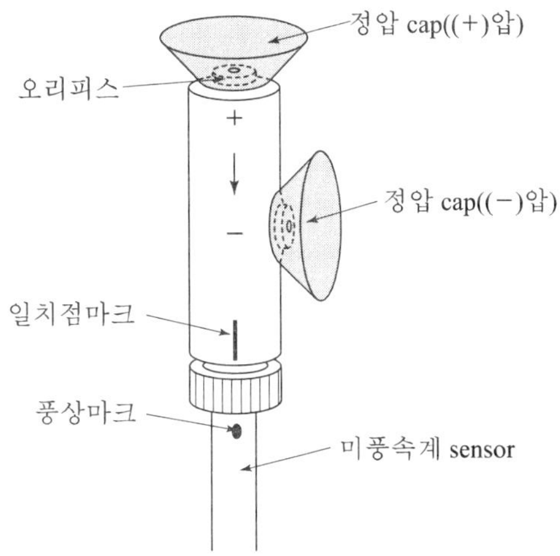


**그림** 13.2 정압 프로브(probe)의 부착방법

열선식 미풍속계에 정압 프로브를 병용해서 송풍관 내 정압을 측정할 때는 먼저 정압 프로브(그림 13.2)의 체결 너트를 약간 느슨하게 하여 미풍속계 센서의 끝이 닿을 때까지 집어넣고, 정압 프로브의 맞춤 마크를 센서의 풍상 마크와 맞추어 체결 너트를 충분히 조여서 측정할 때에는 내측의 오리피스(orifice)가 송풍관의 측정공에 들어가도록 정압 캡(cap)을 눌러서 측정한다. 흡인송풍관 내의 정압은 부(−)압, 배기송풍관 내의 정압은 정(+)압이므로 송풍관 내 정압에 맞는 쪽의 정압캡을 사용할 필요가 있다.

④ 송풍기의 주유상태, 전동기와 송풍기를 연결하는 벨트의 팽팽한 정도와 손상의 유무, 이상한 소리, 진동, 과열, 송풍기의 회전수, 과열 검사에는 써미스터(thermistor)식 표면온도계, 송풍기 회전수의 측정에는 스트로브(strobe)식 회전계가 편리하다. 그 외의 항목은 목측검사로도 좋다.

⑤ 흡기 및 배기의 능력
제어속도를 측정한다. 성능요건이 이른바 노출기준 방식으로 규정되어 있는 납과 일부 특정화학물질에 대해서는 적어도 1회만은 후드 외측에서의 농도와 제어속도를 동시에 측정하여 두는 것이 필요하다. 정기검사는 1년 마다 1회로 규정되어 있으나 국소배기는 어딘가 불균형이 되면 거의 모든 경우 후드의 흡인이 불충분하게 되므로 후드의 흡인상태만은 자주 점검하는 것이 좋다. 이 경우의 점검은 발연관(smoke tester, 그림 13.4, 13.5)으로 충분하며 익숙하면 대강의 풍속을 추정할 수도 있다(그림 13.3).

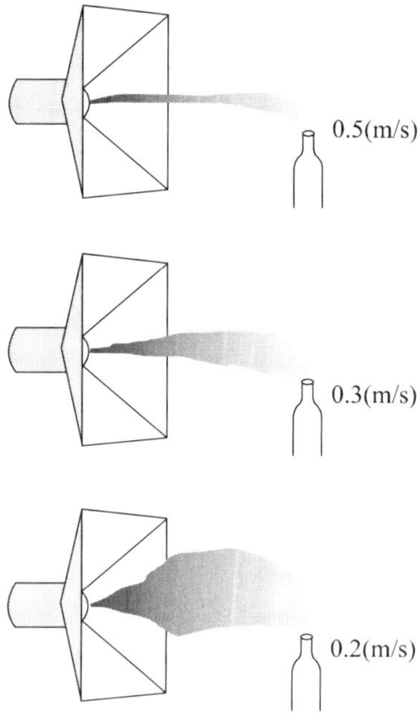


그림 13.3 발연관의 연기상태와 기류속도

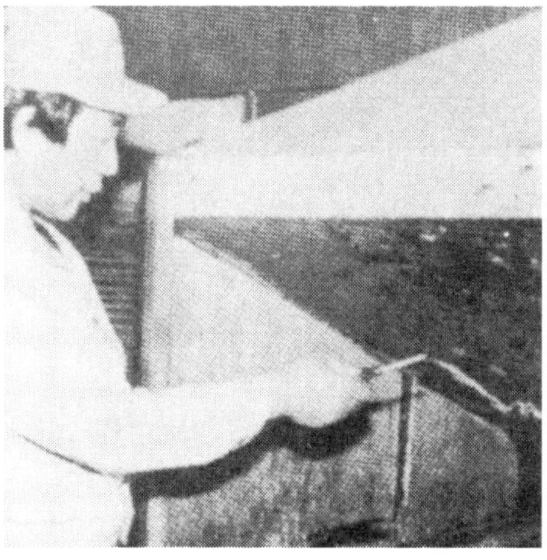

그림 13.4 발연관에 의한 기류의 점검(0.4 m/s)

그림 13.5 발연관에 의한 기류의 점검(0.2 m/s)

발연관을 사용해서 후드 전면의 흡인기류의 상태를 관찰하는 데는 우선 발연관의 양끝을 잘라서 부속의 고무구에 연결하고 고무구의 구멍을 엄지손가락으로 누르고 가볍게 부수면 끝에서 수산화제2주석의 백연이 나온다. 고무구를 천천히 누르면 백연은 가늘게 연결된 기체상으로, 급히 누르면 고체상으로 나온다. 기류를 관찰하는 경우에는 관의 끝이 그림 13.3과 같이 연기의 흐름과 직각

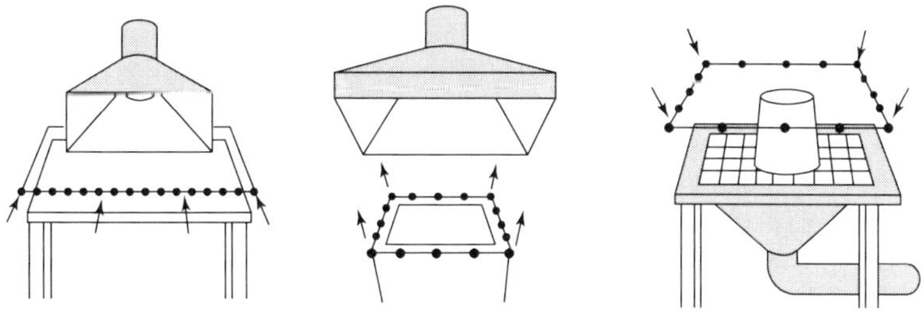

(a) (b) (c)

그림 13.6 외부식 후드의 흡인기류 관측지점
외부식 후드의 흡인기류는 개구면에서 가장 멀리 떨어진 작업위치에서 관찰한다.

이 되도록 잡고, 포위식 후드인 경우에는 개구면을 16개 이상으로 등분한 후 각 중심을, 외부식 후드인 경우에는 그림 13.6에 나타낸 것 같이 후드 개구면에서 가장 멀리 떨어진 작업위치를 나타내는 •을 연결한 선을 따라 움직이면서 발화시켜 연기의 흐름을 관찰한다.

발연관은 기류 상태를 눈으로 확인할 수 있으므로 국소배기장치의 점검에는 매우 이용범위가 넓은 유용한 도구이다. 단, 이 연기는 자극성이 있으므로 흡인하지 않도록 주의하기 바란다. 선불리 담배연기를 사용하는 것은 유기용제 등, 인화성의 물질을 취급하는 작업장에서는 절대로 피해야 한다.

⑥ 제진장치의 구조 부분의 마모, 부식, 파손의 유무 및 정도
⑦ 제진장치 내부에서 먼지의 퇴적 상태
⑧ 여과집진장치의 여재의 파손, 부착부의 느슨함

⑦, ⑧에 대해서는 U자관 마노미터를 설치하여 제진장치 출입구의 정압을 감시하면 좋을 것이다

## 13.2 제어속도의 측정법

국소배기장치를 처음으로 사용할 때의 점검, 정기검사시에는 후드의 흡인기류속도를 측정해서 규정된 제어속도와 비교하는 이른바 제어속도의 측정을 하는 것이 필요하다. 포위식 후드의 제어속도는 앞에서 설명한 산업안전보건법 시행령에서는 '후드

개구면상의 최소풍속'으로 정의한다. 그래서 포위식 후드의 개구면에서의 흡인풍속의 측정은 약속사항으로서 개구면을 면적이 같은 한 변의 길이 0.5 m 이하가 되도록 16개 이상으로 분할해서 각 부분의 중심에서 후드의 내부로 향하는 기류속도를 미풍속계로 측정하여 그 중에서 가장 적은 풍속을 제어속도와 비교한다.

이것에 대해서 외부식 후드의 제어속도는 '당해 후드에 의해 유해물질을 흡인하려고 하는 범위 내에서 당해 후드의 개구면으로부터 가장 떨어진 작업위치의 풍속'으로 정의되어 있다. 따라서 외부식 후드의 제어속도를 측정할 때에는 측정전에 먼저 작업자에게 보통 상태에서 잠시 작업을 행하게 하여 어디가 개구면에서 가장 멀리 떨어진 작업위치인가를 잘 확인해 볼 필요가 있다. 이 경우 작업위치라 하는 것은 작업자의 몸의 위치가 아니고 유해물질이 발생하는 위치를 뜻하고 작업위치가 일정하지 않은 경우와 가장 멀리 떨어진 작업위치를 특정지을 수 없는 경우에는 몇 개의 지점에서 측정해 가장 느린 풍속을 제어속도와 비교한다. 예를 들면 작업대의 뒤쪽에서 측방 흡인형 후드가 설치되어 있는 경우에는 작업대 제일 앞의 양모서리(그림 13.7(a)), 노의 위쪽에 캐노피형 후드가 설치되어 있는 경우에는 노의 유해물질을 발생하는 개구부 중에서 제일 낮은 위치(그림 13.7(b)), 환기작업대 위에 물건을 놓고 작업하는 경우에는 그 물건의 제일 높은 위치(그림 13.7(c))가 제어속도의 측정점이 된다. 측정점이 복수인 경우에는 당연한 일이지만 얻어진 풍속 중 최소값을 제어속도와 비교한다.

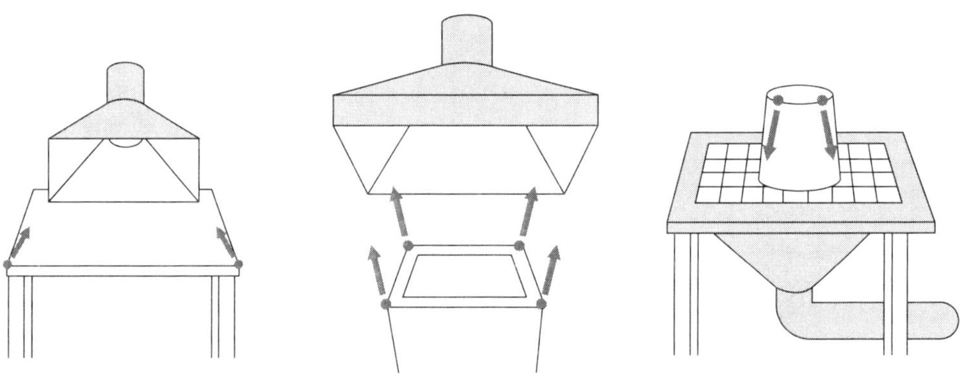

(a) (b) (c)

그림 13.7 외부식 후드의 제어속도는 개구면에서 가장 멀리 떨어진 작업위치에서 측정한다.

제어속도는 전에 설명한 바와 같이 0.4~1.3 m/s 정도의 미소한 풍속으로 후드의 주면에 난기류가 있으면 그 영향을 받기 쉽고, 미풍속계로 측정하는 경우도 무심코 측정하면 후드의 흡인기류가 아닌 난기류속도를 측정하여 버릴 수가 있다. 제어속도를 정확하게 측정하는 데는 우선 발연관으로 후드의 개구면으로 향하는 기류의 방향을 조사한 후 다음에 열선식 미풍속계는 지향성 프로브(한 방향의 풍속에 예민하게 반응한다 그림 13.8(a)) 부착 센서가 사용되고 프로브의 풍상 마크가 발연관으로 조사한 기류의 풍상에 향하도록 쥐고 측정한다. 무지향성 프로브의 풍상 마크가 발연관으로 조사한 기류의 풍상에 향하도록 쥐고 측정한다. 무지향성 프로브(어느 방향의 바람에도 같이 반응한다(그림 13.8(b)) 부착 센서는 제어속도의 측정에는 사용할 수 없다.

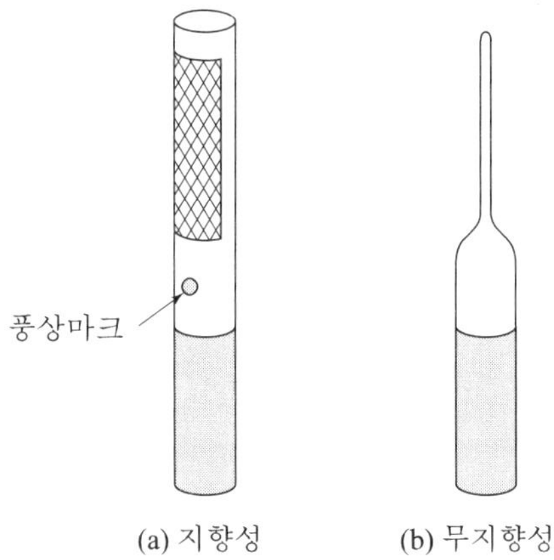


그림 13.8 열선식 미풍속계의 센서

## 13.3 노출기준의 측정법

국소배기장치의 성능이 이른바 노출기준 방식으로 규정되어 있는 경우에는 후드 외측의 유해물질 농도가 노출기준 이하라면 기류속도는 적어도 상관없다. 이 경우 계산서에 기재된 제어속도나 송풍량은 단순히 설계시의 편의상 사용한 것으로 법령에서 말하는 국소배기의 성능요건과는 관계가 없으므로 완성된 후드에 대해 측정을 한 유해물질 농도가 노출기준 이하로 머무는 범위에서 댐퍼를 조절해서 송풍량을 줄이고 기류속도를 낮게 하여 사용해도 지장이 없다. 에너지 절약을 위해서는 오히려 그러한 사용방법을 권장해야 한다. 또 이 경우 정기검사 때마다 유해물질의 농도를 측정하는 것을 대단히 많은 시간과 비용이 들게 되므로 노출기준 방식으로 정해진 국소배기장치의 성능이 확보되어 있는 상태에서 제어속도를 사전에 측정·기록해 둔다. 그리고 그 후의 검사 때에는 풍속만을 측정해서 미리 기록해 둔 풍속을 밑돌지 않는 것을 확인하는 것으로 국소배기장치의 성능검사를 하여도 지장이 없다. 따라서 노출기준 방식에 성능이 규정되어 있는 국소배기장치는 처음에 사용하는 때 점검할 시 후드 외측의 유해물질 농도와 동시에 제어속도를 측정·기록하여 두면 그 후의 정기검사시에는 제어속도만을 측정하면 된다.

## 13.4 점검, 검사의 안전대책

송풍관, 송풍기, 배기구, 제진장치 등의 점검, 검사를 높은 장소에서 행하는 경우에는 항상 전락, 추락의 위험이 있으므로 그 대책을 충분히 해 두어야 한다. 또 모터, 송풍기, 제진장치 등의 가동부분을 점검, 검사할 때에는 관련부서와 충분히 연락과 합의를 행한 다음 동력원을 차단하고 작업중에 연락 잘못 때문에 가동되는 일이 없도록 스위치에는 표시 또는 메모 등을 할 필요가 있다. 모터, 전기제진장치 등의 충전부분에 가까이 접근할 때는 전원을 끊고 방전봉으로 방전시킨 다음 가능하면 접지하고 나서 작업을 시작해야 한다.

장기간 사용되지 않았던 송풍관이나 제진장치의 내부는 산소결핍 상태로 되어 있는 일이 있으므로 출입하거나 얼굴을 넣기 전에 반드시 산소농도를 측정해 18% 이상 있는 지를 확인해야 한다. 또 일반적으로 국소배기장치 등의 점검, 검사가 행해지는 장소는 고농도의 유해물질에 오염되어 있는 일이 많으므로 위험이 예상되는 장소에는 출입에 앞서서 가스 농도 등의 측정을 행하고 필요하다면 유효한 보호구를 사용한 후 작업한다. 도금조에 설치한 국소배기장치의 후드의 내부는 자주 대량의 시안화합물이 퇴적하여 있어서 특히 위험하다. 또 유기용제 등의 인화성 물질을 다루는 장소에서의 화기 사용은 위험하고 전동공구는 방폭구조인 것, 망치와 스패너 등의 공구도 무불꽃 합금제의 안전공구 사용이 요구되는 곳도 있다. 일반적으로 점검, 검사 등의 비정상작업에서는 작업표준의 미비, 연락 불충분 등으로 기인하는 재해가 많으므로 지휘자를 정해 직무 분담을 명확히 하고 연락, 신호, 지령의 방법 등도 충분히 사전에 철저히 하여 안전제일로 행해야만 한다.

## 13.5 유량조절용 댐퍼의 열림각도 조절

저항조절평형법(댐퍼조절평형법)으로 송풍관 계를 설치한 경우에는 공사 완성 후 점검 전에 댐퍼의 열림각도를 조절하여 가지 송풍관 사이의 송풍량의 균형을 잡을 필요가 있다. 처음으로 댐퍼의 열림각도 조절을 하는 경우에는 일단 모든 가지송풍관의 유량조절용댐퍼를 완전히 연다. 그렇게 하면 송풍기에 가까운 하류측의 후드는 당초의 예상 이상으로 흡인하고 상류측 송풍기에서 떨어진 쪽의 후드는 그다지 흡인하지 못할 것이다. 다음에 하류측 후드에서 순서대로 제어속도를 측정하면서 댐퍼를 조절해서 임시로 고정한다.

상류를 향해서 조정이 진행됨에 따라서 전에 조정을 마친 하류측 가지송풍관의 송풍량이 다시 증가하므로 조정 도중에 필요한 풍량을 얻지 못하는 가지송풍관이 나오게 될 경우에는 다시 한 번 하류쪽으로 돌아가서 다시 조정한다. 최상류의 가지송풍관까지 조정을 마치면 한 번 반대로 상류에서 하류를 향해 재조정을 해 나가면서 댐퍼를 고정하고 열림각도를 기록해 둔다. 이것과 동시에 각 후드의 테이크오프부의 정압을 측정해서 기록해 두면 후일 정기점가를 행할 때 편리하다. 조절을 완료하였으면 댐퍼가 함부로 움직이지 않도록 확실히 고정해 둔다.

## 13.6 성능 부족의 여러 가지 원인

우선 완성된 국소배기장치의 점검으로 성능부족이 발견된 경우의 대책에 대해서 생각하기로 하자. 송풍기와 송풍관, 후드의 구조가 부적당하기 때문에 예상 외의 소음이나 진동이 생기기도 하고 제진장치 등의 부적당한 이유로 배기구에서 예상 외의 먼지나 악취가 나오게 되는 불균형도 때로는 일어난다. 그러나 국소배기장치의 성능 불충분이 압도적으로 많은 것은 무엇보다도 후드의 흡인 능력 부족, 이른바 제어속도가 나오지 않는 경우이다. 제어속도가 안 나온다고 하는 것은 요구되는 송풍량이 부족하기 때문인데 그 원인을 분석한 것이 표 13.1이다. 따라서 국소배기를 설계할 때에는 이 점에 유의할 필요가 있다.

표 13.1 후드의 흡인능력부족의 주된 원인

- 후드의 흡인능력 부족
  - 송풍기의 능력은 있음
    - 규정된 회전수가 나오지 않는다.
    - 댐퍼 조정 불량
    - 송풍관 계의 도중에 새는 곳이 있다.
  - 송풍기의 능력이 부족
    - 계획한 송풍량은 충분
      - 송풍관 계의 압손을 과소 평가
      - 압기구의 압손을 과소 평가
      - 송풍기의 동작점의 결정을 잘못함
    - 계획한 송풍량이 부족
      - 필요송풍량 $Q$의 계산 잘못
        - 계획보다 개구면적 A가 크다.(포위식)
        - 계획보다 먼 위치에서 일을 하고 있다. (포착거리 $x$가 크다)(외부식)
        - 포위식(booth)의 피가공물 작업을 개구면의 밖에서 하고 있다.
      - 계획과 실제의 차이
        - 계산식의 선택이 틀림
        - 개구면적 A를 과소평가(포위식)
        - 기류분포의 불균일-$k$를 과소평가(포위식)
        - 포착거리 $x$를 과소평가(외부식)
        - 외기의 난기류를 과소평가(외부식)
        - 수반 기류를 과소평가(리시버식)

자주 있는 경우이지만 후드의 형식이 포위식과 같은 형식이라도 피가공물이 개구면보다 밖으로 빠져 나와서 작업이 행해지고 있다면 그 후드는 외부식으로 밖에 기능을 못하고 있는 것이다. 또 외부식 후드인 경우 계획시 생각한 것보다 약간 떨어진 위치에서 작업이 시행되고 있어서 결과적으로 송풍량 부족이 되어 있는 경우도 있다. 이 경우에는 후드 개구면에 근접해서 작업을 하도록 작업자를 지도하는 일이 필요하다. 발연관으로 기류를 조사해 보아서 연기가 후드로 흡인되지 않고 딴 곳으로 흐르는 경우에는 창문에서의 바람, 냉방기와 선풍기의 영향이므로 이 같은 원인을 제거해야 한다. 후드로 향해서 작업하고 있는 근로자의 배후에서 선풍기로 바람을 보내고 있는 예를 자주 접하는데 선풍기의 기류가 너무 강해서 오히려 후드로부터 넘쳐 나오는 원인이 되고 있는 경우도 많다. 이 외에 송풍량 부족의 원인으로는 원래 송풍기의 능력이 부족한 경우와 벨트가 미끄러져서 회전수가 저하되고 있는 경우, 송풍관, 제진장치 등에 분진이 퇴적해 있는 경우 등으로 생각된다.

후드 개구면 앞에 물건이 놓여 있어 흡인기류가 방해되고 있는 경우도 자주 있다. 거기에 둘 필요가 없는 물건이라면 치우면 되고 작업 사정상 어쩔 수 없이 거기에 놓지 않으면 안 될 물건이라면 후드의 설치위치가 부적당하다는 것이 된다. 다음에 리시버식 후드의 경우는 보통 작업을 시켜보아 발생원에서 비산하는 유해물질이 전부 후드 개구면에 흡인되는지 어떤지를 관찰해야 한다. 연마작업이 분진인 경우에는 불꽃을 보면 쉽게 확인되지만 후드 개구면의 밖으로 비산하는 것 같으면 개구면이 작든지 설치위치가 부적당하든지 어느 쪽인가가 원인이 된다. 설치위치가 부적당한 경우에는 위치를 조정해야 한다. 스윙 그라인더(swing grinder)인 경우 연마기에 닿는 각도에 따라 불꽃이 후드에 들어가지 않는 경우는 달아매는 높이를 조절해서 연마기에 닿는 각도를 바꾸어 본다.

그림 13.9와 같은 도장부스가 포위식 후드에 상당하는지 외부식 후드에 상당하는지는 자주 문제가 되는 일이지만 작업자가 부스 내에 들어가 있는 경우는 부스 자체는 작업식, 필터가 후드 개구면이 되어 후드의 형식은 외부식으로 생각해야 한다. 이 형식의 도장부스인 경우 필터 표면에 도료가 퇴적해서 막히는 경우도 적지 않다. 흡인이 불량한 경우에는 필터면 직전의 기류를 발연관으로 조사하여 막혀있는 경우는 필터를 교환한다. 펌프리스 부스(pumpless booth)라는 것은 아래에 물을 채워놓고, 흡인된 공기가 수면상의 간격을 통과할 때에 물을 밀어 올려 샤워를 형성시켜서 도료를 씻어 내리는 것이다(그림 13.10). 그러나 수량이 너무 많으면 흡인능력이 떨어지고 수량이 너무 적으면 샤워가 형성되지 않으므로 정지상태에서 우선 수면의 높이를 보고 규정된 수량인 것을 확인하고 다음에 송풍기를 운전해서 기류를 흡인하여 부스 전체의 폭에 일정 형태로 샤워가 형성되는 것을 확인한다.

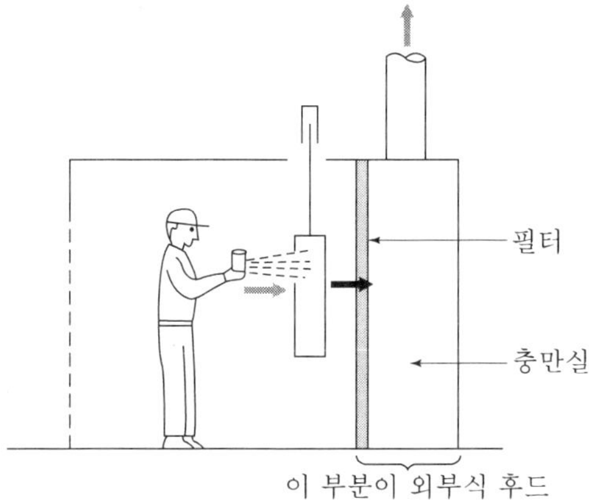


**그림 13.9 도장부스**

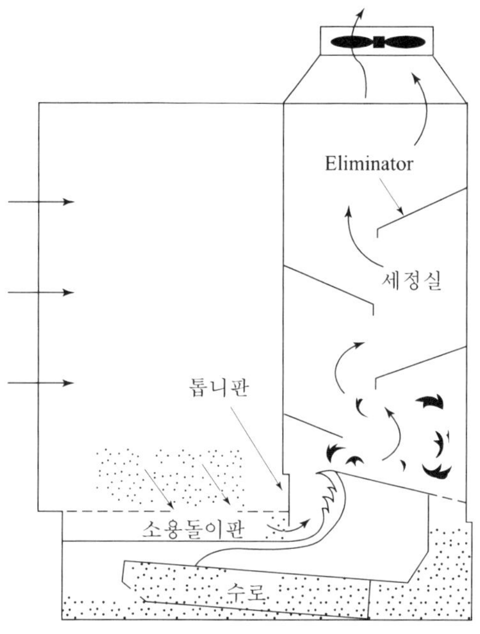


그림 13.10 펌프리스 부스(pumpless booth)

## 13.7 송풍기의 회전수를 다시 점검한다

송풍량 부족에 대한 대책으로 먼저 송풍기의 회전수를 한 번 더 점검하는 일을 권한다. 벨트 구동의 경우는 물론이지만 모터 직결에서도 반드시 문제가 없다고 말할 수는 없다. 몇 년 전에 일이지만 필자 자신도 매우 이상한 경험을 한 일이 있다. 그것은 어떤 사업장의 의뢰를 받아서 신설된 국소배기장치의 성능을 점검하고 있던 때의 일이지만 규정된 제어속도를 얻을 수 없어서 송풍관에 시험공을 뚫어서 송풍량의 측정을 한 결과 계획의 절반밖에 나오지 않는 것을 알 수 있었다. 그러나 그 원인은 어떻게 해도 알 수 없었다.

모터는 직결식으로 회전수가 떨어지는 일을 생각할 수가 없었다. 그래도 만약을 위해 송풍관을 벗겨서 안을 보고 깜짝 놀랐다. 왜? 터보형 송풍기(turbofan)의 날개바퀴가 역회전하고 있었다. 나중에 조사해 보니 이 국소배기장치와는 관계가 없는 전기 기술자가 공사중에 배전반의 결선을 잘못해서 모터의 회전이 반대로 된 것이었지만 시공시 이러한 경우는 터보형 송풍기를 역회전시키면 송풍량이 절반 정도가 된다는 것을 처음으로 알았다. 다시 선을 연결한 후 회전시켜 성능검사를 해본 바 정확히 나왔기에 기뻐했으나 이런 해프닝도 때로는 있다.

## 13.8 송풍관에서의 누입은 없는가

다음으로 댐퍼를 재조정해 보자. 그래도 안될 경우에는 송풍관 계의 이음새로부터 공기의 누입을 다시 체크해야 한다. 특히 스테인레스 송풍관 등에서 접속부분을 찔러 넣기만 한다든지 하여, 스팟(spot) 용접한 경우에는 반드시 누입이 있다고 생각하는 쪽이 좋다. 그 중에는 납으로 용접했어도 벗겨져서 누입되는 일이 있다. 누입을 방지하기 위하여 송풍관의 이음새에는 비닐테이프를 감아두면 좋다.

## 13.9 메이크업 에어(make-up air)의 입구는 확보되어 있나

송풍기의 능력은 충분한 것인데 성능이 나오지 않는 원인으로서 흔한 경우는 메이크업 에어(외부로부터 유입되는 신선한 공기)의 입구가 부족한 것이다. 국소배기가 성능을 발휘하기 위해서는 배기되는 공기와 같은 양의 메이크업 에어가 실내에 들어와야 한다. 메이크업 에어가 실내로 유입될 때에는 당연히 기류의 마찰저항 때문에 압력손실이 있고 그만큼 실내의 정압은 (−)가 된다.

특별히 메이크업 에어를 위한 급기구가 설치되어 있으나 창이나 문이 열려져 있어서 메이크업 에어의 유입속도가 작은 경우에는 이 부분의 압력손실이나 정압의 감소는 국소배기 송풍관 계의 압력손실이나 정압과 비교해 무시할 수 있을 정도로 적으므로 송풍기의 능력에 대한 영향도 특히 고려할 필요는 없다. 일반적으로 국소배기 설계 책에 메이크업 에어 유입의 압력손실을 기술하지 않은 것을 그 이유 때문이다. 그런데 최근에 작업장에서는 냉난방이 비교적 잘 되기 때문에 건물의 밀폐도가 좋아져서 약간의 틈으로 메이크업 에어 유입의 압력손실과 그로 인한 실내의 정압 저하를 무시할 수 없게 되는 경우가 종종 있다. 흔히 겨울철에 국소배기를 운전하면 알루미늄 샷시 틈 사이로 찬바람이 들어오는 일이 있는데 이것은 그만큼 메이크업 에어의 유입속도가 크다는 것을 나타내고 있다. 또 국소배기를 운전하면 문이 딱 붙어서 열리지 않을 때가 있는데 이것도 그만큼 실내의 정압이 마이너스로 되어 있다는 증거이다. 정압이 마이너스(감압)인 실내에서 국소배기장치로 공기를 빨아내려고 하면 송풍기 전후의 정압차 $P_{Sf}$는 당연히 송풍관 계의 압력손실에서 계산한 정압차에 실내정압을 뺀 만큼 더하는 것이 된다.

앞에서 설명한 송풍기의 특성은 일반적으로 정압이 크게 되면 송풍량이 감소하기 때문에 메이크업 에어 유입 압력손실로 실내정압의 마이너스가 크게 되면 실제로 운전한 경우 송풍기의 동작점은 이것을 고려하지 않고 송풍관 계의 압력손실만으로 정압차를 계산하여 결정한 동작점보다 정압이 크고 송풍량이 적은(특성곡선상에 왼쪽으로 벗어남) 동작점이 된다(그림 13.11).

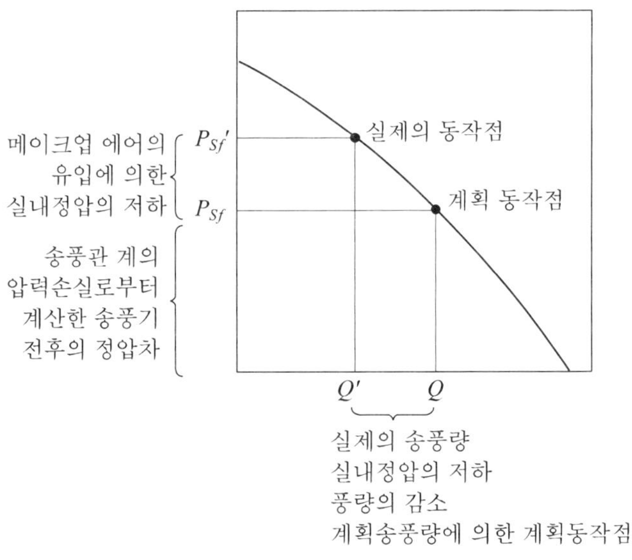


그림 13.11 실내정압의 저하에 따른 풍량의 감소

## 13.10 급기구를 설치한다

이러한 불편함을 고치는 데는 메이크업 에어를 위한 급기구를 설치하는 것이 필요하다. 외부 공기중의 분진 유입을 원하지 않을 경우에는 급기구에 필터를 집어넣는다. 또 급기구는 유입하는 공기가 직접 작업자에게 닿지 않는 위치에 설치하고 경우에 따라서는 입구에서 발생원 부근까지 송풍관을 끌어온다. 이 방법은 메이크업 에어가 실내를 횡단하지 않으므로 공조의 열부하를 증가시키지 않는 경우에 유효하다(그림 13.12(a)). 반대로 고열 작업장에서는 급기 송풍관의 끝을 작업자의 머리 위에 설비함으로써 냉풍기의 역할을 할 수도 있다(그림 13.12(b)).

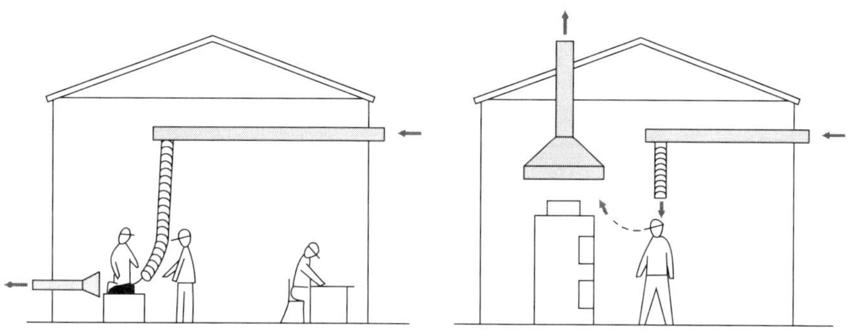

(a) 국소배기에 의한 기류는 발생원 가까이에 한정되어 열의 손실이 적게된다.

(b) 메이크어 에어를 냉풍기 대신으로 사용한다.

그림 13.12 급기송풍관을 설치하는 이점

실내의 정압저하를 크지 않게 하기 위해 급기구는 크게 하는 쪽이 유효하며 때로는 급기 송풍기를 설치하는 일도 있다. 국소배기하고 있는 방에 환기구를 설치하는 경우 환기구는 급기용으로 하는 편이 좋다. 급기 송풍기를 사용하지 않고 급기 송풍관만 설치하는 경우에는 국소배기의 송풍기를 결정할 때에 그 압력손실을 더하는 것을 잊지 않길 바란다.

## 13.11 필요송풍량을 줄이는 연구

송풍기의 능력이 부족하여 필요한 송풍량을 얻을 수 없는 경우에 더 능력있는 송풍기와 교체하면 된다고 말하면 간단하지만 대개의 경우 그것을 쉬운 작업이 아니다. 송풍기를 크게 하기 위해서는 전원도 대용량인 것으로 교환해야 할 지도 모른다. 어떻게 적은 송풍량으로 국소배기의 능력을 올릴 수 있을 것인가? 송풍량을 절약하는 방법으로 포위식 후드에 대해서는

① 개구면의 불필요한 부분을 가능한 한 막아서. 개구면의 면적을 적게 한다.

② 개구면의 형태, 송풍관의 테이크 오프 위치 등을 고치고 충만실(plenum chamber) 이용 등의 방법으로 개구면 위의 풍속의 불균일을 없앤다. 일방적으로 개구면적을 좁게 할수록 풍속의 강약도 적게 된다.

외부식 후드에 대해서 가장 많은 것은 후드를 설치할 때 생각하고 있던 것보다 실제로 후드를 설치해서 작업했을 때 발생원의 위치가 후드의 개구면으로부터 떨어져 있는 것이다. 매우 일반적인 경향으로 작업자는 후드로부터 약간 거리를 유지하고 작업하고 싶어하지만 외부식 후드의 필요송풍량은 포착거리 $x$의 제곱에 비례하므로 조금이라도 거리를 적게 하면 그것만큼 효과가 올라간다. 또 외부식 후드인 경우에는 외부기류에 의한 능력저하도 무시할 수 없다. 따라서 외부식 후드의 송풍량이 부족할 경우의 대책으로서는

① 작업하는 위치를 되도록 후드 가까이에 한다.

② 후드에 발판을 연결하여 후드 개구면을 되도록 작업 위치에 가깝게 한다.

③ 아마도 개구면이 클 경우에는 불필요한 부분에 뚜껑을 덮어 기류를 발생원의 근처에만 집중시킨다.

④ 플랜지, 칸막이, 커텐 등을 이용해서 주위로부터 후드로 유입하는 기류를 줄인다.

이상의 대책을 실시하는 것으로서 송풍기의 능력을 바꾸지 않아도 국소배기의 능력은 크게 향상될 것이다. '절약은 미덕'이라는 것은 국소배기의 경우에도 성립된다.

## 13.12 송풍기의 회전수를 올려 능력을 상승시킨다.

전동기 직결식의 송풍기에는 무리이지만 벨트 구동식의 송풍기는 풀리와 벨트를 바꾸어 회전수를 올림으로써 약간의 능력을 올릴 수가 있다. 그 이유는 송풍기의 특성곡선은 회전수를 올리면 특성선도의 위쪽으로 거의 평행이동하기 때문에(13.3장 참조) 회전수와 송풍량, 정압, 축동력의 사이에는 다음과 같은 관계가 성립한다. 이 관계를 '송풍기의 회전수 법칙'이라고 말한다.

① 송풍량은 회전수에 비례한다. 즉 회전수를 2배로 하면 송풍량은 2배로 된다. 이 관계를 식으로 나타내면 다음과 같다.

$$Q_2 = Q_1 \times \frac{n_2}{n_1} \tag{13.1}$$

$Q_1$ : 변경 전 송풍량($m^3$/min)

$Q_2$ : 변경 후 송풍량($m^3$/min)

$n_1$ : 변경 전 회전수(rpm)

$n_2$ : 변경 후 회전수(rpm)

② 정압은 회전수의 제곱에 비례한다. 따라서 회전수를 2배로 하면 정압은 4배로 된다. 그 관계를 식으로 나타내면 다음과 같다.

$$P_{Sf2} = P_{Sf1} \times \left(\frac{n_2}{n_1}\right)^2 \tag{13.2}$$

$P_{Sf1}$ : 변경 전 정압($mmH_2O$)

$P_{Sf2}$ : 변경 후 정압($mmH_2O$)

③ 축동력은 회전수의 세제곱에 비례한다. 따라서 회전수를 2배로 하면 축동력은 8배로 된다. 이 관계를 식으로 나타내면 다음과 같다.

$$W_2 = W_1 \times \left(\frac{n_2}{n_1}\right)^3 \tag{13.3}$$

$W_1$ : 변경 전 축동력(kW)

$W_2$ : 변경 후 축동력(kW)

예를 들어 실제로 국소배기장치가 완성되어 현장에 송풍관을 배치할 경우 처음 계획보다 밴드수가 늘기도 하고 송풍관 길이가 길어지기도 하며 또는 계산의 실수로 계획시 압력손실보다 실제 압력손실이 커져서 송풍량 부족이 되는 예가 흔히 있다.

예를 들면 그림 13.13에서 필요송풍량이 110 $m^3$/min, 송풍기 전후의 정압차의 설계값이 30 $mmH_2O$, 따라서 계획시 송풍관 계의 압력손실곡선은 $R_1$으로 되고 회전수 500 rpm일 때 동작점은 Ⓐ가 되면 정확히 잘 운전된다. 그런데 실제로 완성해 놓고 보니 풍량은 100 $m^3$/min 밖에 나오지 않는다 라고 하는 것은 송풍관 계의 압력손실이 계획보다 크게 되어 실제의 동작점 Ⓑ (이는 실제의 송풍관 계의 정압곡선은 $R_2$였다는 것이다)로 되고 만 것이다. 그래서 송풍기의 회전수를 바꾸어 송풍량을 처음의 계획대로 110 $m^3$/min으로 하는데 몇 회전으로 하면 좋을까? 이것을 계산해 보자.

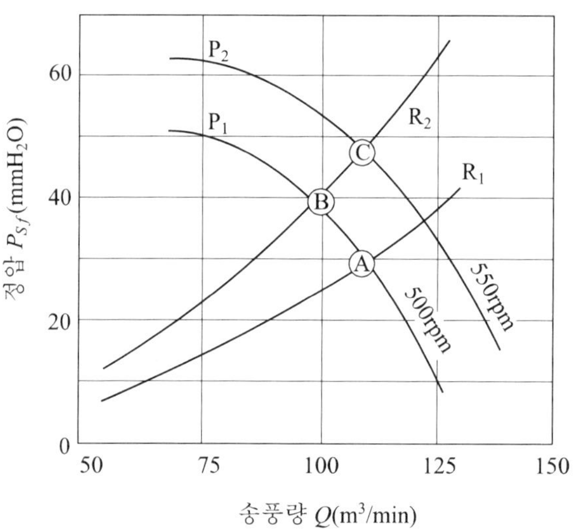


그림 13.13 송풍량과 정압 관계도

① 송풍량은 회전수에 비례한다 식 (13.1)을 변형하면 다음과 같다.

$$n_2 = n_1 \times \frac{Q_2}{Q_1} \tag{13.4}$$

이 식에 앞의 수치를 대입하면 $n_2$ =500×110/100=550 rpm이 된다. 송풍기를 회전수 550 rpm으로 운전할 때의 정압곡선은 $P_2$, 동작점은 Ⓒ가 된다.

② 정압은 회전수의 제곱에 비례한다. 식 (13.2)에 앞의 수치를 대입하면 $P_{Sf2}$ = 40×(550/500)$^2$=48 $mmH_2O$, 송풍기의 정압은 회전수를 올림으로써 그 제곱에 비례해서 많아졌으나 동시에 송풍관 계의 정압도 송풍량의 제곱에 비례하여 많아졌기에, 동작점 Ⓒ는 마치 처음에 계획한 동작점 Ⓐ의 바로 위에 와서 계획대로의 송풍량이 얻어졌다.

③ 축동력은 회전수의 세제곱에 비례한다. 처음의 축동력이 2 kW였다고 한다면 변경 후의 축동력은 식 (13.3)에서 $W_2$ =2.0×(550/500)$^3$=2.66 kW로 되고, 모

터의 출력에 여유가 없을 경우에는 과부하의 위험이 있으므로 회전수를 올릴 때에는 이 점도 확인해 둘 필요가 있다. 그밖에 회전수를 올릴 경우에는 소음이나 진동도 증가하고 송풍기의 수명에도 영향이 있다. 이러한 점을 고려한 송풍기의 운전조건에는 한계가 있기 때문에 회전수를 변경하려는 경우에는 특성표를 잘 조사하거나 제작업소에 문의해서 변경하여야 좋다는 것을 확인해 두어야 한다.

## 13.13 송풍기의 병렬운전과 직렬운전

송풍량이 부족할 경우에 최후 수단으로서 송풍기를 용량이 큰 것으로 바꾸든지 다른 1대를 더 증설할 수밖에 없다. 이 경우 송풍관 계를 도중에서 2개로 나누어 별도의 독립된 국소배기장치로 할 수도 있고 송풍기의 부분을 2대로 나누어 2대의 송풍기를 병렬로 하여 운전한다. 또 2대의 송풍기를 직렬로 하고 운전할 수도 있다. 동일 형식과 크기의 송풍기를 2대 병렬운전하면 풍량이 2배로 된다고 생각하기 쉬우나 실제로는 송풍량이 증가하면 송풍관 계의 정압도 그 제곱에 비례해서 증가하기 때문에 2배의 송풍량은 얻을 수 없다.

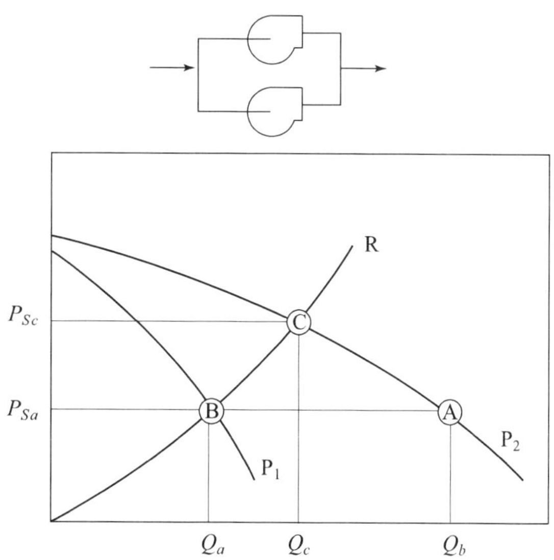


그림 13.14 2대 병렬운전시 정압특성

송풍기만 생각하면, 2대 병렬운전하였을 때 송풍량은 같은 정압에 대해 정확히 2배가 되지만, 1대일 때와 병렬운전하였을 때의 송풍기의 정압곡선은 그림 13.14의 $P_1$과 $P_2$로 된다. 송풍관 계의 정압곡선을 R로 하면 송풍기를 1대로 운전하였을 때의 동작점은 Ⓐ, 만약 2대 병렬운전하였을 때의 송풍관 계의 정압 $P_{Sa}$가 변경되지 않는다면 동작점은 Ⓑ로 되어 그때의 송풍량 $Q_b$는 1대일 때의 송풍량 $Q_a$의 2배가 된다. 그러나 실제의 동작점은 Ⓒ로 되어 그때의 송풍량은 $Q_c$로 밖에 되지 않는다.

또 2대 직렬운전하면 2대의 정압이 얻어진다고 생각하기 쉬우나 이것도 그렇게는 안된다. 송풍기에 대하여 생각하면 2대 직렬운전하였을 때의 정압은 같은 송풍량에 대해 정확히 2배가 되지만 1대일 때와 2대 직렬운전하였을 때의 송풍기 정압곡선은 그림 13.15의 $P_1$과 $P_2$로 된다. 송풍관 계의 정압곡선을 $R$로 하면 송풍기를 1대로 운전하였을 때의 동작점은 Ⓐ, 만약 2대로 직렬운전하였을 때 송풍관 계의 송풍량 $Q_a$가 변하지 않으면 동작점은 Ⓑ로 되어 그때의 정압 $P_{Sb}$는 1대일 때의 정압 $P_{Sa}$의 2배가 된다. 그러나 송풍기의 정압이 증가하면 송풍량도 증가하기 때문에 실제의 동작점은 Ⓒ로 되고, 그때의 송풍량은 1대일 때보다 약간 증가하지만 정압 $P_{Sc}$는 1대일 때의 정압 $P_{Sa}$의 2배로는 되지 않는다.

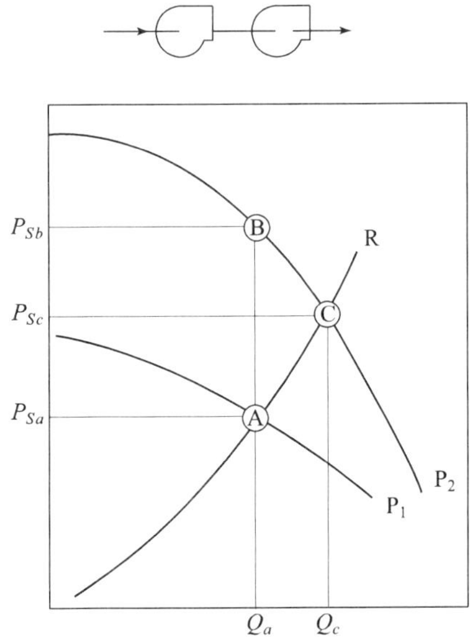


그림 13.15 2대 직렬운전시 정압특성

# 부록 1. 작업환경개선설비

## 1. 전체환기

### 1.1 산업환기 시스템의 분류

· 작업장 내부 오염된 공기를 급배기 방법에 따라 전체환기(general ventilation)와 국소배기(local ventilation)로 분류

· 전체환기는 동력 사용 유무에 따라 강제환기와 자연환기로 구분함

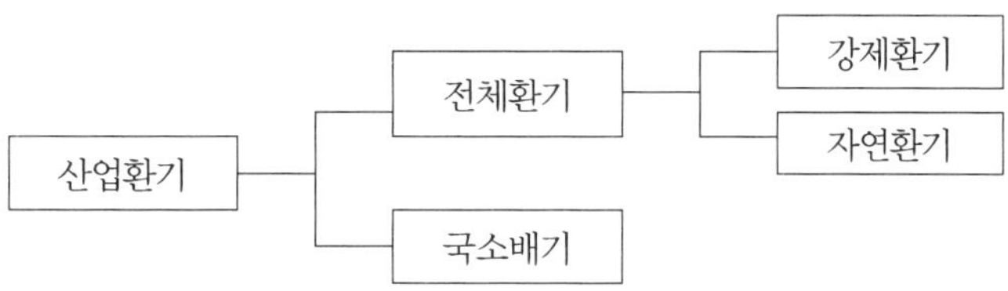


### 1.2 전체환기 적용 가능 공장

· 전체환기는 희석환기(dilution ventilation)라고도 하며, 유해물질을 오염원에서 완전히 제거하는 것이 아니라 희석하거나 치환시켜 농도를 낮추는 방법

### 1.3 전체환기 적용 목적

· 국소배기대안 : 이동성이 강한 작업, 발생원이 작업장 전체에 산재해 있는 경우

· 저독성, 저농도 유해물질의 희석환기

· 화재·폭발 방지

· 작업장 내부 온열 관리

### 1.4 전체환기(General ventilation)의 종류

#### (1) 강제환기방법

· 급기는 루버나 창문을 이용한 자연 급기 또는 팬을 이용한 강제 급기 모두 사용함

· 지붕 또는 벽면에 배기팬을 설치하여 오염물질을 환기시키는 방법

· 송풍기와 같은 기계적인 힘을 이용하여 강제적으로 환기

· 필요 환기량을 송풍기 용량으로 조절 가능
· 외부 조건에 관계없이 작업환경을 일정하게 유지시킬 수 있음
· 송풍기 가동에 따른 소음, 진동문제 발생함
· 동력이용 및 냉난방 효율에 따른 막대한 에너지 비용 발생할 수 있음

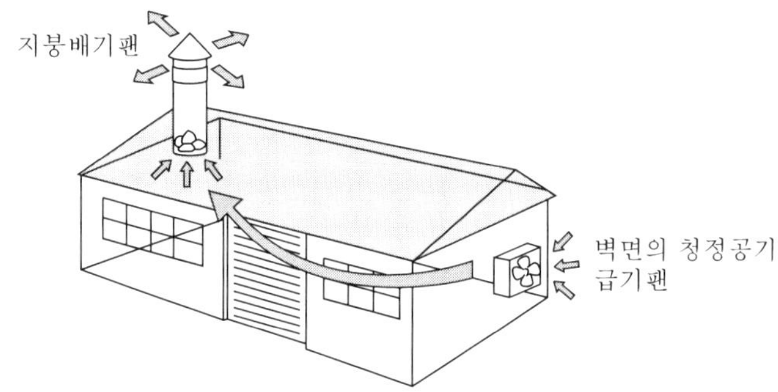


(2) 자연환기방법

· 자연환기는 실내외 온도차 및 풍력 등 자연적인 힘을 이용한 환기 방법
· 지붕 모니터 등을 이용하여 공장내 오염물질을 배출시킴
· 열과 바람을 이용한 것으로 열려진 창문이나 틈을 통한 환기
· 적당한 온도차와 바람이 있다면 상당히 효과적임
· 효율적인 자연환기는 냉방비 절감 효과 있음
· 외부 기상조건과 내부 작업조건에 따라 환기량 변화가 심함
· 환기량 예측 자료를 구하기 힘듦

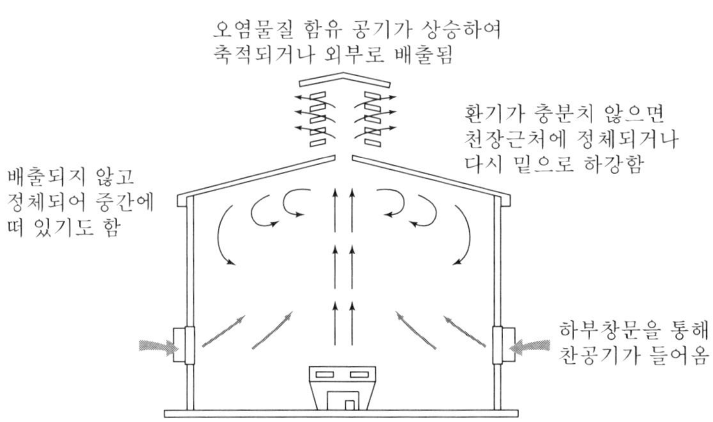

흄을 생성시키는 고열작업

부록 표 1 • 강제환기와 자연환기 비교풍력

| | 장점 | 단점 |
|---|---|---|
| 강제환기 | · 필요 환기량을 송풍기 용량으로 조절<br>· 작업환경을 일정하게 유지 | · 송풍기 가동에 따른 소음, 진동 뿐만 아니라 막대한 에너지 비용 발생 |
| 자연환기 | · 소음 및 운전비가 필요 없음<br>· 적당한 온도차와 바람이 있다면 기계환기보다 효과적임<br>· 효율적인 자연환기는 냉방비 절감효과가 있음 | · 환기량의 변화가 심함(기상조건, 작업장 내부 조건<br>· 환기량 예측 자료가 없음<br>· 벤틸레이터 형태에 따른 효율 평가자료가 없음 |

## 1.5 축류팬을 이용한 밀폐공간 환기방법

### (1) 밀폐공간이란?

· 작업자만 출입할 수 있는 작은 개구면 1개를 가진 공간으로 조선소 탑재 공정 등에서 밀폐공간 용접이 빈번하게 진행됨

· 밀폐공간에 적합한 환기 방법을 수립하기 위해 소형 축류팬을 이용하여 급기, 배기 및 덕트를 이용한 배기방법(국소배기)으로 용접흄 환기 효율을 평가함

부록 표 2 • 용접흄 농도 측정 결과

| 방안 | 모식도 | 기류 실험결과 | 작업자주변 흄 농도 | 한계점 |
|---|---|---|---|---|
| 배기 방식 | 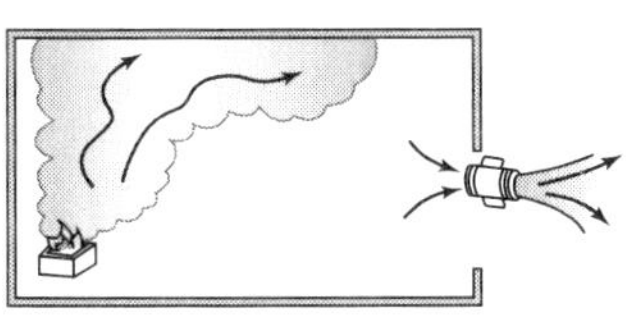 | · 룸 내부에서 발생되는 용접 흄을 전혀 배기시키지 못함<br>· 소형팬 주변 공기만 배기시킴 | 35 mg/m$^3$ | · 룸 내부에서 발생되는 용접 흄을 배기시키기에 적합하지 못한 환기 방법임 |
| 급기 방식 | 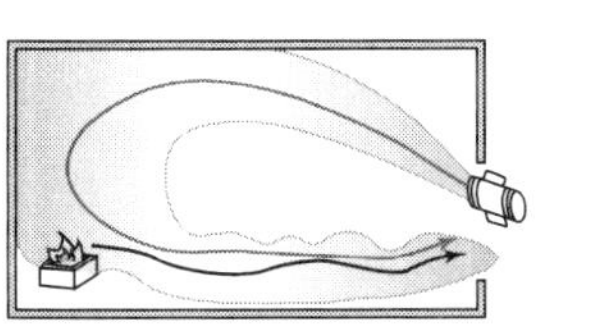 | · 소형팬의 급기류가 룸 내부에서 발생되는 용접 흄을 희석시킬 뿐만 아니라 룸 밖으로 배출시키고 있음 | 20 mg/m$^3$ | · 작업에 방해되지 않고 현장에서 쉽게 적용할 수 있는 방식이나 국소배기 방식에 비해 효과가 감소됨<br>· 팬에 의한 급기가 너무 강할 경우 용접 불량발생 우려 |
| 국소 배기 방식 | 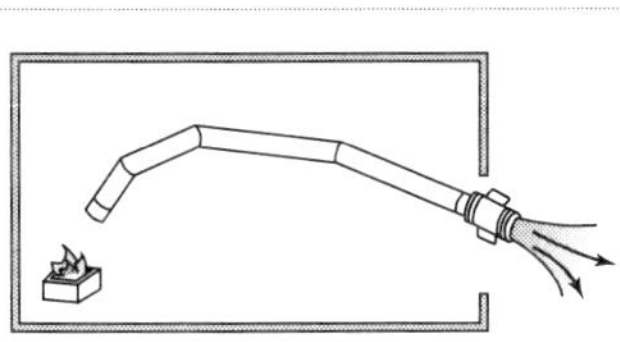 | · 용접 부위에서 발생되는 흄을 효과적으로 배기시켜 룸 밖으로 배출함 | 20 mg/m$^3$ | · 후드가 용접 부위에서 멀 경우 배기효과가 급격히 감소됨<br>· 후드를 용접 부위에 근접시키기 위한 작업자의 노력이 요구됨 |

## 1.6 루버종류에 따른 환기특성

부록 표 3 • 루버종류에 따른 환기특성

| | 일반형 | 창문형 | 그릴형 |
|---|---|---|---|
| 형태 | <br> | 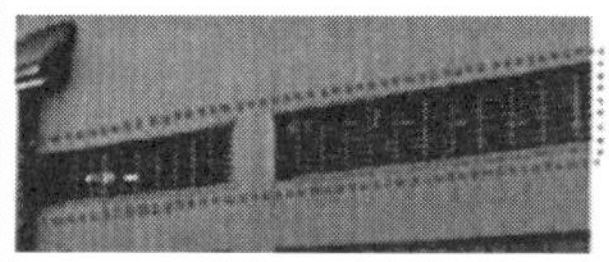<br> |  |
| | · 빗물유입을 방지하기 위해 루버창을 45° 이하로 설치함 | · 빗물 유입을 방지하기 위해 빗살 형태로 경사를 주어 설치함 | · 평상시에는 90°로 개방되어 있다가 우천시에는 완전히 닫아서 빗물 유입을 차단함 |
| 특징 | 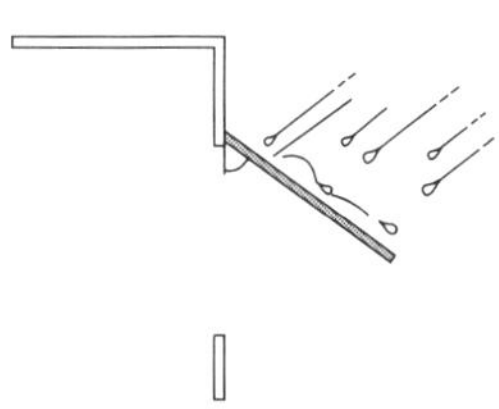 | 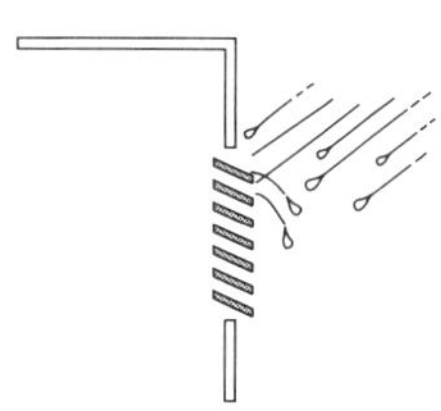 | 평상시 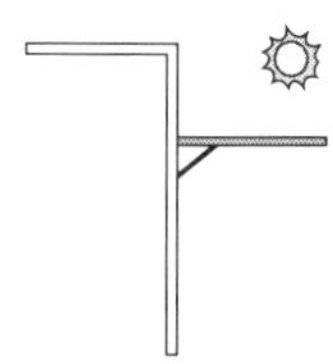<br>우천시 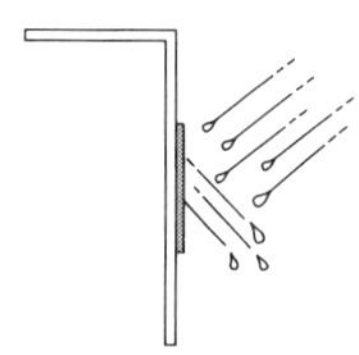 |
| 문제점 | · 강한 비바람이 빗물 유입 차단 효과 떨어짐 | · 구조가 복잡하여 외기가 원활하게 유출입하기 어려워 환기량이 급감됨 | · 우천시에는 창문을 닫으므로 환기를 전혀 할 수 없음 |

### (1) 루버 형태별 환기량 측정결과

· 각 타입별로 외기 풍속이 증가할수록 창무 유입 공기량이 크게 증가함

· 90° 개방형인 경우에 공기 유입량이 가장 많고, 빗살형 루버창의 환기량이 가장 적은 것으로 평가됨

부록 표 4 • 루버 형태별 환기량($m^3$/min)

| 루버형태 / 외기풍속 | 90° 개방형 | 45° 개방형 | 빗살형 |
|---|---|---|---|
| |  |  |  |
| 1 m/s | 18,384 | 12,000 | 6,936 |
| 5 m/s | 75,120 | 57,360 | 38,568 |

## 1.7 지붕 모니터를 이용한 자연환기

### (1) 지붕 모니터(Roof monitor)란?

열, 유해물질 제어 및 습도 조절을 통해 공장의 자연환기를 촉진시키기 위해 지붕 위에 설치하는 환기 설비

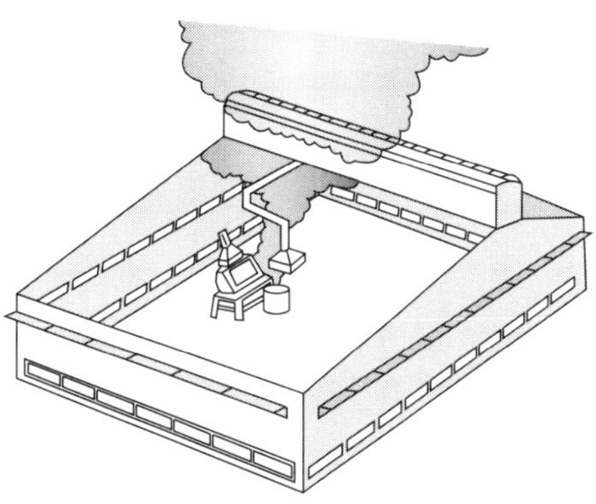

부록 표 5 • 지붕 모니터의 종류 및 특징

| | 일반형 | 창문형 | 그릴형 |
|---|---|---|---|
| 형태 |  |  |  |
| 적용 | · 열 발생 공정에 열배기용으로 적합함 | · 작업장 내부 오염물질 발생량이 적은 공정에 적합<br>· 열 발생 공정에 절대 사용 불가<br>· 급기용 또는 채광용으로 활용하는 것이 적합함 | |
| 장점 | · 비와 눈 유입 방지 및 바람에 의한 단락 현상을 방지할 수 있는 구조로 되어 있어서 외부 기상조건에 상관없이 환기 효율이 우수한 것으로 평가되고 있음 | · 다른 형태보다 개구면이 크고 구조가 단순하므로 외기가 없는 정온 상태에서는 환기효과가 우수함<br>· 다른 형태에 비해 설치가 쉽고 비용 저렴함<br>· 채광 효과 가능함 | · 개구면에 설치된 그릴을 변화시켜 환기량을 조절할 수 있음<br>· 창문형과 유사한 형태로 설치가 쉽고 비용이 저렴함 |
| 단점 | · 구조 복잡하여 압력손실이 상대적으로 높게 걸리므로 외기 풍속이 낮거나 실내·외 온도차가 적을 경우 환기량 급감될 수 있음<br>· 복잡한 구조로 인한 설치 비용 증가 | · 구조상 바람의 영향을 가장 많이 받고, 외기가 불 경우에는 바람이 모니터를 통해 실내로 재유입되거나, 외기에 의한 단락 현상으로 환기효율이 급감함<br>· 비나 눈이 올 경우 개구면을 통해 실내로 유입될 수 있어 창문이나 그릴을 닫아야 하므로 환기를 전혀 할 수 없으며 기상 상황에 따라 조절을 해야 하는 번거로움이 있어 관리가 잘 안되는 경우가 빈번함 | |

### (2) 지붕 모니터의 효율적인 설치와 운영

공장 내부에 열 정체에 따른 고온 문제 해결 가능 : 냉방비 절약

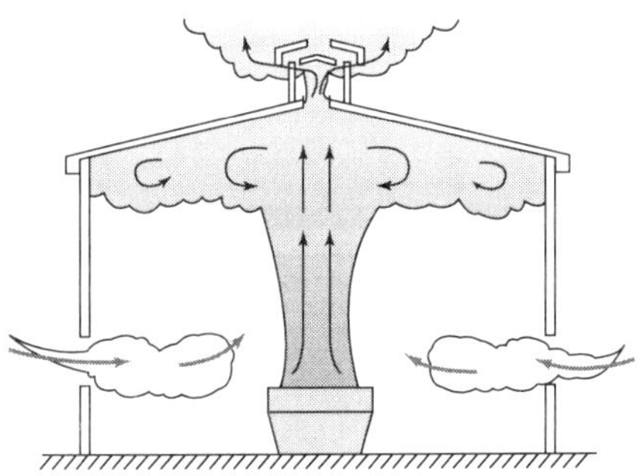

# 2. 국소배기

## 2.1 국소배기시스템 구성 요소

· 국소배기는 오염물질이 발생원에서 작업장으로 확산되기 전에 포집·제거하는 환기 방법

· 국소배기시스템은 후드 – 덕트 – 공기청정기 – 송풍기 – 굴뚝으로 구성됨

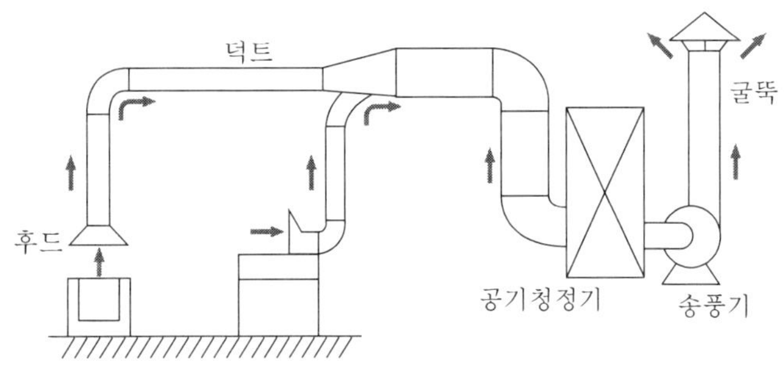


부록 표 6 • 국소배기의 장단점

| 장점 | 단점 |
|---|---|
| · 오염물질 발생원에서 배기<br>· 적은 배기량으로도 작업자 호흡 영역 농도 저감 | · 작업방해 및 제품불량 발생 우려<br>· 이동작업에 적용하기 힘듦 |

## 2.2 국소배기의 적용

국소배기는 다음과 같은 조건일 경우 적용하는 것이 바람직하다.

① 유해물질의 발생량이 많을 경우

② 유해물질의 독성이 강한 경우

③ 근로자의 작업위치가 유해물질 발생원에 근접해 있을 경우

④ 발생주기가 균일하지 않은 경우

⑤ 발생원이 고정되어 있을 경우

⑥ 법적으로 국소배기시설을 꼭 설치해야 하는 경우

## 2.3 후드

### (1) 후드의 정의

국소배기장치의 시작점으로 공간에서 오염물질이 포함된 공기를 유입시켜주는 역할을 하므로 국소배기장치에서 가장 중요한 부분이다.

작업환경 중 발생되는 유해물질이 주변으로 비산되는 것을 방지하기 위해 오염공기를 포집하는 국소배기장치의 입구 역할을 함

· 발생되는 오염물질을 국소배기시스템으로 유입

· 국소배기시스템의 성능을 좌우

· 최소의 유량으로 효율적으로 오염물질 제어

· 설계시 고려사항

- 모양, 위치, 배기량
- 작업의 편리성
- 작업자의 호흡영역 보호

### (2) 후드의 종류

작업형태, 오염물질의 특성 및 발생특성, 작업공간의 크기 등에 따라 달라지는데 오염물질이 발생되는 근원을 기준으로 "포위식"과 "외부식" 후드로 나누어 구분한다.

· 포위식(Enclosing)후드 : 발생원이 후드 안에 있는 경우

· 외부식(Exterior) 후드 : 발생원과 후드가 일정거리(X, m) 떨어져 있는 경우

① 포위식 후드

오염원을 가능한 최대로 포위하여 오염물질이 후드 밖으로 누출되는 것을 막고 필요한 공기량을 최소한으로 줄일 수 있는 후드

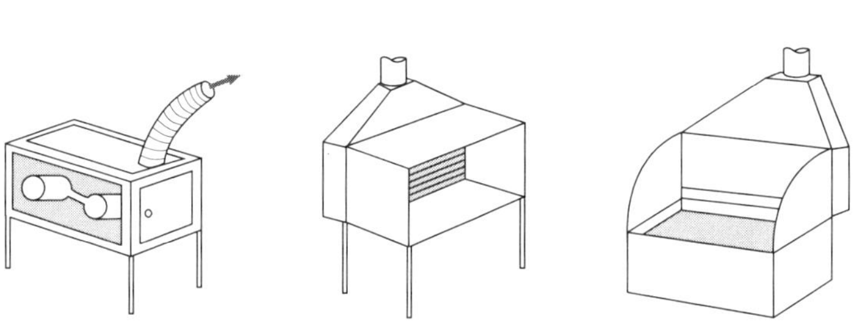

(a) 6면 포위 (b) 6면 포위 (c) 4면 포위

② 외부식 후드

· 리시버식 후드 : 공정 특성을 그대로 이용하여 오염물질은 수동적으로 제어하는 후드

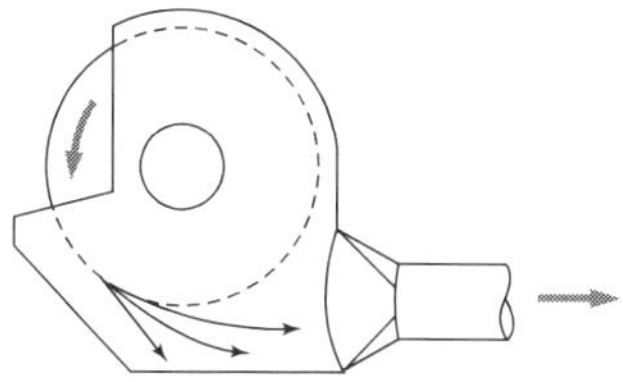

(a) 유해물질이 일정방향으로 비산하는 경우

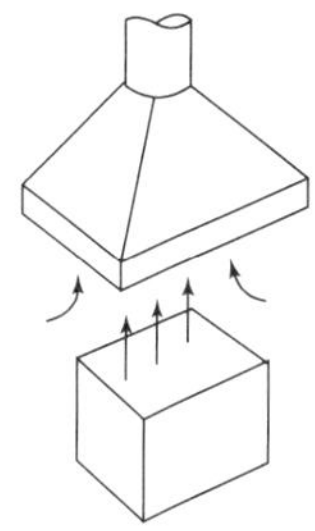

(b) 열상승 기류가 있는 경우

· 포집식 후드 : 국소배기장치의 송풍기 힘에 의해 능동적으로 오염물질을 후드로 끌어드리는 형태

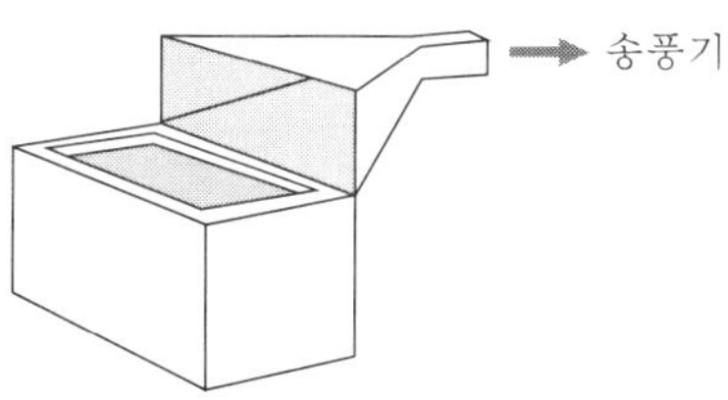


(a) 측방형 후드

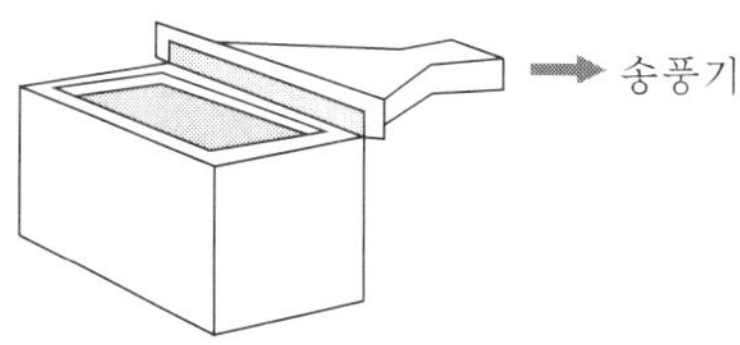


(b) 슬롯 후드

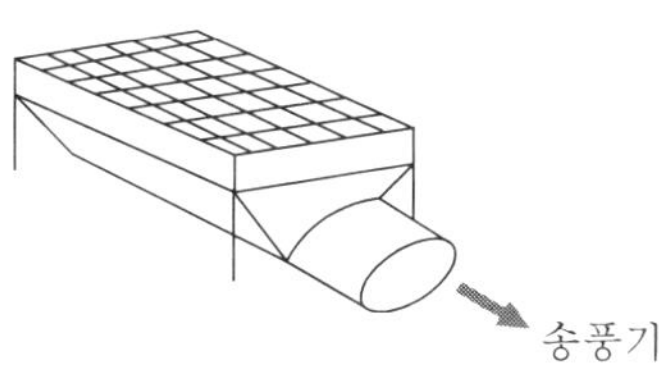


(c) 하방형 후드

(d) 저유량-고유속 후드

### (3) 후드의 제어속도

제어속도(Control velocity 또는 Capture velocity)란 오염물질을 후드 쪽으로 흡인하기 위하여 필요한 속도를 말한다. 발생하는 오염물질을 후드로 끌어들이는데 요구되는 제어속도는 오염원에서 뿐만 아니라 오염원에서 후드 반대쪽으로 비산하는 오염물질의 초기속도가 0이 되는 지점까지 도달해야 제대로 오염물질을 처리할 수 있다.

부록 표 7 • 관리대상유해물질관련 국소배기장치 후드의 제어풍속(제175조 관련)

| 물질의 상태 | 후드형식 | 제어풍속(m/sec) |
|---|---|---|
| 가스상 | 포위식 포위형 | 0.4 |
| | 외부식 측방흡인형 | 0.5 |
| | 외부식 하방흡인형 | 0.5 |
| | 외부식 상방흡인형 | 1.0 |
| 입자상 | 포위식 포위형 | 0.7 |
| | 외부식 측방흡인형 | 1.0 |
| | 외부식 하방흡인형 | 1.0 |
| | 외부식 상방흡인형 | 1.2 |

### (4) 후드의 선정요령

① 필요 환기량을 최소화 할 것

· 가급적 기류 차단판이나 커튼 등을 사용하여 공정을 많이 포위한다.

· 후드를 유해물질 발생원에 가깝게 설치한다. 제어거리를 단축하면 환기량이 줄어들기 때문이다. 작업에 지장이 없다면 포위식 후드를 설치하는 것이 좋다.

· 공정에서 발생 또는 배출되는 오염물질의 절대량을 줄이도록 한다.

· 후드 개구부에서 기류가 균일하게 분포되도록 설계한다.

② 작업자의 호흡영역을 보호할 것 : 후드 내로 유입되는 공기흐름이 작업자의 호흡영역에 들어오지 않도록 후드를 위치시켜야 한다.

③ 추천된 설계사양을 사용할 것 : 설계할 때는 국제적인 설계기준을 사용하는 것이 바람직하다. 단, 작업장 내에 존재하는 방해기류 및 오염물질의 독성, 설치하고자 하는 환경, 유해물질의 발생특성 등을 고려하여야 한다.

④ 작업자가 사용하기 편리하도록 만들 것 : 작업자의 작업에 방해가 되지 않으면서 발생되는 오염물질을 모두 제어할 수 있도록 적절한 후드를 선정하여야 한다.

⑤ 후드 설계시 일반적인 오류를 범하지 말 것 : 후드로 유입되는 기류는 개구부 주위에 구형의 기류를 형성하면서 유입속도는 개구부에서 덕트의 직경거리 이상 벗어나면 급격히 감소한다. 다른 오류로는 공기보다 비중이 무거운 기체는 작업장 내 바닥으로 가라앉으므로 후드를 바닥에 설치하면 된다고 생각하는 것이다. 그러나 공기와 혼합된 오염물질은 공기와 비중이 거의 같아지므로 오염원의 위치를

고려하여 후드의 위치를 선정하여야 한다.

### (4) 후드설계시 필요배풍량

1) 포위식 후드의 필요환기량

포위식 후드는 발생원이 후드 안에 있으므로 제어거리가 없다. 따라서 환기량은 제어속도와 후드의 개방된 면적을 곱하면 된다.

$$Q\,(\mathrm{m^3/sec}) = V_c \times A$$

여기서, $V_c$는 제어속도 (m/sec), $A$는 개구된(열린) 면적($\mathrm{m^2}$)

2) 외부식 후드의 필요환기량

외부식 후드는 유해물질 발생원과 후드가 일정거리(제어거리, $x$)떨어져 있으므로 환기량을 구할 때도 제어거리가 고려되어야 한다.

$$Q(\mathrm{m^3/sec}) = V_c \times (10x^2 + a)$$

여기서, $a$는 후드의 개구면적($\mathrm{m^2}$)이다.

① 외부식 후드에 플랜지가 부착된 경우

플랜지는 후드의 가장자리에 직각으로 부착된 면(판)을 말하는데 플랜지를 부착하게 되면 후드 뒷면에서 들어오는 공기를 차단하고 대신 앞에 있는 공기를 끌어당기기 때문에 25%의 환기량을 절감할 수 있다

$$Q(\mathrm{m^3/sec}) = 0.75 \times V_c \times (10x^2 + a)$$

② 플랜지가 벽, 바닥, 천장 등과 접하고 있는 경우

$$Q(\mathrm{m^3/sec}) = 0.5 \times V_c \times (10x^2 + a)$$

3) 기타 외부식 후드(슬롯후드)의 필요환기량

슬롯(Slot)은 슬롯의 폭($W$)과 길이($L$)의 비($W/L$)가 0.2 이하인 경우를 말한다.

$$Q(\mathrm{m^3/sec}) = 3.7 \times V_c \times x \times L$$

만약 플랜지가 붙어 있을 경우 약 30%의 공기량이 절약된다.

$$Q(\mathrm{m^3/sec}) = 2.6 \times V_c \times x \times L$$

부록 표 8 • 주요 후드의 유량산정방법

| 후드형태 | 후드 명칭 | 종횡비(W/L) | 유량 |
|---|---|---|---|
| 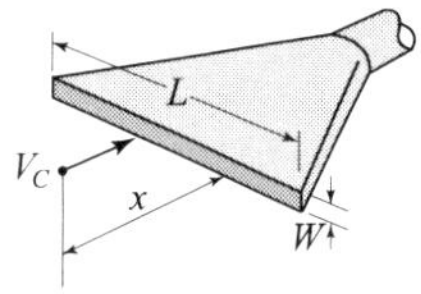 | 슬롯형<br>(Slot) | 0.2 이하 | $Q=3.7LVx$ |
| 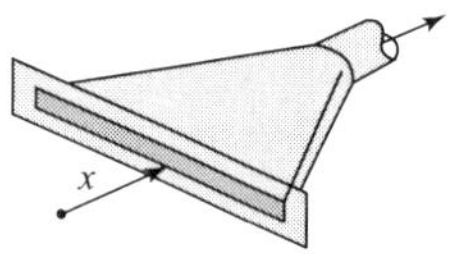 | 플랜지형 슬롯<br>(Flanged slot) | 0.2 이하 | $Q=2.6LVx$ |
| 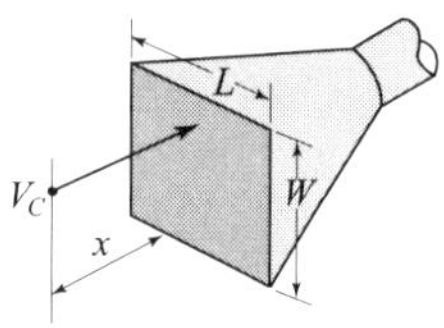 | 편평형<br>(Plain Opening) | 0.2 이상 또는 원형 | $Q=V(10x^2+a)$ |
| 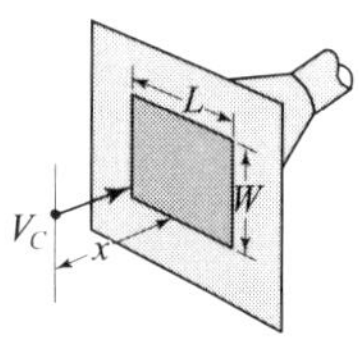 | 플랜지형<br>(Flanged Opening) | 0.2 이상 또는 원형 | $Q=0.75V(10x^2+a)$ |
| 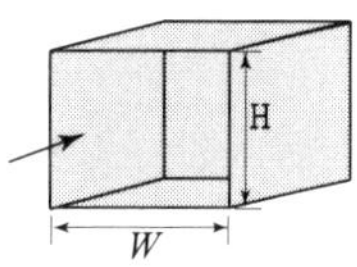 | 부스형<br>(Booth) | 작업에 맞게 | $Q=Va=VWH$ |
| 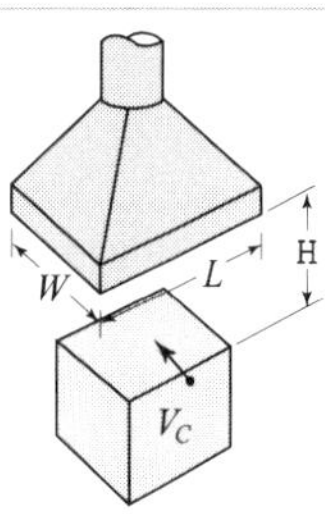 | 캐노피형<br>(Canopy) | 작업에 맞게 | $Q=1.4PVD$<br>$P$: 작업(물체) 둘레의 길이 |
| 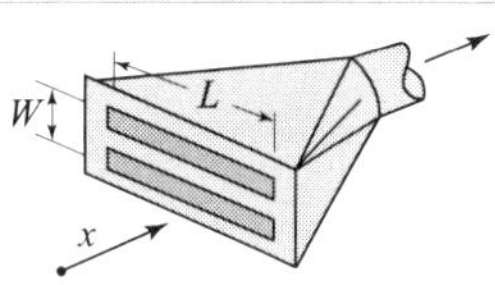 | 평편형 다중슬롯<br>(Plain Multiple Slot Opening) | 0.2 이상 | $Q=V(10x^2+a)$ |
| 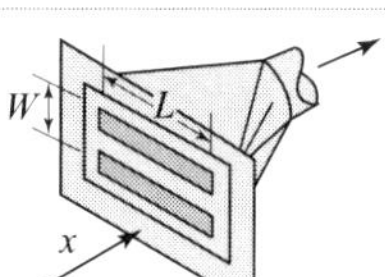 | 플랜지형 다중 슬롯<br>(flanged Multiple Slot Opening) | 0.2 이상 | $Q=0.75V(10x^2+a)$ |

## 2.4 덕트(Duct)

### (1) 덕트

· 후드를 통해 유입된 오염물질이 국소배기시스템 내에서 이동하는 길

· 분진 퇴적을 방지하면서 압력손실을 최소화할 수 있도록 설계

· 설계 시 고려사항

- 최소 반송속도 유지
- 가능한 원형 덕트 사용
- 합류관 연결 시 압력손실 최소화
- 댐퍼 등 부대시설 최소화
- 플랙시블 덕트 사용 자제

### (2) 덕트의 역할

· 우리 몸의 혈관이 피가 통하는 길의 역할을 하는 것처럼 국소배기장치 내에서 유해물질과 공기를 이송시키는 통로 역할을 함

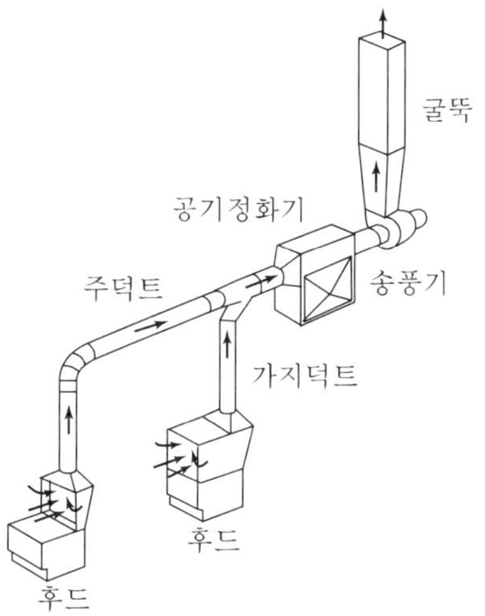


### (3) 덕트 최소반송속도

· 입자상 물질을 함유한 공기를 수평덕트에서 이송시킬 때 침강에 의해 덕트 하부에 퇴적되지 않을 최소 속도를 말함

부록 표 9 • 발생 유해물질의 특성에 따른 덕트 반송속도

| 오염물질의 특성 | 실례 | 설계속도(m/s) |
|---|---|---|
| 증기, 가스, 연기 | 아주 많음 | 5~10 |
| 흄 | 용접 흄 | 10~12.5 |
| 미세하고 가벼운 분진 | 면화가루, 목재분진 | 12.5~15 |
| 건조한 분진 또는 분말 | 고무분진, 가죽분진 | 15~20 |
| 일반 산업분진 | 그라인딩 분진, 석면분진 | 17.5~20 |
| 무거운 분진 | 주물분진, 모래분진 | 20~22.5 |
| 무겁고 습한 분진 | 습한 시멘트 분진 | 22.5 이상 |

### (4) 덕트설계

1) 덕트란?

국소배기장치에서 공기가 흐르는 관이다. 즉, 덕트는 후드, 정화장치, 송풍기를 연결하는 관으로, 이 관을 통해서 공기가 흐르고 배출된다.

공기중 무게가 있는 입자상 물질이 퇴적되지 않고 적정하게 흐르는 것이 중요하다.

2) 덕트의 반송속도

덕트내에 각종 유해물질이 쌓이지 않게 하기 위해 필요한 기류(풍속)를 반송속도(transport velocity)라고 한다.

부록 표 10 • 오염물질의 일반적인 반송속도

| 주파수 | 예 | 반송속도(m/s) |
|---|---|---|
| 가스, 증기, 미스트 | 각종 가스, 증기, 미스트 | 5~10 |
| 흄, 매우 가벼운 건조분진 | 산화아연, 산화알루미늄, 산화철 등의 흄, 나무, 고무, 플라스틱, 면 등의 미세한 먼지 | 10 |
| 가벼운 건조분진 | 원면, 곡물분, 고무, 플라스틱, 톱밥 등의 분진, 버프, 연마분진, 경금속분진 | 15 |
| 일반 공업분진 | 털, 나무부스러기, 대패부스러기, 샌드블라스트, 그라인더분진, 내화벽돌 분진 | 20 |
| 무거운 분진 | 납분진, 주물사, 금속가루분진 | 25 |
| 무겁고 습한 분진 | 습한 납분진, 철분진, 주물사, 요업재료 | 25 이상 |

3) 덕트 설계시 바람직한 형태와 바람직하지 않은 형태

(a) 덕트 확대부분권장함

(b) 덕트 축소부분

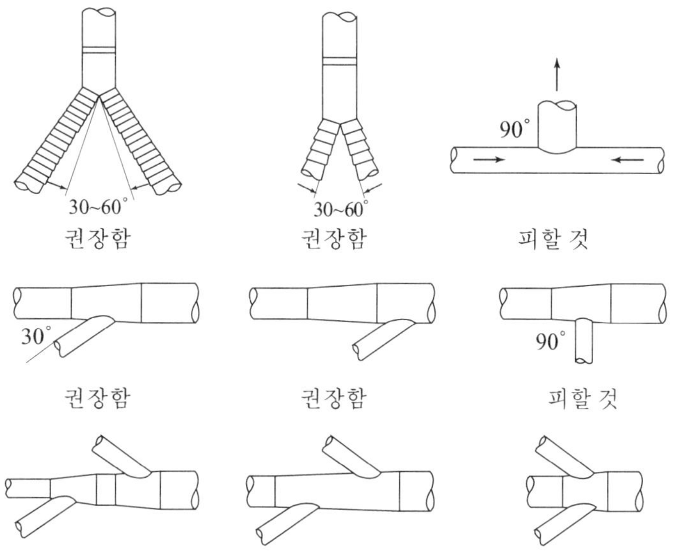


(c) 덕트 합류부분

## 2.5 공기정화장치

### (1) 공기정화장치란?

국소배기장치에 의해 작업장으로부터 외부로 배출되는 오염물질은 대기오염을 유발하므로 외부로 배출하기 전에 오염물질을 정화하는 장치

### (2) 공기정화기의 종류

① 입자상 물질을 처리하기 위한 공기정화기 : 중력침강실, 관성력집진지, 사이클론, 세정집진기, 여과집진기, 전기집진기

② 가스상 물질을 처리하기 위한 공기정화기 : 흡수탑, 흡착탑, 연소법, 바이오필터, 플라즈마/전자빔, 저온응축법

부록 표 11 • 공기정화장치의 종류

| 구분 | 공기정화장치 | 처리방식 |
|---|---|---|
| 입자상 물질 처리 | 중력침강실 | 가장 간단한 집진장치로 입자 자체의 무게에 의해 가라앉게 만드는 장치 |
| | 관성력 집진기 | 유해물질 함유공기를 고속으로 유입시켜 내부에 설치한 장애물로 공기의 흐름을 급격히 바꾸면서 유해물질을 침강시키는 장치 |
| | 사이클론 (Cyclone) | 유해물질 함유공기를 유입시켜 내부에서 회전시키고 그 원심력에 의해서 유해공기를 침강시키는 장치 |
| | 여과제진장치 (Bag filter) | 유해물질 함유공기를 유입시켜 여과포(Bag filter)를 통과시킴으로써 공기를 정화시키는 장치 |
| | 세정식 집진장치 (Scrubber) | 액정, 액막, 기포 등에 의해 배기를 세정하여 공기를 정화시키는 장치 |
| | 전기제진장치 | 고압직류원을 이용한 코로나 방전에 의하여 분진을 내전시켜 제진 극판에서 분진을 분리포집하는 장치 |
| 가스상 물질 처리 | 흡수탑 | 배기가스를 흡수액에 접촉시켜 반응을 시키거나 용해시켜 유해가스를 제거하는 장치로써 흡수액에는 물, 알카리, 산, 염류 등의 수용액 사용 |
| | 흡착탑 | 흡착작용을 가진 흡착제를 유해가스가 함유된 공기를 통과시켜 유해가스가 흡착제에 흡착되어 제거되도록 하는 장치 |

### (3) 입자상 물질을 처리하기 위한 공기정화기

① 중력침강실

· 가장 간단한 집진장치로 입자 자체의 무게에 의해 가라앉게 만드는 장치

· 미세입자 제거용 집진기의 부담을 덜어주는 목적으로 사용

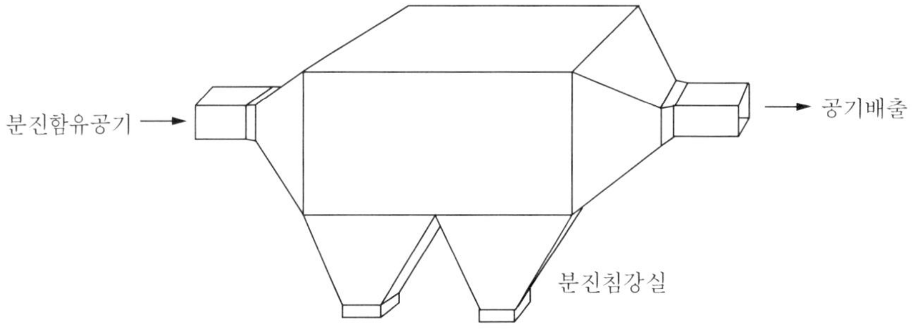

② 관성력집진기

· 유해물질 함유공기를 고속으로 유입시켜 내부에 설치한 장애물로 공기의 흐름을 급격히 바꾸면서 유해물질을 침강시키는 장치

③ 사이클론(Cyclone)

· 유해물질 함유공기를 유입시켜 내부에서 회전시키고 그 원심력에 의해서 유해공기를 침강시키는 장치

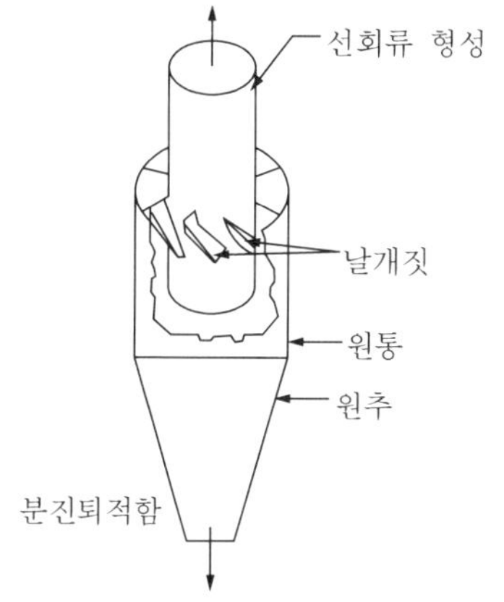


④ 여과제진장치(Bag filter)

· 유해물질 함유공기를 유입시켜 여과포(Bag filter)를 통과시킴으로써 공기를 정화시키는 장치

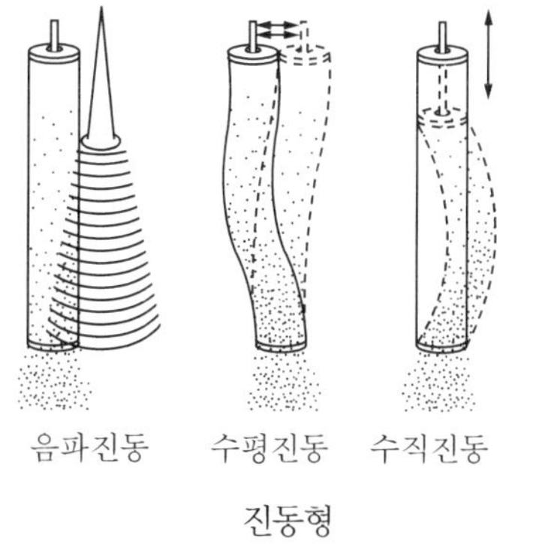

진동형

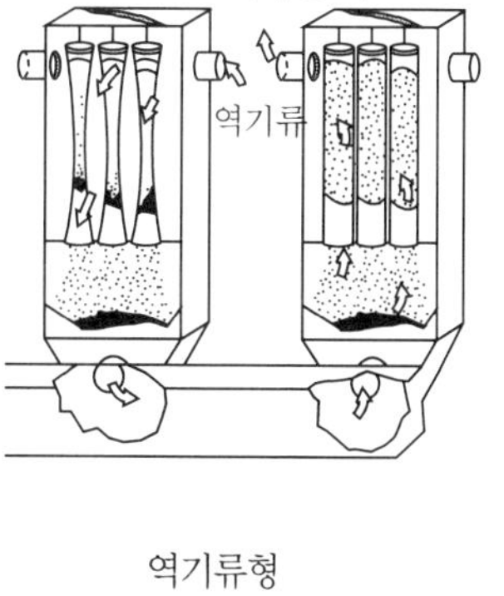

역기류형

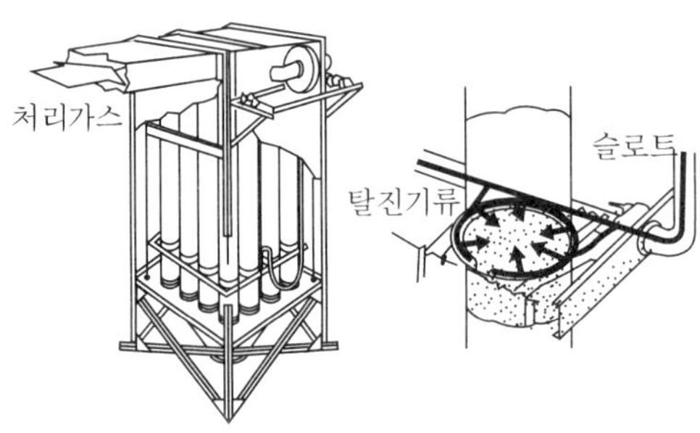


역제트기류 분사형

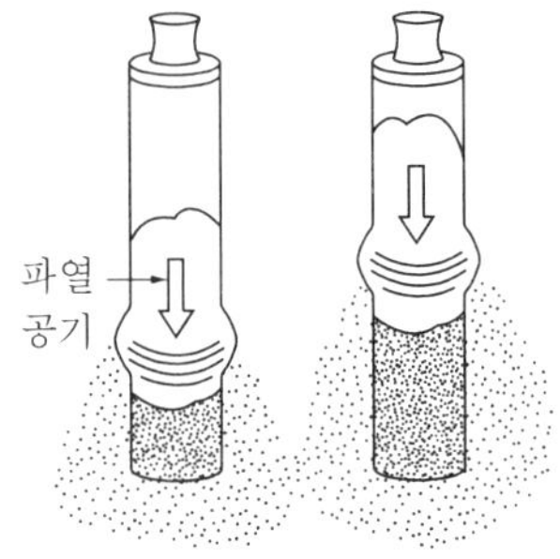


충격제트기류 분사형

⑤ 세정식 집진장치(Scrubber)

· 액정, 액막, 기포 등에 의해 배기를 세정하여 공기를 정화시키는 장치

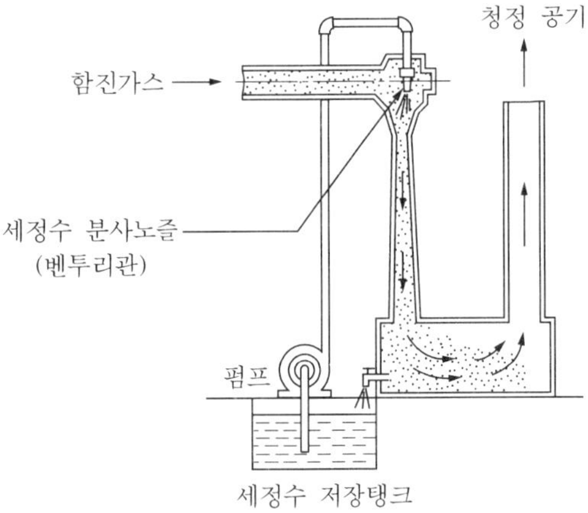


제트스크러버

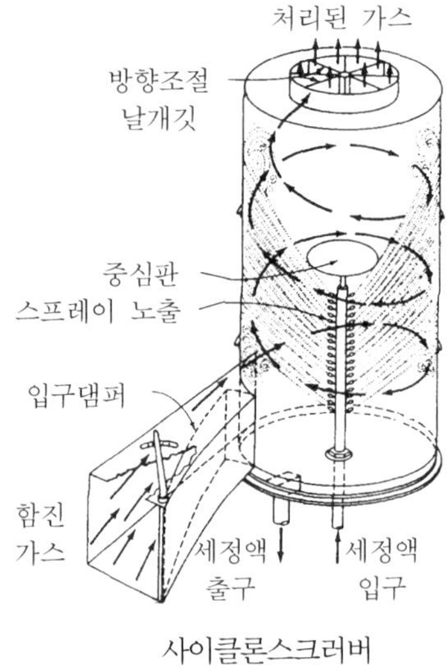


사이클론스크러버

⑥ 전기제진장치

· 고압직류원을 이용한 코로나 방전에 의하여 분진을 내전시켜 제진극판에서 분진을 분리포집하는 장치

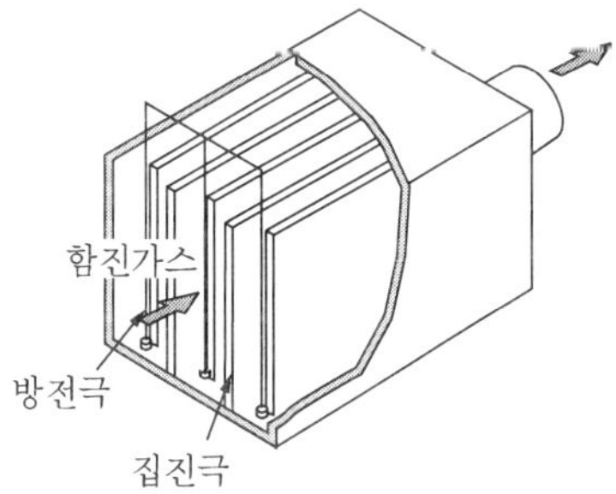


평판형 EP

원통형 EP

### (4) 가스상물질을 처리하기 위한 공기정화기

① 흡수방식

· 배기가스를 흡수액에 접촉시켜 반응을 시키거나 용해시켜 유해가스를 제거하는 장치로써 흡수액에는 물, 알카리, 산, 염류 등의 수용액 사용

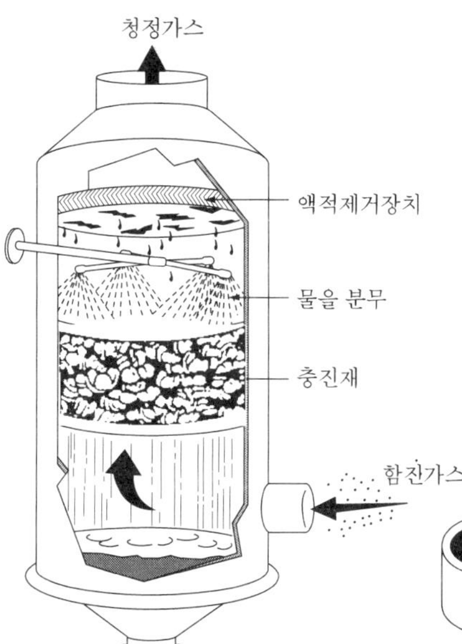


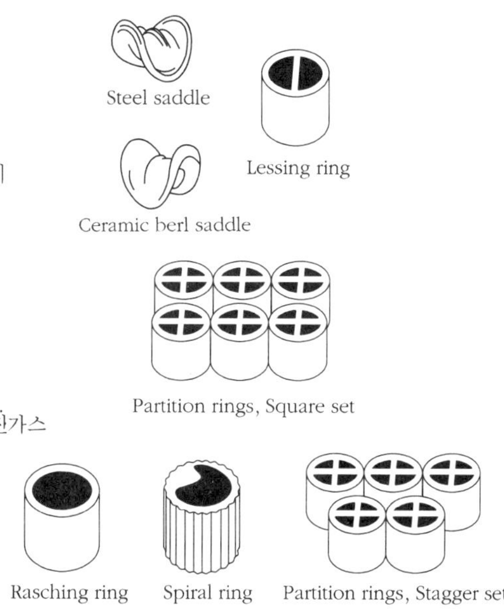


② 흡착방식

· 흡착작용을 가진 흡착제를 유해가스가 함유된 공기를 통과시켜 유해가스가 흡착제에 흡착되어 제거되도록 하는 장치

## 2.6 송풍기

### (1) 송풍기란?

국소배기장치의 저항을 극복하고, 필요한 양의 공기를 이송시키는 역할을 하며 팬 또는 블로어 등으로 불린다.

### (2) 송풍기의 종류

송풍기는 공기 흐름 방향에 따라 '축류 송풍기'와 '원심력 송풍기'로 나누어 구분한다.

· 축류 송풍기 : 축(axial)방향으로 흘러들어 온 공기가 축방향으로 흘러나갈 때 임펠러의 양력을 이용하는 경우

· 원심력 송풍기 : 축방향으로 흘러들어 온 공기가 반지름(radial) 방향으로 흘러 나갈 때 생기는 원심력을 이용하는 방식

부록 표 12 • 송풍기의 종류

| 분류 | 축류송풍기 | 원심력송풍기 |
|---|---|---|
| 공기흐름 | 축 방향 | 축 방향에 대한 수직 |
| 운동력 | 압력 | 원심력 |
| 종류 | 프로펠라형(Propeller)<br>튜브형(Tube axial)<br>베인형(Vane axial) | 전향날개형(Forward curved)<br>후향날개형(Backward curved)<br>방사날개형(Radial) |
| 외형 |  |  |

① 축류 송풍기(Axial flow fan)

· 프로펠라형 (Propeller fan)

적은 비용으로 많은 공기를 이송할 수 있다. 그러나 압력손실이 많이 걸리면 송풍량이 급격히 감소한다.

사용 예) 화장실, 사무실, 흡연실, PC방

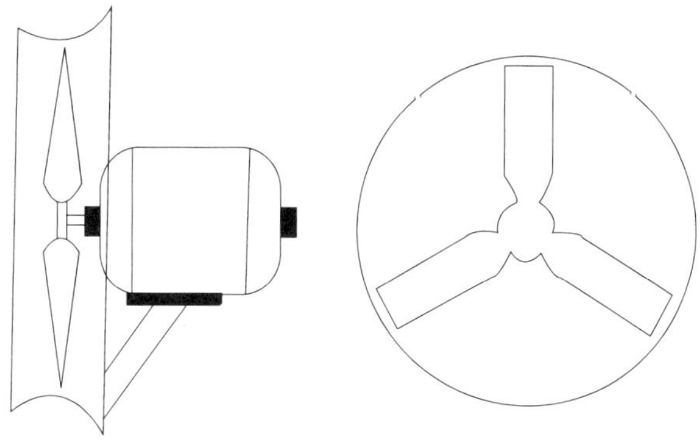

· 축관형(Tubeaxial fan, 송풍관이 붙은 축류 송풍기)

프로펠러 송풍기를 덕트(송풍관)에 삽입할 수 있도록 개조한 것으로 회전날개와 케이싱의 간격을 좁게 하여 효율이 상승된다.

사용 예) 건조로, 공기조화용 열관리

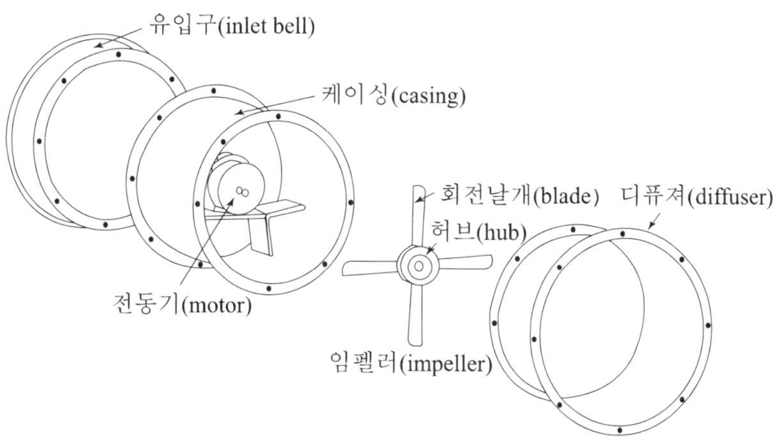


· 날개축형(Vaneaxial fan, 안내깃이 붙은 축류 송풍기)

송풍관 내에 고정된 안내날개(Guide vane, Air-directing vane : 속도압을 감소시켜 정압을 회복시키기 위해 설치)가 달려있다.

송풍기에 의해 소용돌이 친 기류(선회류)가 안내 날개에 의해 소용돌이(난류형성)가 억제되어 속도압이 정압으로 회복되므로 효율이 높아지고 높은 압력손실(250 $mmH_2O$)에 견딜 수 있다.

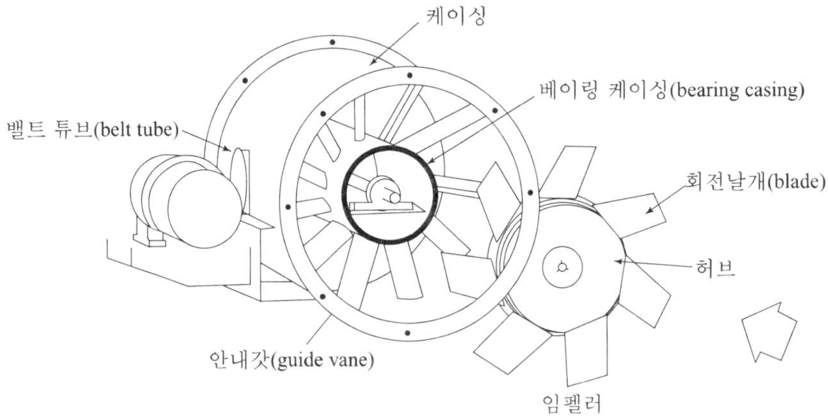


② 원심력 송풍기(Centrifugal flow fan)

· 전향곡형 (Forward curved blade fan) = 다익형, 시로코팬

송풍기의 임펠러(회전날개)가 다람쥐 쳇바퀴 모양이며, 회전날개가 회전방향과 동일한 방향으로 설계되어 있다.

- 장점 : 다른 송풍기에 비해 동일 송풍량을 얻기 위해 임펠러의 회전속도가 낮기 때문에 소음문제가 거의 발생하지 않고 강도가 중요하지 않으므로 저가에 제작이 가능하다.

- 단점 : 높은 압력손실에서 송풍량이 급격히 떨어진다.

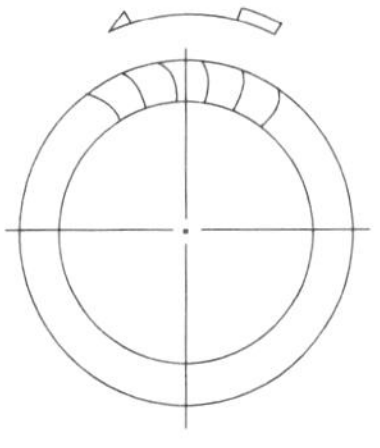

· 후향곡형 (Backward curved blade) = 터보송풍기

회전날개가 회전방향과 반대편으로 경사지게 설계되어 있으며 방사형과 전향에 비해 효율이 높다. 따라서 시설저항 및 운전상태가 변하여도 과부하가 걸리지 않는다.

- 장점 : 송풍량이 증가해도 동력이 증가하지 않는다. 따라서 압력변동이 있는 경우 적합하다.

- 단점 : 구조가 크며 날개가 구부러져 있으므로 분진퇴적이 쉽다.

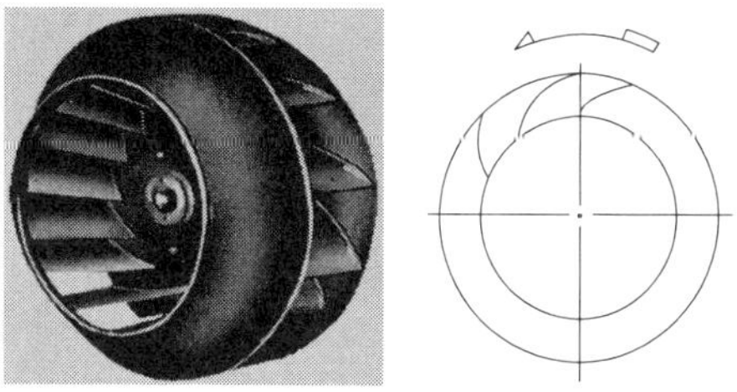

· 방사형(Plate fan, Radial blade) = 평판형

날개가 평판이고 길이가 길며, 강도가 높은 재질로 설계되어 있다. 구조가 간단하고, 강도가 강하여 고농도 분진함유 공기나 부식성이 강한 공기를 이송시키는데 사용한다.

- 장점 : 마모성이 강한 분진에 사용가능하다.
- 단점 : 견고한 재질이므로 가격이 비싸고 효율이 낮다.

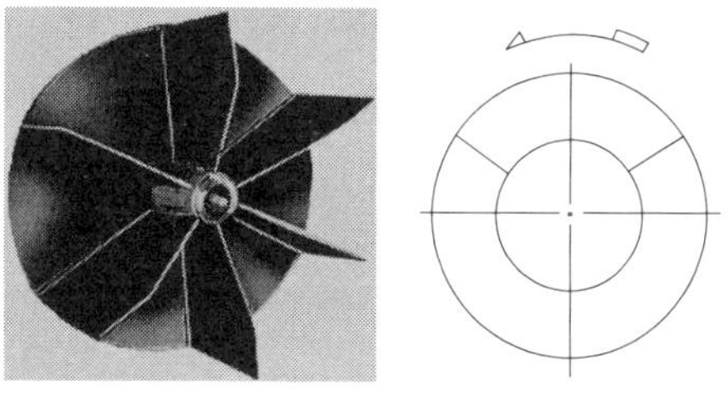

· 익형(Airfoil)

후향곡형의 일종으로 날개가 중심축에서 두껍고, 가장자리에 얇은 형태로 되어 있다.

- 장점 : 원심형 송풍기 중에서 가장 효율이 좋고, 소음이 적으며 고속회전이 가능하다.
- 단점 : 입자상 물질이 퇴적하기 쉬우며 부식에 약하다.

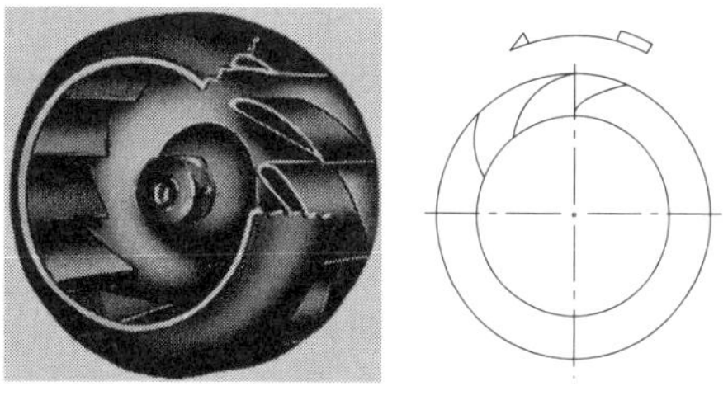

### (3) 송풍기 용량

① 송풍기 송풍량

· 송풍량은 송풍기를 통과하는 표준상태로 환산하지 않은 실제 풍량을 의미

· 단위는 보통 CMM(Cubic meter per minute)을 사용

② 송풍기 정압

· 후드에서 필요한 유량만큼 유입시켜 굴뚝으로 내보내기 위해 필요한 힘

· 동일 유량을 배기시키더라도 시스템 상황에 따라 송풍기 정압은 달라짐

송풍기의 정압은 빨대를 이용해 음료수 한 모금을 마시기 위해 필요한 힘으로 비유할 수 있다. 같은 힘을 가진 사람이 1 m 거리의 콜라를 100만큼 마시게 된다면, 10 m 떨어진 사람은 50 정도밖에 마실 수 없다. 거리가 멀어질수록 그만큼 송풍기 용량 또한 커져야 한다.

출처 : 한국산업안전보건공단(http://www.kosha.or.kr)에서 제공한 작업환경개선설비(sheet형 교재) H-S-E01-01을 사용하였습니다.

# 부록 2. 국소배기장치의 설치계산 예

## 1. 후드의 형식, 배기방향, 설치위치의 결정

① 후드의 형식은 작업의 상황으로 볼 때 작업대 위에 놓인 외부식 플랜지 부착 장방형이며 그 크기를 아래 그림에 나타내었다.

(1)

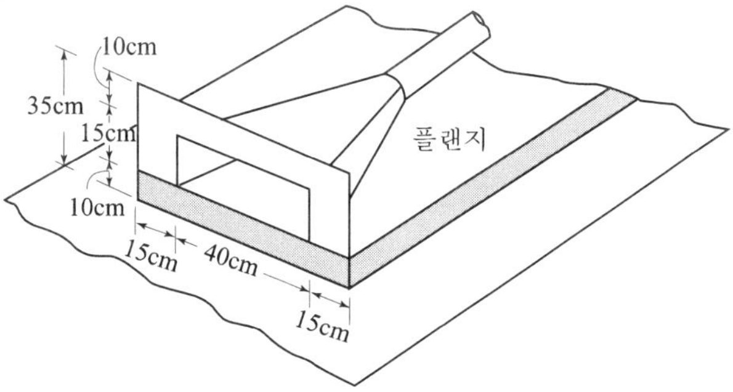


② 배출방향은 작업자의 위치가 일정하므로 그림의 화살표 방향으로 한다.

(2)

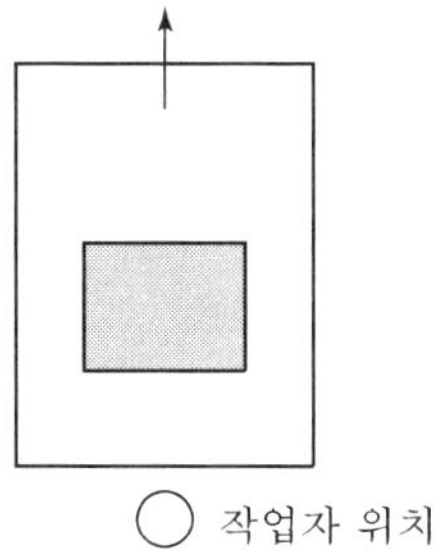


③ 설치위치는 가능한 발생원에 가깝게 하여 그림과 같이 한다.

(3)

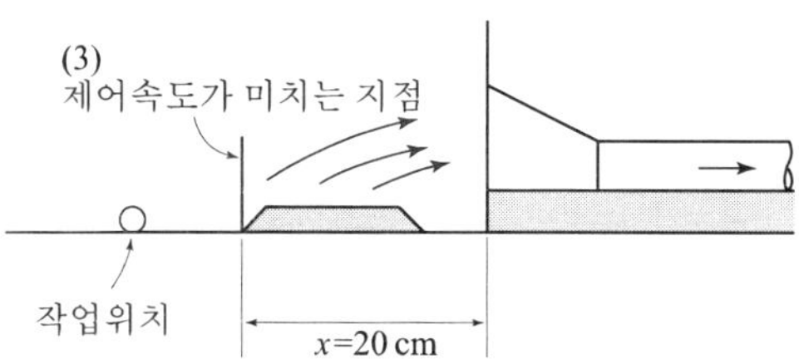

## 2. 제어속도의 결정

이 작업시 제어속도의 값은 0.5~1.0 m/s이므로 하한치에 근사한 값 0.6 m/s로 한다.

## 3. 송풍량의 결정

$$Q = 60 \times 0.5\, V_c (10x^2 + A)$$

그림 (1)에서 $A = 0.4 \times 0.15 = 0.06 \text{ m}^2$

그림 (3)에서 $x = 0.2 \text{ m}$

제어속도 $V_c = 0.6 \text{ m/s}$

그러므로 $Q = 60 \times 0.5 \times 0.6(10 \times 0.2^2 + 0.06) = 8.28 ≒ 10 \text{ m}^3/\text{min}$

## 4. 배기계의 배치결정

작업장의 상태로부터 배기계의 배치는 그림 (4)와 같다.

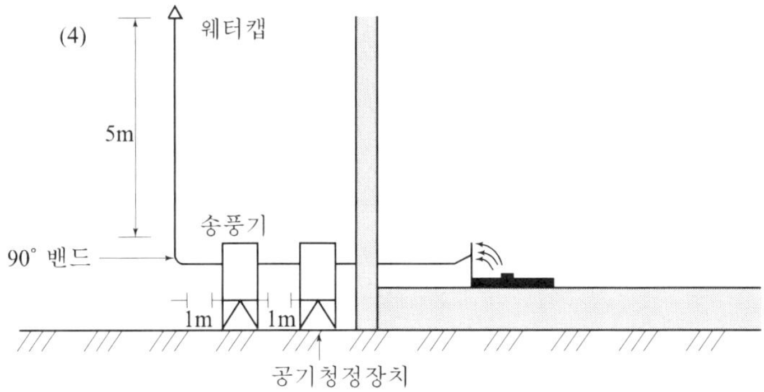


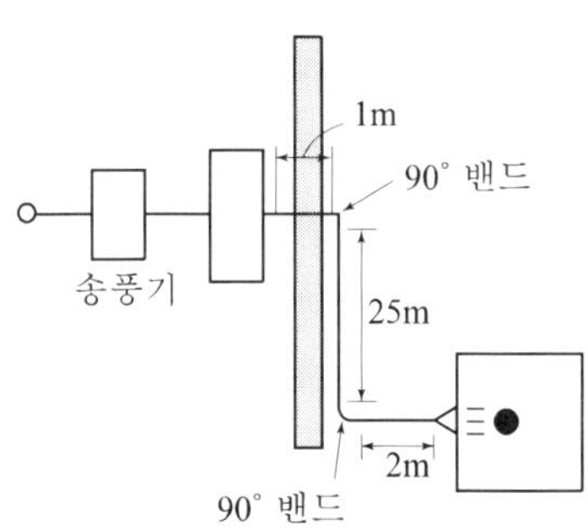

## 5. 반송속도의 결정

용접작업후 발생하는 금속흄의 반송속도 값을 15 m/s라고 가정한다.

## 6. 송풍관 단면치수의 결정

흡인송풍관의 단면적 $A$는 필요송풍량 $Q$, 반송속도 $V_T$의 값을 사용하여

$$A = \frac{500}{3} \times \frac{Q}{V_T} = \frac{500}{3} \times \frac{10}{15} = 111.1 \text{ cm}^2$$

원형 송풍관을 사용하면, 그 직경($d_1$)은

$$d_1 = 1.13 \times \sqrt{111.1} = 11.9 ≒ 12 \text{ cm}$$

(직경 12 cm로 하였을 때 반송속도는 14.7 m/s가 되므로 15 m/s를 수정한다)
배기송풍관의 직경($d_2$)는 풍속은 10 m/s로 해서

$$A_2 = \frac{500}{3} \times \frac{10}{10} = 166.6 \text{ cm}^2$$

$$d_2 = 1.13 \times \sqrt{166.6} = 14.6 ≒ 15 \text{ cm}$$

(직경을 15 cm로 하였을 때 송풍관 풍속은 9.4 m/s가 된다)

## 7. 후드의 크기 결정

6.에 의해 흡인송풍관의 직경($d_1$)이 결정되었으므로 $A \leqq 16a$ 및 $L \geqq 3d$의 조건하에서 후드의 크기를 결정한다.

① $A = 40 \times 15 = 600 \text{ cm}^2$, $d_1 = 12 \text{ cm}$로 해서

$$a = \frac{\pi d^2}{4} = \frac{3.14 \times 12^2}{4} = 113 \text{ cm}^2, \quad \therefore \frac{A}{a} = \frac{600}{113} = 5.3$$

② $L = 3d$라 하면

$$L = 3 \times 12 = 36 \text{ cm}$$

그러므로 후드의 형태 크기는 그림 (5)와 같다.

(5)

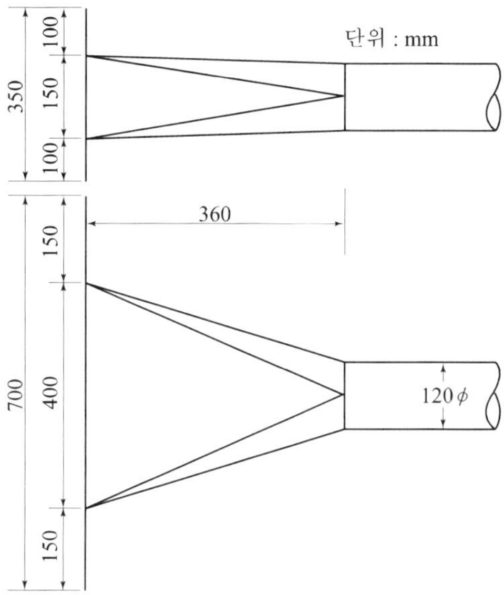


## 8. 압력손실의 계산

(4)의 배기계의 배치와 그림 (4)로부터 압력손실을 계산하여야 할 부분은 다음 그림 (6)에 나타내었다.

(6)

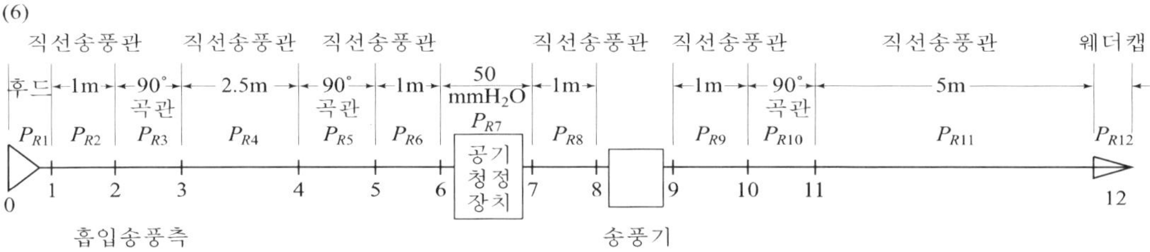


### 흡인송풍관측 압력손실계산

1) 후드의 압력손실 $P_{R1}$은

$P_{R1} = F \times P_V$

여기서 $F$: 0.49 ≒ 0.5(플랜지 부착 송풍관개구의 $F$값을 취함)

$V = 14.7$ m/s에 대한 $P_V$ : 13.2 $mmH_2O$

따라서 $P_{R1} = 0.5 \times 13.2 = 6.6\ \mathrm{mmH_2O}$

1지점이 정압$(P_{S1}) = (F+1)P_V = -19.8\ \mathrm{mmH_2O}$

2) 2 m의 직선송풍관의 압력손실 $P_{R2}$는

$P_{R2} = P_{Ru} \times l$

이때 $P_{Ru} = 2.2\ \mathrm{mmH_2O/m}$($Q = 10\ \mathrm{m^3/min}$, $d = 12\ \mathrm{cm}$를 사용하여

$l = 2\ \mathrm{m}$

$\therefore\ P_{R2} = 2.2 \times 2 = 4.4\ \mathrm{mmH_2O}$

2지점의 정압$(P_{S2}) = P_{S1} - P_{R2} = -19.8 - 4.4 = -24.2\ \mathrm{mmH_2O}$

3) 90° 곡관의 압력손실 $P_{R3}$는

$r/d = 1.25$로 하여

$P_{R3} = \zeta \times P_V$

이때 $\zeta = 0.55$

$P_V = 13.2\ \mathrm{mmH_2O}$

$\therefore\ P_{R3} = 0.55 \times 13.2 = 7.3\ \mathrm{mmH_2O}$

3지점의 정압$(P_{S3}) = P_{S2} - P_{R3} = -24.2 - 7.3 = -31.5\ \mathrm{mmH_2O}$

4) 2.5 m의 직선송풍관의 압력손실 $P_{R4}$는

$P_{R4} = P_{Ru} \times l = 2.2 \times 2.5 = 5.5\ \mathrm{mmH_2O}$

4지점의 정압 $P_{S4} = P_{S3} - P_{R4} = -31.5 - 5.5 = -37.0\ \mathrm{mmH_2O}$

5) 90° 곡관의 압력손실 $P_{R5}$는

3)의 곡관과 같으므로

$P_{R5} = P_{R3} = 7.3\ \mathrm{mmH_2O}$

5지점의 정압 $P_{S5} = P_{S4} - P_{R5} = -37.0 - 7.3 = -44.3\ \mathrm{mmH_2O}$

6) 1 m의 직선송풍관의 압력손실 $P_{R6}$은

$P_{R6} = 2.2\ \mathrm{mmH_2O}$

6지점의 정압 $P_{S6} = P_{S5} - P_{R6} = -44.3 - 2.2 = -46.5\ \mathrm{mmH_2O}$

7) 공기청정장치의 압력손실 $P_{R7}$은 주어진 데로

$P_{R7} = 50\ \mathrm{mmH_2O}$

7지점의 정압 $P_{S7} = P_{S6} - P_{R7} = -46.5 - 50 = -96.5\ \mathrm{mmH_2O}$

(유입, 유출의 속도가 같다고 함)

8) 1 m의 직선송풍관의 압력손실 $P_{R8}$은

$P_{R8} = P_{R6} = 2.2\,\mathrm{mmH_2O}$

8지점의 정압 $P_{S8} = P_{S7} - P_{R8} = -96.5 - 2.2 = -98.7\,\mathrm{mmH_2O}$

## 배기송풍관측 압력손실계산

1) 웨더캡(weather cap)의 압력손실 $P_{R12}$는

$h/d = 1.0$으로 하여

$P_{R12} = \zeta \times P_V$

$\zeta = 1.1$

$V = 9.4\,\mathrm{m/s}$에 대한 $P_V = 5.4\,\mathrm{mmH_2O}$

$\therefore\ P_{R12} = 1.1 \times 5.4 = 5.94 \fallingdotseq 5.9\,\mathrm{mmH_2O}$

12지점의 정압 $P_{S12} = (\zeta - 1)P_V = (1.1 - 1)5.4 = 0.5\,\mathrm{mmH_2O}$

2) 5 m 직선송풍관의 압력손실 $P_{R11}$은

$P_{R11} = P_{Ru} \times l$

$P_{Ru} = 0.7\,\mathrm{mmH_2O/m}$ ($Q = 10\,\mathrm{m^3/min}$, $d = 15\,\mathrm{cm}$를 사용하여)

$l = 5\,\mathrm{m}$

$\therefore\ P_{R11} = 0.7 \times 5 = 3.5\,\mathrm{mmH_2O}$

11지점의 정압 $P_{S11} = P_{S12} + P_{R11} = 0.5 + 3.5 = 4.0\,\mathrm{mmH_2O}$

3) 90° 곡관의 압력손실 $P_{R10}$은

$r/d = 2$로 하여

$P_{R10} = \zeta \times P_V$

$\zeta = 0.27$

$P_V = 5.4\,\mathrm{mmH_2O}$

$\therefore\ P_{R10} = 0.27 \times 5.4 = 1.5\,\mathrm{mmH_2O}$

10지점의 정압 $P_{S10} = P_{S11} + P_{R10} = 4.0 + 1.5 = 5.5\,\mathrm{mmH_2O}$

4) 1 m 직선송풍관의 압력손실 $P_{R9}$는

$P_{R9} = P_{Ru} \times l = 0.7 \times 1 = 0.7\,\mathrm{mmH_2O}$

9지점의 정압 $P_{S9} = P_{S10} + P_{R9} = 5.5 + 0.7 = 6.2\,\mathrm{mmH_2O}$

장치전체의 압력손실은

$$P_{R1\sim12} = \underset{\text{흡인측}}{(P_{R1} + P_{R2} + \cdots + P_{R8})} + \underset{\text{배기측}}{(P_{R9} + P_{R10} + \cdots + P_{R12})}$$

$$= (6.6 + 4.4 + 7.3 + 5.5 + 7.3 + 2.2 + 50 + 2.2) + (0.7 + 1.5 + 3.5 + 5.9)$$

$$= 85.5 + 11.6 = 97.1 \text{ mmH}_2\text{O}$$

흡인측과 배기측의 정압차 $P_{S8\sim9}$(송풍기 전후의 정압차 즉 8지점과 9지점의 정압차)는

$$P_{S8\sim9} = P_{S9} - P_{S8} = 6.2 - (-98.7) = 104.9 \text{ mmH}_2\text{O}$$

이상의 결과를 도시하면 다음과 같다.

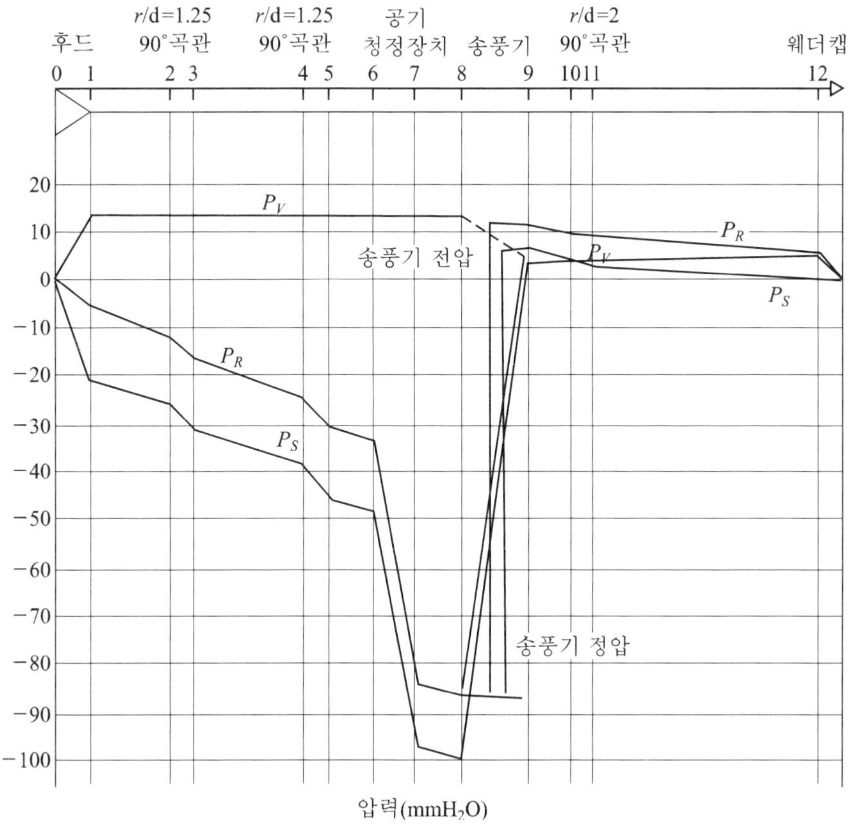

## 9. 송풍기 용량의 계산

1) 송풍량($Q$)

$Q = 10\ m^3/min$

2) 송풍기 정압, 송풍기 전압

원래 장치 전체의 압력손실 $P_{R1 \sim 12}$가 송풍기 전압에 걸맞으면 좋으나 안전측면에서의 설계를 위하여 $P_{R1 \sim 12} = 97.1\ mmH_2O$를 송풍기 정압으로 사용한다.

송풍기 정압 $P_{Sf} = 97.1\ mmH_2O$를 사용하여 송풍기 전압을 구하면

$P_{Tf} = P_{Sf} + P_{V9} = 97.1 + 5.4 = 102.5\ mmH_2O$

3) 송풍기 동력

평판형 송풍기를 사용하는 것으로 할 때

송풍기 동력은

$$송풍기\ 동력(kW) = \frac{Q \times P_{Tf}}{120 \times \eta_T}$$

여기서 $Q$ : 송풍량 10 $m^3/min$

$P_{Tf}$ : 송풍기 전압(102.5 $mmH_2O$)

$\eta_T$ : 송풍기 전압효율(0.6)

$$\therefore\ 송풍기\ 동력(kW) = \frac{10 \times 102.5}{6120 \times 0.6} = 0.28\ kW$$

4) motor 동력

안전을 생각하여 20%를 증가시킨다.

모터의 동력(kW) = 송풍기 동력(kW)× 1.2 = 0.28×1.2 = 0.34 kW

# 10. 설계 계산예

**국소배기장치 설계계산표**

| 작업장명 | | | 소재지 | | |
|---|---|---|---|---|---|
| 작업명 | 아아크용접 작업 | 설계자 | | 설계년월일 | 년 월 일 |
| 배기계번호 | No. | 계통 및 부문 | (1) 용접작업장 | (3) | (5) |
| 처리오염물질 | 아아크용접 흄 | | (2) | (4) | (6) |

| 후드의 형식, 크기, 배기방향 및 설치위치 | |
|---|---|
| 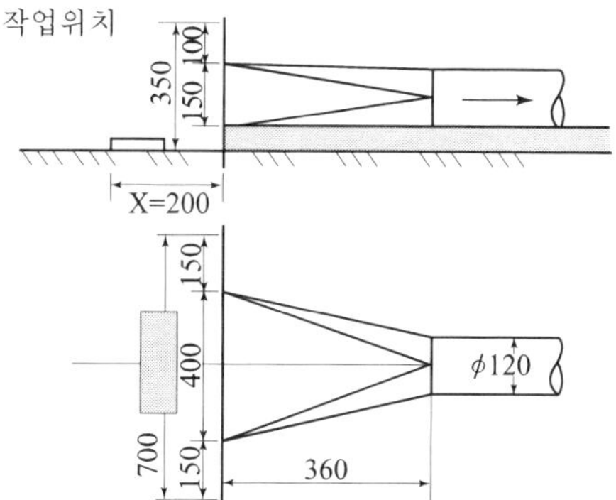<br>$A=0.4\times0.15=0.06m^2$<br>$a=0.785\times0.12=0.113m^2$ | ① 후드의 형식<br>② 부스형 또는 하방슬릿형은 작업의 상황으로 보아 불가능하여 외부식으로 하였다.<br>(후드의 크기)<br>개구면적(A) 〈 16×송풍관면적(a),<br>후드의 길이(L) = 3×송풍관직경(d)<br>를 만족시키는 형태로 하였다.<br>③ 배기방향<br>용접작업이 일정하므로 작업자의 반대측에서 배기하는 것으로 하였다.<br>④ 설치위치<br>가능한 한 발생원에 가까이 하여 개구면과 제어속도를 주는 지점의 거리를 최대 200 mm로 하였다. |

| 제어속도 | 0.6 m/s | 송풍량 | $Q=60\times0.5V_c(10x^2+A)$<br>$=60\times0.5\times0.6(10\times0.2^2+0.06)\fallingdotseq 10\,m^3/min$ |
|---|---|---|---|

| 반송속도배기 송풍관풍속 | 15 m/s | 수정 | 14.7 m/s | 송풍관 단면치수 | 원형 송풍관으로 하여<br>$d_1=1.13\times\sqrt{A}\fallingdotseq 12$ cm(흡인측 송풍관의 직경)<br>$d_2=1.13\times\sqrt{A}\fallingdotseq 15$ cm(배기측 송풍관의 직경) |
|---|---|---|---|---|---|
| | 10 m/s | | 9.4 m/s | | |

| 배기계의 배치 |
|---|
| 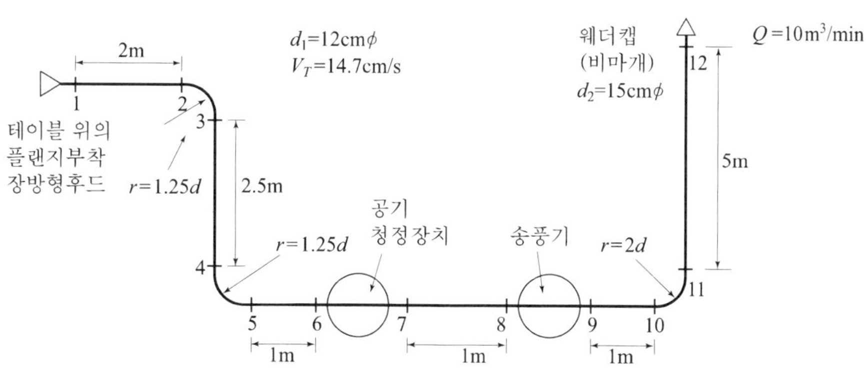 |

| 1 | 2 | 3 | 4 | | 5 | | 6 | 7 | 8 | 9 | | 10 | 11 | 12 | 13 | 14 | 15 | | 16 | |
|---|---|---|---|---|---|---|---|---|---|---|---|---|---|---|---|---|---|---|---|---|
| 가지 송풍관 또는 주송풍관 | 송풍관 단면치수 (cm) 원형:직경 장방형: 상당직경 (길이×폭) | 송풍관 면적 ($cm^2$) | 송풍량 ($m^3$/min) 가지 송풍관 | | 주 송풍관 | | 반송 속도 (m/s) | 속도압 (mm $H_2O$) | 압력손실의 계산 후드 압력 손실 계수 (F) | 직선 송풍관 | | 곡관 압력 손실 계수 ($\zeta_1$) | 합류 송풍관 압력 손실 ($\zeta_2$) | 확대 압력 손실 계수 ($\zeta_3$) | 축소 송풍관 압력 손실 ($\zeta_3$) | 배기구 압력 손실 계수 ($\zeta_3$) | 압력손실 ($mmH_2O$) | | 정압 ($mmH_2O$) | |
| | | | | 수정 | | 수정 | | | | mm $H_2O$ /m | 길이 (m) | | | | | | | 계 | | 계 |
| 후드 0~1 | 12φ | 113.1 | | | 10 | | 14.7 | 13.2 | 0.5 | | | | | | | | 6.6 | 6.6 | -19.8 | -19.8 |
| 송풍관 1~2 | 12φ | 113.1 | | | 10 | | 14.7 | 13.2 | | 2.2 | 2 | | | | | | 4.4 | 11.0 | -4.4 | -24.2 |
| 90°곡관 2~3 | 12φ | 113.1 | | | 10 | | 14.7 | 13.2 | | | | 0.55 | | | | | 7.3 | 18.3 | -7.3 | -31.5 |
| 송풍관 3~4 | 12φ | 113.1 | | | 10 | | 14.7 | 13.2 | | 2.2 | 2.5 | | | | | | 5.5 | 23.8 | -5.5 | -37.0 |
| 90°곡관 4~5 | 12φ | 113.1 | | | 10 | | 14.7 | 13.2 | | | | 0.55 | | | | | 7.3 | 31.1 | -7.3 | -44.3 |
| 송풍관 5~6 | 12φ | 113.1 | | | 10 | | 14.7 | 13.2 | | 2.2 | 1 | | | | | | 2.2 | 33.3 | -2.2 | -46.5 |
| 공기청정 장치6~7 | | | | | | | | | | | | | | | | | 50 | 83.3 | -50 | -96.5 |
| 송풍관 7~8 | 12φ | 113.1 | | | 10 | | 14.7 | 13.2 | | 2.2 | 1 | | | | | | 2.2 | 85.5 | -2.2 | -98.7 |
| 송풍기 8~9 | | | | | | | | | | | | | | | | | | | | |
| 웨더캡 12 | 15φ | 176.7 | | | 10 | | 9.4 | 5.4 | | | | | | | | 1.1 | 5.9 | 5.9 | 0.5 | 0.5 |
| 송풍관 11~12 | 15φ | 176.7 | | | 10 | | 9.4 | 5.4 | | 0.7 | 5 | 0.27 | | | | | 3.5 | 9.4 | 3.5 | 4.0 |
| 90°곡관 10~11 | 15φ | 176.7 | | | 10 | | 9.4 | 5.4 | | | | | | | | | 1.5 | 10.9 | 1.5 | 5.5 |
| 송풍관 9~10 | 15φ | 176.7 | | | 10 | | 9.4 | 5.4 | | 0.7 | 1 | | | | | | 0.7 | 11.6 | 0.7 | 6.2 |
| 장치전체의 압력손실 | | | | | | | | | | | | | | | | | | 97.1 | | |
| 송풍기 전후의 정압차 | | | | | | | | | | | | | | | | | | | | 104.9 |
| 송풍기 전압($P_{Tf}$) | 압력손실을 송풍기 정압치로서 안전측면에서 보면 $P_{Rf} = 97.1 + 5.4 = 102.5\ mmH_2O$ | | | | | | | | | | | | | | | | | | | |

| 표준공기에 대한 송풍기 | | | | | | 온도수정한 송풍기 | | | | 적요 | 명칭 | |
|---|---|---|---|---|---|---|---|---|---|---|---|---|
| 형식 | 레이디얼형 | 송풍량 | 10 $m^3$/min | r.p.m | 0.28 | 송풍량 | | r.p.m | | 공기온도 20℃ | 아아크용접용 국소배기장치 | |
| 크기 | | 송풍기 전압 | 102.5 $mmH_2O$ | 송풍기 동력(kW) | | 송풍기 전압 | | 송풍기 동력(kW) | | | 계산표 번호 | |

# 찾아보기

산업환기기술 정가 18,000원

발 행 2024년 9월 10일 초판 3쇄
저 자 신은상 · 강병욱 · 김태식
서종원 · 손부순 · 이창용
발행인 정우용
발행처 도서출판 동화기술
경기도 파주시 광인사길 201(문발동, 파주출판도시)
Tel (031)955-4211~6 donghwapub@nate.com
Fax (031)955-4217 www.donghwapub.co.kr
(등록) 1977년 12월 19일/9-16호



Printed in Korea
ISBN 978-89-425-1695-7